KATALOG

AKADEMIE-VERLAG BERLIN

1980
1985

THEORIA CUM PRAXI

Abkürzungen

AdW der DDR	=	Akademie der Wissenschaften der DDR
SAW	=	Sächsische Akademie der Wissenschaften zu Leipzig
Hrsg. v.	=	Herausgegeben von
(H)	=	Herausgeber/Editor
Abb.	=	Abbildungen
Tab.	=	Tabellen
Taf.	=	Tafelseiten
g	=	Gewicht in Gramm
[ ]	=	Literatursystematik für Verlagserzeugnisse
› ‹	=	Interne Verlagsnummer

Formatangaben (Höhe)

über 10 cm bis 18,5 cm	= kl. 8°
über 18,5 cm bis 22,5 cm	= 8°
über 22,5 cm bis 25 cm	= gr. 8°
über 25 cm bis 35 cm	= 4°

Bei vergriffenen Titeln, deren Verkaufspreise eingeklammert sind ( ), und älteren Zeitschriftenjahrgängen bitten wir, sich gegebenenfalls an das Zentralantiquariat der DDR, 7010 Leipzig, Talstr. 29 zu wenden, da dort evtl. Bestände noch vorhanden sind.

Mit A gekennzeichnete Preise gelten im gesamten Ausland. Ist nur ein Preis angegeben, so versteht sich dieser für das In- und Ausland. Liefermöglichkeiten und Preisänderungen sind vorbehalten.

Vertriebsbeschränkungen

V 1 = Vertriebsrechte für das nichtsozialistische Wirtschaftsgebiet vergeben
V 2 = Vertriebsrechte nur für die DDR und das sozialistische Wirtschaftsgebiet
V 3 = Vertriebsrechte für die BRD, Berlin(West) sowie Österreich und Schweiz vergeben
V 4 = Vertriebsrechte für die BRD und Berlin(West) vergeben

Katalog 1980—1985
Akademie-Verlag Berlin

KATALOG

AKADEMIE-VERLAG BERLIN

1980 1985

Abhandlungen der Akademie der Wissenschaften der DDR

Abteilung Mathematik – Naturwissenschaften – Technik

ISSN 0138-1059

Jahrgang 1979		Best.-Nr.	Preis
1 J. Schuh / K. Hecht / J. A. Romanow (H): Vorträge des Deutsch-Sowjetischen Symposiums: Chronobiologie – Chronomedizin. Veranstaltet durch die Gesellschaft f. physikalische u. mathematische Biologie d. DDR u. d. Martin-Luther-Universität, Halle-Wittenberg, v. 10. – 15. Juli 1978 in Halle/Saale 1981. 883 S., 256 Abb., 21 Tab., gr. 8°, 1370 g, >2001/79/1/N<	[1395]	762 800 6	(198,—)
3 Manfred Ringpfeil (H): Entwicklung von Laborfermentoren. VI. Reinhardsbrunner Symposium veranstaltet v. d. Sektion Mikrobiologie d. Biologischen Gesellschaft d. DDR u. d. Institut f. Technische Chemie d. AdW d. DDR v. 21. – 27. Mai 1978 1980. 366 S., 187 Abb., 22 Tab., gr. 8°, 620 g,>2001/79/3/N<	[1345]	762 802 2	(56,—)
4 S. Gähler / W. Gähler / G. Kneis (H): Convergence Structures and Applications to Analysis. Proceedings of the International Summer School, held at Frankfurt/Oder, GDR, from May 8 to 12, 1978 1980. 175 S., gr. 8°, 290 g, >2001/79/4/N<	[1035]	762 803 0	(28,—)

Jahrgang 1980 nicht erschienen

Jahrgang 1981			
1 Horst Heine (H): Arterielle Hypertonie. 3. Deutsch-Sowjetisches Symposium veranstaltet v. d. AdW d. DDR, Zentralinstitut für Herz- u. Kreislauf-Regulationsforschung, Berlin, u. d. Allunionszentrum f. Kardiologie d. Akademie d. Medizinischen Wissenschaften d. UdSSR, Moskau, u. d. Institut f. Experimentelle Medizin d. Akademie d. Medizinischen Wissenschaften d. UdSSR, Leningrad, v. 22. – 25. 1. 1980 in Berlin 1981. 554 S., 280 Abb., gr. 8°, 850 g, >2001/81/1/N<	[2115]	762 901 7	(86,—)
2 Reinhard Kluge (H): Nonlinear Analysis. Theory and Applications. Proceedings of the Seventh International Summer School, held at Berlin, GDR, from August 27 to September 1, 1979 1981. 439 S., 34 Abb., 2 Tab., gr. 8°, 820 g, >2001/81/2/N<	[1065]	762 924 4	84,—
3 H. Ruttloff (H): Mikrobielle Enzymproduktion. VII. Reinhardsbrunner Symposium d. Sektion Mikrobiologie d. Biologischen Gesellschaft d. DDR, v. 6. – 12. Mai 1979 in Reinhardsbrunn 1981. 491 S., 264 Abb., 78 Tab., gr. 8°, 900 g, >2001/81/3/N<	[1345]	762 930 8	78,—
4 Klaus Fuchs-Kittowski / P. Gudermuth / J. Adam / E. Mühlenberg (H): Beiträge zum III. Wissenschaftlichen Kolloquium zur Organisation der Informationsverarbeitung „Probleme der Informatik in Medizin und Biologie", Berlin, v. 24. – 26. Januar 1978 1982. 494 S., 48 Abb., 21 Tab., gr. 8°, 945 g, >2001/81/4/N<	[1305, 2005]	762 931 6	78,—
5 K. Müntz / R. Manteuffel / G. Scholz (H): Regulation of Protein Biosynthesis and Degradation during Embryogenesis and Germination of Plant Seeds. Proceedings of the 2nd Symposium on Seed Proteins organized by the Zentralinstitut f. Genetik u. Kulturpflanzen-			

		Best.-Nr.	Preis
	forschung, Gatersleben, in cooperation with the Section of Physiology and Biochemistry of Plants of the Biological Society of the GDR, Gatersleben, June 25 – 27, 1980 1981. 281 S., 104 Abb. i. Text, 8 Tab., 38 Abb. auf Taf. i. Anhang, gr. 8°, 450 g, >2001/81/5/N< [1315]	762 932 4	48,—
6	Volker Kempe / Norbert Ahlbehrendt (H): Statistische Nachrichtentheorie und ihre Anwendungen. Vorträge, gehalten auf dem 2. Internationalen Seminar – SNT-80 – in Schnett (Thüringen), DDR, v. 12. – 16. April 1980 1981. 219 S., 46 Abb., 2 Tab., gr. 8°, 350 g, >2001/81/6/N< [3535]	762 950 0	(35,—)

Jahrgang 1982

		Best.-Nr.	Preis
1	Horst Lyr / Claus Polter (H): Systemische Fungizide und Antifungale Verbindungen. Vorträge und Poster des VI. Internationalen Symposiums, veranstaltet durch die Gesellschaft f. Allgemeine u. Technische Mikrobiologie i. d. Biologischen Gesellschaft d. DDR u. d. Gesellschaft f. Medizinische Mykologie d. DDR v. 4. – 10. Mai 1980 im Schloß Reinhardsbrunn 1983. 451 S., 208 Abb., 112 Tab., gr. 8°, 980 g, >2001/82/1/N< [4275]	763 014 9	72,—
2	Manfred Ringpfeil (H): Biotechnologie. 2. Symposium der sozialistischen Länder, veranstaltet v. Institut f. Technische Chemie d. AdW d. DDR u.d. Sektion Mikrobiologie d. Biologischen Gesellschaft d. DDR v. 2. – 5. Dezember 1980 in Leipzig 1982. 353 S., 181 Abb., 85 Tab., gr. 8°, 700 g, >2001/82/2/N< [1345]	763 023 7	(56,—)

Jahrgang 1983

		Best.-Nr.	Preis
1	E. Geißler / W. Scheler (H): Darwin today. The 8th Kühlungsborn Colloquium on Philosophical and Ethical Problems of Biosciences, November 8 – 12, 1981, Kühlungsborn 1983. 347 S., 81 Abb., 6 Tab., gr. 8°, 570 g, >2001/83/1/N< [1305, 1385]	763 097 4	(65,—)

Jahrgang 1984

		Best.-Nr.	Preis
1	Liane Will-Shahab / Ernst-Georg Krause / Wolfgang Schulze (H): Cellular and Molecular Aspects of the Regulation of the Heart. Proceedings of the Symposium held in Berlin from 26. – 28. August 1982. The Symposium was organized by The Central Institute of Heart and Circulation Research of the Academy of Sciences of the GDR, The Society of Cardiology and Angiology of the GDR, The Biochemical Society of the GDR 1984. 347 S., 185 Abb., 42 Tab., gr. 8°, 750 g, >2001/84/1/N< [2115, 2025]	763 310 4	65,— A 75,—
2	S. Gähler / W. Gähler / G. Kneis (H): Convergence Structures and Applications II. Proceedings of the Conference held at Schwerin, GDR, from May 16 to 20, 1983 1984. 238 S., gr. 8°, 390 g, >2001/84/2/N< [1035]	763 336 6	38,—

Jahrgang 1985

		Best.-Nr.	Preis
1	Wolfgang Engel (H): Festakt und Wissenschaftliche Konferenz aus Anlaß des 200. Todestages von Leonhard Euler (15./16. September 1983 in Berlin) 1985. 153 S., 30 Abb., gr. 8°, 270 g, >2001/85/1/N< [1005]	763 447 3	26,—

Best.-Nr. Preis

2 Alexander-von-Humboldt-Ehrung in der DDR. Festakt und Wissenschaftliche Konferenz aus Anlaß des 125. Todestages Alexander von Humboldts am 3./4. Mai 1984 in Berlin. Bearbeitet v. Heinz Heikenroth u. Inga Deters
1985. 121 S., 17 Abb., 1 Karte, gr. 8°, 250 g, >2001/85/2/N< [8016] 763 498 3 25,—

Abteilung Gesellschaftswissenschaften

ISSN 0138-4163

Jahrgang 1980 nicht erschienen

Jahrgang 1981 nicht erschienen

Jahrgang 1982

1 Feste Verbundenheit von Partei und Wissenschaft. Zum Besuch des Generalsekretärs des ZK der SED und Vorsitzenden des Staatsrats der DDR, Erich Honecker, in der Akademie der Wissenschaften der DDR
1982. 24 S., 4 Farbfotos, gr. 8°, 75 g, >2001/82/1/G< [0135] 754 194 7 (8,—)

Jahrgang 1983

1 nicht erschienen

2 2. Konferenz junger Wissenschaftler der AdW der DDR. Referate und Vorträge, die auf der am 21. November 1981 an der Akademie der Wissenschaften der DDR stattgefundenen 2. Konferenz junger Wissenschaftler gehalten wurden
1983. 41 S., gr. 8°, 80 g, >2001/83/2/G< [0295] 754 281 9 (5,—)

Jahrgang 1984

1 Gert Wangermann: Der Problemlösungsprozeß in der naturwissenschaftlich-experimentellen Forschung. Ein Beitrag zur Analyse
1984. 68 S., 15 Abb., gr. 8°, 140 g, >2001/84/1/G< [0105] 754 440 0 7,50

Veröffentlichungen der Wissenschaftlichen Räte

ISSN 0138-421X

Jahrgang 1979

5 Probleme der demographischen Entwicklung bei der weiteren Gestaltung der entwickelten sozialistischen Gesellschaft in der DDR
27. Tagung des Wissenschaftlichen Rates für die wirtschaftswissenschaftliche Forschung bei der AdW der DDR am 13. 3. 1979
1980. 132 S., 12 Tab., gr. 8°, 250 g, >2001/79/5/W< [0325] 753 779 6 (12,50)

6 Zur aktiven Rolle der Finanzen und ihre Ausnutzung bei der weiteren Erhöhung der Leistungskraft der sozialistischen Wirtschaft
28. Tagung des Wissenschaftlichen Rates für die wirtschaftswissenschaftliche Forschung bei der AdW der DDR am 29. 5. 1979
1980. 133 S., gr. 8°, 250 g, >2001/79/6/W< [0385] 753 797 2 (13,50)

7 Fragen der wissenschaftlich-technischen und ökonomischen Zusammenarbeit UdSSR/DDR. Zur Entwicklung der wissenschaftlich-technischen und ökonomischen Zusammenarbeit UdSSR/DDR unter den Bedingungen der sozialistischen ökonomischen Integration
5. Tagung der Gemeinsamen Kommission der Ökonomen der UdSSR und der DDR
1980. 117 S., gr. 8°, 235 g, >2001/79/7/W< [0335] 753 841 4 (10,50)

Jahrgang 1980

1 Staat – Recht – Wissenschaftlich-technischer Fortschritt
Tagung des Rates für staats- u. rechtswissenschaftliche Forschung

Nr.	Titel		Best.-Nr.	Preis
	an der AdW der DDR vom 24. 11. 1978 1981. 83 S., gr. 8°, 270 g, >2001/80/1/W<	[0425]	753 842 2	(9,—)
2	Zur Verbindung von wissenschaftlich-technischer Revolution und Sozialismus. Hauptrichtungen der organischen Verbindung der wissenschaftlich-technischen Revolution mit den Vorzügen des Sozialismus 29. Tagung des Wissenschaftlichen Rates für die wirtschaftswissenschaftliche Forschung bei der AdW der DDR, Zentrale Konferenz der DDR am 16./17. 10. 1979 1981. 344 S., 4 Tab., gr. 8°, 550 g, >2001/80/2/W<	[0325]	753 854 5	(32,—)
3	Zur Leitung und Planung der Kombinate. Erfahrungen und Verallgemeinerungen der Leitung und Planung der sozialistischen Kombinate und Betriebe 30. Tagung des Wissenschaftlichen Rates für die wirtschaftswissenschaftliche Forschung bei der AdW der DDR am 29. 4. 1980 1981. 117 S., gr. 8°, 210 g, >2001/80/3/W<	[0355]	753 909 7	(12,—)

Jahrgang 1981

Nr.	Titel		Best.-Nr.	Preis
1	Staat, Recht und sozialistische Volkswirtschaft. Tagung des Rates für staats- und rechtswissenschaftliche Forschung an der AdW der DDR vom 2. 11. 1979 1981. 66 S., gr. 8°, 110 g, >2001/81/1/W<	[0475]	753 936 1	(6,50)
2	Autorenkollektiv: Das historisch-kulturelle Erbe vorkapitalistischer Gesellschaftsformationen und seine zeitgenössische Bedeutung 1981. 174 S., 5 Abb., 2 Taf., gr. 8°, 310 g, >2001/81/2/W<	[0325]	753 958 0	16,50
3	nicht erschienen			
4	Die Herausbildung und Entwicklung junger Nationalstaaten. Tendenzen ihrer Verfassungsentwicklung Tagung des Rates für staats- und rechtswissenschaftliche Forschung an der AdW der DDR vom 5. 5. 1980 1982. 88 S., gr. 8°, 160 g, >2001/81/4/W<	[0425]	753 969 5	(8,50)
5	Theoretische Fragen der sozialistischen ökonomischen Integration – ihrer Leitung, Planung und ökonomischen Stimulierung 32. Tagung des Wissenschaftlichen Rates für die wirtschaftswissenschaftliche Forschung bei der AdW der DDR am 14./15. 10. 1980 1981. 241 S., 4 Tab., gr. 8°, 400 g, >2001/81/5/W<	[0325]	753 971 6	24,—

Jahrgang 1982

Nr.	Titel		Best.-Nr.	Preis
1	Grundprobleme der rechtlichen Verantwortlichkeit Tagung des Rates für staats- und rechtswissenschaftliche Forschung an der AdW der DDR vom 27. 6. 1981 1982. 70 S., gr. 8°, 145 g, >2001/82/1/W<	[0425]	754 031 1	8,—
2	Wirtschaftswissenschaftliche Forschungsaufgaben nach dem X. Parteitag der SED. Schlußfolgerungen für die wirtschaftswissenschaftliche Forschung – in Auswertung des X. Parteitages der SED 33. Tagung des Wissenschaftlichen Rates für die wirtschaftswissenschaftliche Forschung bei der AdW der DDR am 2. 6. 1981 1982. 102 S., 1 Tab., gr. 8°, 190 g, >2001/82/2/W<	[0325]	754 101 5	(10,50)
3	Fragen der weiteren Stärkung der materiell-technischen Basis. Fragen der weiteren Stärkung der materiell-technischen Basis zur Si-			

Best.-Nr. Preis

cherung eines hohen volkswirtschaftlichen Leistungsanstiegs auf der Grundlage der Wirtschaftsstrategie der 80er Jahre
34. Tagung des Wissenschaftlichen Rates für die wirtschaftswissenschaftliche Forschung bei der AdW der DDR am 3. 11. 1981
1982. 107 S., gr. 8°, 195 g, >2001/82/3/W< [0325] 754 113 8 11,—

4 Die Verbindung von Wissenschaft und Produktion in den Produktionsvereinigungen der UdSSR und den Kombinaten der DDR
7. Tagung der Gemeinsamen Kommission der Ökonomen der UdSSR und der DDR
1982. 139 S., gr. 8°, 250 g, >2001/82/4/W< [0325] 754 114 6 15,—

5 Zur sozialistischen Rationalisierung in Industriekombinaten. Erfahrungen und Aufgaben der sozialistischen Rationalisierung in Industriekombinaten
35. Tagung des Wissenschaftlichen Rates für die wirtschaftswissenschaftliche Forschung bei der AdW der DDR am 26. 1. 1982
1983. 132 S., 5 Tab., gr. 8°, 220 g, >2001/82/5/W< [0325] 754 115 4 (14,—)

6 Zur weiteren Vervollkommnung der wissenschaftlichen Arbeitsorganisation. Aufgaben und Probleme zur weiteren Vervollkommnung der wissenschaftlichen Arbeitsorganisation bei der Erhöhung der Effektivität und Qualität der Arbeit – die weitere Entfaltung der schöpferischen Masseninitiative
36. Tagung des Wissenschaftlichen Rates für die wirtschaftswissenschaftliche Forschung bei der AdW der DDR am 11. 5. 1982
1983. 148 S., 1 Abb., gr. 8°, 250 g, >2001/82/6/W< [0325] 754 116 2 15,—

Jahrgang 1983

1 Zur Rechtsentwicklung im Prozeß der sozialistischen ökonomischen Integration
1983. 64 S., gr. 8°, 115 g, >2001/83/1/W< [0435] 754 254 4 6,—

2 Rechtswissenschaft und Gesetzgebung'
1983. 71 S., gr. 8°, 125 g, >2001/83/2/W< [0425] 754 255 2 (7,50)

3 Ökonomische Strategie der 80er Jahre und Effektivität des Wirtschaftsrechts
1984. 48 S., gr. 8°, 90 g, >2001/83/3/W< [0435] 754 306 1 7,50

Jahrgang 1984

1 nicht erschienen

2 Leistungssteigerung der Kombinate und ökonomische Strategie Wirtschaftswissenschaftliche Konferenz der DDR im Karl-Marx-Jahr am 29./30. September 1983 in Berlin
1984. 246 S., 4°, 610 g, >2001/84/2/W< [0325] 754 413 6 (32,—)

3 Theorie und Praxis der ökonomischen Strategie in der Landwirtschaft der DDR
Gemeinsame Tagung des Wissenschaftlichen Rates für die wirtschaftswissenschaftliche Forschung bei der AdW der DDR und seines Wissenschaftlichen Rates für ökonomische Probleme der sozialistischen Landwirtschaft am 1. 6. 1984
1984. 91 S., 6 Tab., 4°, 190 g, >2001/84/3/W< [0365] 754 460 3 (12,—)

Jahrgang 1985

1 Sozialistische ökonomische Integration und umfassende Intensivierung

			Best.-Nr.	Preis
	Gemeinsame Tagung des Wissenschaftlichen Rates für die wirtschaftswissenschaftliche Forschung bei der AdW der DDR und seines Wissenschaftlichen Rates für Fragen der sozialistischen ökonomischen Integration am 25. 9. 1984 1984. 96 S., 4°, 220 g, >2001/85/1/W<	[0365]	754 540 3	(12,—)
2	Autorenkollektiv: Erfahrungen bei der Anwendung des Zivilgesetzbuches in der Praxis 1985. 48 S., gr. 8°, 100 g, >2001/85/2/W<	[0455]	754 548 9	4,50
3	Effektivität der Volkswirtschaft in der intensiv erweiterten Reproduktion . Gemeinsame Tagung des Wissenschaftlichen Rates für die wirtschaftswissenschaftliche Forschung bei der Akademie der Wissenschaften der DDR und seines Wissenschaftlichen Rates für Fragen der Vervollkommnung der Planung und wirtschaftlichen Rechnungsführung am 29. 1. 1985 1985. 125 S., 4°, 300 g, >2001/85/3/W<	[0345]	754 625 4	(16,—)

Abhandlungen der Sächsischen Akademie der Wissenschaften zu Leipzig

Mathematisch-naturwissenschaftliche Klasse

ISSN 0365-6470

Band 54

3	Dietrich Uhlmann: Künstliche Ökosysteme 1980. 36 S., 17 Abb., dav. 2 farb., 8°, 100 g, >2025/54/3<	[1375]	762 748 4	(5,50)
4	Hermann Berg: Der Formenwandel einer DNA-Doppelhelix in Lösung, an der Elektrode und seine molekularbiologische Bedeutung 1981. 45 S., 40 Abb., 3 Tab., gr. 8°, 100 g, >2025/54/4<	[1315]	762 852 4	(8,50)
5	Manfred Gersch: Zur Evolution des Hormonsystems im Tierreich 1982. 33 S., 6 Abb., 12 Tab., gr. 8°, 95 g, >2025/54/5<	[1365]	763 145 9	(5,50)

Band 55

1	Herbert Jordan: Aug' um Ohr: Goethes Zugang zur Musik 1982. 39 S., 4 Abb., gr. 8°, 90 g, >2025/55/1<	[8023]	763 069 1	(7,50)
2	Wilhelm Oelßner: Computertomographie. Eine Übersicht 1983. 36 S., 41 Abb., gr. 8°, 95 g, >2025/55/2<	[2075]	763 200 5	(7,50)
3	Karl Mannsfeld: Landschaftsanalyse und Ableitung von Naturraumpotentialen 1983. 109 S., 6 Abb., 22 Tab., 17 Karten, dav. 8 als Beilage, gr. 8°, 520 g, >2025/55/3<	[1375]	763 201 3	40 —
4	Dietrich Uhlmann: Ökologische Probleme der Trinkwasserversorgung aus Talsperren 1983. 24 S., 15 Abb., gr. 8°, 55 g, >2025/55/4<	[1375, 1485]	763 202 1	5,—
5	Wolfgang Buchheim (H): Beiträge zur Komplementarität 1983. 63 S., 6 Abb., gr. 8°, 120 g, >2025/55/5<	[1115]	763 204 8	10,—

Band 56

1	Autorenkollektiv: Geochemische Beziehungen in vogtländisch-westböhmischen Mineralwässern 1984. 60 S., 12 Abb., dav. 2 als Beilagen, 11 Tab., gr. 8°, 120 g, >2025/56/1<	[1455]	763 374 5	(10,—)

Best.-Nr. Preis

2 Wolfgang Horlbeck / Hans-Heinz Emons: Spektroskopische Methoden zur Charakterisierung geschmolzener Salze
1985. 66 S., 26 Abb., 24 Tab., gr. 8°, 125 g, >2025/56/2< [1255] 763 483 6 12,—

Philologisch-historische Klasse

ISSN 0080-5297

Band 68

1 Gerda Haßler: Sprachtheorien der Aufklärung zur Rolle der Sprache im Erkenntnisprozeß
1984. 193 S., gr. 8°, 330 g, >2024/68/1< [0805] 754 045 0 20,—

2 Friedrich Möbius: Caspar David Friedrichs Gemälde „Abtei im Eichwald" und die frühe Wirkungsgeschichte der Ruine Eldena bei Greifswald. Zu aktuellen Aspekten des Denkmalbegriffs und der Denkmalpflege
1980. 36 S., 19 Abb. auf 16 Taf., 4°, 110 g, >2024/68/2< [8126] 753 796 4 (6,50)

Band 69

2 Werner Peek: Attische Versinschriften
1980. 92 S., 117 Abb., 4 Taf., 4°, 200 g, >2024/69/2< [0885] 753 608 0 (12,—)

3 Friedrich Weller: Untersuchung über die textgeschichtliche Entwicklung des tibetischen Buddhacarita
1980. 91 S., 4°, 170 g, >2024/69/3< [0225] 753 762 2 (9,—)

4 Ernst Eichler / Hans Walther (H): Onomastica Slavogermanica XIII
1981. 150 S., 4 Karten, gr. 8°, 300 g, >2024/69/4< [0815] 753 828 9 (15,—)

Band 70

1 Kurt Rudolph: Der mandäische „Diwan der Flüsse"
1982. 70 S., 25 Abb., dav. 23 auf 18 Taf., gr. 8°, 185 g, >2024/70/1< [0226] 753 898 3 (10,—)

2 Wolfgang Thiele: Die semantisch-syntaktische Beschreibung von Ursache-Wirkung-Beziehungen in englischen Texten
1982. 165 S., 10 Tab., gr. 8°, 270 g, >2024/70/2< [0835] 754 046 9 (16,—)

3 Joachim Müller: „Weltseele" – eine lyrisch-philosophische Triade Goethes
1984. 54 S., gr. 8°, 105 g, >2024/70/3< [8023] 754 106 6 (16,—)

4 Werner Bahner (H): Sprache und Kulturentwicklung im Blickfeld der deutschen Spätaufklärung. Der Beitrag J. C. Adelungs
1984. 267 S., 1 Bildtaf., gr. 8°, 460 g, >2024/70/4< [0815] 754 372 3 (26,—)

Band 71

1 Friedrich Möbius: Buticum in Centula. Mit einer Einführung in die Bedeutung der mittelalterlichen Architektur
1985. 71 S., 35 Abb. auf 30 Taf., gr. 8°, 195 g, >2024/71/1< [8124] 754 529 4 (10,50)

2 Ernst Eichler / Hans Walther (H): Onomastica Slavogermanica XV
1986. 208 S., 3 Karten, gr. 8°, 410 g, >2024/71/2< [0815] 754 604 3 20,—

Abhandlungen des Meteorologischen Dienstes der Deutschen Demokratischen Republik [1465]

ISSN 0138-5658

125 Automatische Meteorologische Stationen. Vorträge auf dem 4. Internationalen Symposium über die effektive Nutzung Automatischer

Nr.	Titel	Best.-Nr.	Preis
	Meteorologischer Stationen, Potsdam, 25.–27. April 1978 1980. 114 S., 50 Abb., 21 Tab., 4°, 300 g, >2023/125<	762 827 6	(60,—)
126	Ulrich Wendling: Messung der Bodenfeuchte mit Neutronensonden im Stationsnetz des Meteorologischen Dienstes der DDR 1981. 42 S., 21 Abb., 19 Tab., 4°, 140 g, >2023/126<	762 886 6	(24,—)
127	Ekkehard Asseng: Untersuchungen zur Ermittlung des Wärmeaustausches zwischen Thermistoren und verdünnter Luft 1982. 78 S., 41 Abb., 7 Tab., 4°, 230 g, >2023/127<	762 926 0	40,—
128	Untersuchungen zur Meteorologie der Grenzschicht und zur Analyse klimatologischer Zeitreihen 1982. 175 S., 61 Abb., 54 Tab., 4°, 460 g, >2023/128<	763 012 2	88,—
129	Dietrich Sonntag: Formeln verschiedenen Genauigkeitsgrades zur Berechnung des Sättigungsdampfdruckes über Wasser und über Eis und ihre Anwendung auf einige praktische Feuchtemeßaufgaben 1982. 59 S., 5 Abb., 43 Tab., 4°, 180 g, >2023/129<	763 018 1	32,—
130	Spektrale Strahldichtemessungen des Systems Erde – Atmosphäre von Meteor-Satelliten 1982. 51 S., 4 Abb., 3 Tab., 4°, 180 g, >2023/130<	763 044 8	(32,—)
131	Gertraud Schulze / Angela Lehmann unter Mitarbeit von Frank Handschak, Jost Janetzky und Volkmar Schöne: Verhältnisse der Lufttemperatur im Mittelgebirge der DDR 1984. 108 S., 29 Abb., 123 Tab., 4°, 260 g, >2023/131<	763 196 9	64,—
132	Karl Hartwig Stahnke-Jungheim: Ein operatives numerisches System der Kontrolle und Analyse meteorologischer Felder für die numerische Wettervorhersage im Nationalen Meteorologischen Zentrum der DDR 1984. 62 S., 9 Abb., 9 Tab., 4°, 190 g, >2023/132<	763 197 7	38,—
133	Tagung Physik der Atmosphäre, Schwerin, 8.–11. November 1982, Teil I 1984. 80 S., 22 Abb., 8 Tab., 4°, 210 g, >2023/133<	763 344 6	48,—
134	dto. Teil II 1985. 128 S., 85 Abb., 38 Tab., 4°, 320 g, >2023/134<	763 375 3	64,—
135	Eberhard Freydank: Berechnung und Prognose der Eisverhältnisse auf der Oder 1986. 53 S., 22 Abb., 22 Tab., 4°, 230 g, >2023/135<	763 488 7	32,—

Abhandlungen und Berichte des Staatlichen Museums für Völkerkunde Dresden –Forschungsstelle– [0705]

ISSN 0070-7295

Band 38

1981. 180 S., 99 Abb., dav. 95 auf 62 Taf., 2 Tab., 3 Karten, gr. 8°, 610 g, Leinen >2108/38<	753 672 6	(35,—)

Band 39

1982. 302 S., 132 Abb. auf Taf., 8 Tab., gr. 8°, 870 g, Leinen >2108/39<	754 086 4	48,—

Band 40

Lydia Icke-Schwalbe: Die Munda und Oraon in Chota Nagpur. Geschichte, Wirtschaft und Gesellschaft

	Best.-Nr.	Preis
1983. 200 S., 136 Abb., dav. 130 auf 62 Taf., 3 Tab., 3 Karten, gr. 8°, 630 g, Leinen >2108/40<	754 132 2	34,—

Band 41

1984. 290 S., 124 Abb., dav. 81 auf 32 Taf., 1 Tab., 3 Karten, dav. 1 als Beilage, gr. 8°, 800 g, Leinen >2108/41<	754 333 6	36,—

Band 42

1986. 294 S., 160 Abb., dav. 74 auf 32 Taf., 1 Titelbild, gr. 8°, 720 g, Leinen >2108/42<	754 490 2	45,—

Acta Hydrophysica [1465]

ISSN 0065-1338

Hrsg. im Auftrage des Forschungsbereichs Geo- und Kosmoswissenschaften der AdW der DDR

Band XXV

1–2 1980. 248 S., 80 Abb., 20 Tab., 8°, 310 g, >2050/XXV/1–2<	762 782 0	64,—
3 1980. 79 S., 13 Abb., 17 Tab., 8°, 110 g, >2050/XXV/3<	762 792 7	20,—
4 1980. III, 92 S., 7 Abb., 5 Karten, 8°, 140 g, >2050/XXV/4<	762 837 2	24,—

Band XXVI

1 1981. 104 S., 18 Abb., 4 Tab., 8°, 140 g, >2050/XXVI/1<	762 883 1	25,—
2 1981. III, 67 S., 19 Abb., 7 Tab., 8°, 80 g, >2050/XXVI/2<	762 927 9	16,—
3–4 1981. 142 S., 58 Abb., 8 Tab., 8°, 200 g, >2050/XXVI/3–4<	762 988 5	36,—

Band XXVII

1 1982. 78 S., 28 Abb., 15 Tab., 8°, 100 g, >2050/XXVII/1<	763 013 0	20,—
2 1982. 148 S., 18 Abb., 4 Tab., 8°, 90 g, >2050/XXVII/2<	763 059 5	20,—
3–4 1982. 255 S., 92 Abb., 17 Tab., 8°, 345 2050/g>, XXVII/3–4<	763 060 8	76,—

Band XXVIII

1–2 1983. 172 S., 42 Abb., 9 Tab., 8°, 230 g, >2050/XXVIII/1–2<	763 173 1	44,—
3 1983. 80 S., 20 Abb., 10 Tab., 8°, 125 g, >2050/XXVIII/3<	763 175 8	24,—
4 1983. 53 S., 25 Abb., 2 Tab., 8°, 100 g, >2050/XXVIII/4<	763 192 6	16,—

Band XXIX

1 1985. 81 S., 19 Abb., 2 Tab., 8°, 120 g, >2050/29/1<	763 443 0	20,—
2–3 1985. 220 S., 35 Abb., 20 Tab., 8°, 200 g, >2050/29/2–3<	763 454 5	36,—
4 1985. 70 S., 9 Abb., 11 Tab., 8°, 120 g, >2050/29/4<	763 455 3	20,—

Band XXX

1 1986. 67 S., 9 Abb., 11 Tab., 8°, 110 g, >2050/30/1<	763 499 1	20,—
2–3 1986. 119 S., 58 Abb., 13 Tab., 8°, 150 g, >2050/30/2–3<	763 576 7	32,—

Adam, J. (H): Probleme der Informatik in Medizin und Biologie (Abhandlg. d. AdW, Jg 81/4/N)

		Best.-Nr.	Preis
Admoni, Wladimir G.: Ein Beitrag zur Geschichte des Gestaltungssystems der deutschen Sprache (Bausteine z. Sprachgeschichte d. Neuhochdeutschen, 56/IV)			
Adsorption an Zeolithen (Sitzungsber. d. AdW, Jg 81/1/N)			
Advances in Biochemical Engineering Managing Editor: A. Fiechter			
V2 Lizenzausgaben des Springer-Verlages, Berlin-Heidelberg-New York-Tokyo			
Volume 16			
Plant Cell Cultures I 1980. 148 S., 84 Abb., 24 Tab., gr. 8°, 310 g, >6575<	[1315]	762 799 4	65,—
Volume 17			
Products from Alkanes, Cellulose and other Feedstocks 1981. 168 S., 57 Abb., gr. 8°, 340 g, >6620<	[1315]	762 941 2	76,—
Volume 18			
Plant Cell Cultures II 1981. 188 S., 90 Abb., 7 Tab., gr. 8°, 380 g, >6621<	[1315]	762 942 0	(76,—)
Volume 19			
Reactors and Reactions 1981. 263 S., 142 Abb., gr. 8°, 520 g, >6634<	[1315]	762 985 0	98,—
Volume 20			
Bioenergy 1982. 204 S., 58 Abb., 56 Tab., gr. 8°, 410 g, >6681<	[1315]	763 071 2	(82,—)
Volume 21			
Microbes and Engineering Aspects 1982. 224 S., 28 Abb., 31 Tab., gr. 8°, 440 g, >6680<	[1315]	763 070 4	92,—
Volume 22			
Space and Terrestrial Biotechnology 1982. 224 S., 136 Abb., 29 Tab., gr. 8°, 430 g, >6725<	[1315]	763 153 9	96,—
Volume 23			
Microbial Reactions 1983. 187 S., 63 Abb., 47 Tab., gr. 8°, 370 g, >6761<	[1315, 1345]	763 225 9	(88,—)
Volume 24			
Reaction Engineering 1983. 171 S., 99 Abb., 44 Tab., gr. 8°, 350 g, >6762<	[1315]	763 226 7	(82,—)
Volume 25			
Chromatography 1983. 138 S., 41 Abb., 37 Tab., gr. 8°, 290 g, >6775<	[1315]	763 253 1	(68,—)

ab Volume 26
Advances in Biochemical Engineering/Biotechnology

		Best.-Nr.	Preis
Downstream Processing 1983. 202 S., 72 Abb., 18 Tab., gr. 8°, 400 g, >6780<	[1315]	763 260 3	88,—
Volume 27 Pentoses and Lignin 1983. 178 S., 46 Abb., 46 Tab., gr. 8°, 360 g, >6789<	[1315, 1345]	763 275 0	(86,—)
Volume 28 Microbial Activities 1984. 191 S., 46 Abb., 46 Tab., gr. 8°, 390 g, >6822<	[1254]	763 348 9	(86,—)
Volume 29 Immobilized Biocatalysts-Saccharomyces Yeasts-Wastewater Treatment 1984. 141 S., 73 Abb., 45 Tab., gr. 8°, 300 g, >6829<	[1315]	763 355 0	78,—
Volume 30 Bioprocess Parameter Control 1985. 194 S., 88 Abb., 28 Tab., gr. 8°, 400 g, >6862<	[1345]	763 408 6	(106,—)
African Studies – Afrika Studien (Studien über Asien, Afrika u. Lateinamerika, 33)			
Ahlbehrendt, Norbert: Analyse stochastischer Systeme (Informatik-Kybernetik-Rechentechnik, 7)			
–, – (H): Statistische Nachrichtentheorie und ihre Anwendungen (Abhandlg. d. AdW, Jg 81/6/N)			
Ahlborn, Helmut (H): Pseudo-Homer: Der Froschmäusekrieg; Theodoros Prodromos: Der Katzenmäusekrieg (Schriften u. Quellen d. Alten Welt, 22)			
Ahrens, Heinz / Jürgen Läuter: Mehrdimensionale Varianzanalyse. Hypothesenprüfung, Dimensionserniedrigung, Diskrimination bei multivariaten Beobachtungen 2., erweiterte u. berichtigte Auflage 1981. X, 238 S., 13 Abb., 8 Tab., 8°, 310 g, >6116<	[1075]	762 668 4	32,—
Albring, Werner: Elementarvorgänge fluider Wirbelbewegungen 1981. X, 305 S., 95 Abb., 114 Taf., gr. 8°, 660 g, Leinen >6574<	[1114]	762 795 1	38,— A 48,—
Alexandrinus, Clemens (Griech. Christl. Schriftsteller)			
Alexandrov, S. N.: Late Radiation Pathology of Mammals (Fortschritte d. Onkologie, 6)			
Altenbrunn, Hans-Jürgen (H): Nuklearmedizinische Diagnostik maligner Tumoren (Fortschritte d. Onkologie, 12)			
Altern, Prozesse des – (s. Prozesse des Alterns)			
Althochdeutsches Wörterbuch	[0817]		
Auf Grund der von Elias v. Steinmeyer hinterlassenen Sammlungen im Auftrag der SAW zu Leipzig begründet von Elisabeth Karg-Gasterstädt und Theodor Frings. Hrsg. v. Rudolf Grosse			

		Best.-Nr.	Preis
Band II: C und D			
3. u. 4. Lieferung			
1983. 75 S., 4°, 220 g, >3004/II/3 –4<		754 123 4	20,—
			A 36,—
Band III: E und F			
11. Lieferung			
1980. 40 S., 4°, 160 g, >3004/III/11<		753 783 3	10,—
			A 18,—
12. u. 13. Lieferung			
1982. 80 S., 4°, 240 g, >3004/III/12 –13<		753 859 6	20,—
			A 36,—
14. u. 15. Lieferung			
1984. 80 S., 4°, 240 g, >3004/III/14 –15<		754 316 8	20,—
			A 36,—
16./17./18. Lieferung			
1985. 109 S., 4°, 340 g, >3004/III/16 –18<		754 493 7	30,—
			A 54,—
Band IV: G – J			
1. u. 2. Lieferung			
1986. XII, 58 S., 4° g, >3004/IV/1 –2<		754 538 2	20,—
			A 36,—
Ambainis, Ojars (H): Lettische Volksmärchen (Volksmärchen, 11)			
Ambarzumjan, V. A. (H): Probleme der modernen Kosmogonie (Übersetzung der 2., bearbeiteten u. erweiterten russ. Auflage; in dt. Spr. hrsg. v. Hans Oleak) 2., berichtigte Auflage			
1980. X, 341 S., 87 Abb., dav. 40 Taf., 32 Tab., gr. 8°, 780 g, Leinen >6119<	[1495]	761 856 1	(28,—)
Analytiker-Taschenbuch	[1237]		
Von einem Herausgebergremium Lizenzausgabe des Springer-Verlages, Berlin-Heidelberg-New York-Tokyo			
Band 1			
1980. 439 S., 81 Abb., 8°, 680 g, Lederin >6572<		762 783 9	(78,—)
Band 2			
1981. 351 S., 50 Abb., 85 Tab., 8°, 470 g, Lederin >6639<		762 995 7	(78,—)
Band 3			
V2 1982. 410 S., 81 Abb., 102 Tab., 8°, 570 g, Lederin >6755<		763 218 7	78,—
Band 4			
V2 1984. 475 S., 106 Abb., 72 Taf., 8°, 660 g, Lederin >6783<		763 264 6	88,—
Band 5			
V2 1985. XI, 348 S., 79 Abb., 49 Tab., 8°, 660 g, Lederin >6913<		763 489 5	118,—
Anděl, Jiří: Statistische Analyse von Zeitreihen (Math. Lehrbücher u. Monographien, I. Abt./35)			

	Best.-Nr.	Preis
Anderson, J. R. / M. Boudart (H): Catalysis – Science and Technology V2 Lizenzausgabe des Springer-Verlages, Berlin-Heidelberg [1215]		
Volume I **1983. X, 310 S., 103 Abb., 58 Tab., gr. 8°, 640 g, >6706<**	763 111 7	**142,—**
Volume II **1983. X, 282 S., gr. 8°, 560 g, >6707<**	763 112 5	**132,—**
Volume III **1983. X, 287 S., 70 Abb., 49 Tab., gr. 8°, 570 g, >6727<**	763 156 3	**128,—**
Volume IV **1983. X, 289 S., 106 Abb., 21 Tab., gr. 8°, 560 g, >6776<**	763 255 8	**132,—**
Volume V **1984. X, 280 S., 122 Abb., gr. 8°, 550 g, >6844<**	763 387 6	**132,—**
Volume VI **1984. X, 312 S., 111 Abb., 42 Tab., gr. 8°, 610 g, >6850<**	763 398 0	**132,—**

Andrássy, István: Klasse Nematoda
(Bestimmungsbücher z. Bodenfauna Europas, 9)

Angelov, Dimitar: Die Herausbildung des Bulgarischen Volkes
(Veröffentl. d. Zentralinst. f. Alte Geschichte u. Archäologie, 10)

Antifaschistische Literatur in der Bewährung

ISSN 0232-3362

Hrsg. v. Lothar Berthold u. Dieter Lange

	Best.-Nr.	Preis
2 Braunbuch über Reichstagsbrand und Hitlerterror 1980. 408 S., 87 Abb., 8°, 675 g, Leinen >2181/2< [0265]	753 788 4	(19,50)
3 Braunbuch II: Dimitroff contra Göring. Enthüllungen über die wahren Brandstifter 1981. 472 S., 1 Titelbild, 147 Abb., 8°, 750 g, Leinen >2181/3< [0265]	753 789 2	(19,50)
4 Albert Schreiner: Vom totalen Krieg zur totalen Niederlage Hitlers. Eine kritische Auseinandersetzung mit der Wehrmachtsideologie des Dritten Reiches 1981. 280 S., 8°, 480 g, Leinen >2181/4< [0265]	753 790 5	(12,50)
5 Hans Günther: Der Herren eigner Geist. Die Ideologie des Nationalsozialismus 2. Auflage 1984. 240 S., 1 Taf., 8°, 430 g, Leinen >2181/5< [0185]	754 178 7	(12,50)
6 Edwin Hörnle: Deutsche Bauern unterm Hakenkreuz 1983. 129 S., 8°, 280 g, Leinen >2181/6< [4005]	754 321 3	(7,50)

Arab World, The – – and Asia between Development and Change
(Studien über Asien, Afrika u. Lateinamerika, 37)

Archivalische Forschungen zur Geschichte der deutschen Arbeiterbewegung

ISSN 0518-3332

	Best.-Nr.	Preis
Band 8/III: Quellen Lage und Kampf der Landarbeiter im ostelbischen Preußen (1919 bis 1945). Einleitung, Auswahl und Bearbeitung: Roswitha Berndt V1 1985. LXXXVIII, 302 S., 8°, 580 g, Leinen >2127/8/III< [0265]	754 378 2	68,—

	Best.-Nr.	Preis
Aristoteles Werke [0116]		
In deutscher Übersetzung. Begründet v. Ernst Grumach; hrsg. v. Hellmut Flashar		
1 Kategorien. Teil I. Übersetzt u. erläutert v. Klaus Oehler		
1984. 296 S., 13 Abb., 3 Tab., gr. 8°, 650 g, Leinen >3022/1/I<	754 249 9	42,—
		A 68,—
6 Nikomachische Ethik. Übersetzt u. kommentiert v. Franz Dirlmeier		
8., gegenüber der 6., durchgesehenen, unveränderte Auflage		
1983. 606 S., gr. 8°, 1140 g, Leinen >3022/6<	750 021 3	42,—
		A 68,—
7 Eudemische Ethik. Übersetzt u. kommentiert v. Franz Dirlmeier		
4., gegenüber der 2., durchgesehenen, unveränderte Auflage		
1984. 504 S., gr. 8°, 1010 g, Leinen >3022/7<	750 028 0	42,—
		A 68,—
8 Magna Moralia. Übersetzt u. kommentiert v. Franz Dirlmeier		
5., gegenüber der 3., durchgesehenen, unveränderte Auflage		
1983. 482 S., gr. 8°, 920 g, Leinen >3022/8<	750 710 8	38,—
		A 68,—
11 Physikvorlesung. Übersetzt v. Hans Wagner		
4., unveränderte Auflage		
1983. 701 S., gr.8°, 1270 g, Leinen >3022/11<	750 078 2	58,—
		A 68,—
12 Teil I: Meteorologie; Teil II: Über die Welt.		
Übersetzt v. Hans Strohm		
3., gegenüber der 2., berichtigten, unveränderte Auflage		
1984. 355 S., gr. 8°, 760 g, Leinen >3022/12/I/II<	751 641 8	33,—
		A 68,—
13 Über die Seele. Übersetzt v. Willy Theiler		
7., gegenüber der 3., durchgesehenen,unveränderte Auflage		
1986. 156 S., gr. 8°, 450 g, Leinen >3022/13<	750 711 6	14,—
17 Zoologische Schriften II. Teil II: Über die Bewegung der Lebewesen;		A 38,—
Teil III: Über die Fortbewegung der Lebewesen		
Übersetzt u. erläutert v. Jutta Kollesch		
1985. 144 S., 1 Abb., gr. 8°, 420 g, Leinen >3022/17/II/III<	754 385 4	18,—
		A 38,—
18 Opuscula. Teil I: Über die Tugend. Übersetzt v. Ernst A. Schmidt		
3., gegenüber der 2., bearbeiteten, durchgesehene Auflage		
1986. 152 S., gr. 8°, 430 g, Leinen >3022/18/I<	750 032 8	18,—
dto. Teil II: Mirabilia. Übersetzt v. Hellmut Flashar		A 38,—
dto. Teil III: De Audibilibus Übersetzt v. Jürgen Klein		
2., berichtigte Auflage		
1981. 291 S., gr. 8°, 600 g, Leinen >3022/18/II/III<	751 887 8	25,—
19 Problemata Physica. Übersetzt v. Hellmut Flashar		A 38,—
3., gegenüber der 2., durchgesehenen, unveränderte Auflage		
1983. 766 S., 8 Abb., gr. 8°, 1340 g, Leinen >3022/19<	750 027 2	54,—
		A 68,—
Aristoteles als Wissenschaftstheoretiker		
(Schriften z. Geschichte u. Kultur d. Antike, 22)		
Arlt, Klaus / Günter Feyerabend: Herbizide und Kulturpflanzen		
3., bearbeitete Auflage		

Best.-Nr. Preis

1982. XIV, 176 S., 40 Abb., 47 Tab., 2 Übersichten, gr. 8°, 470 g,
Leinen >5938< [4275] 761 617 9 (32,—)

Arndt, Dietrich: Liposomen
(Fortschritte d. Onkologie, 13)

Arndt, Karl-Friedrich: Leitfaden der Polymercharakterisierung
(s. Schröder)

Arndt, Ursula: Queues and Point Processes
(Math. Lehrbücher u. Monographien, II. Abt./53)

Arnold, Alfred: Wilhelm Wundt – Sein philosophisches System
1980. 293 S., 8°, 490 g, Leinen >6560< [0165] 753 752 6 (22,—)

Arnold, Heinrich: Chemische Dampfablagerung.
CVD-Grundlagen für die Mikroelektronik
1982. X, 158 S., 26 Abb., 8°, 220 g, >6656< [3535] 763 017 3 (22,—)

Arrian, Der Alexanderzug. Indische Geschichte. In zwei Bänden.
Hrsg. u. übersetzt v. Gerhard Wirth u. Oskar von Hinüber
Lizenzausgabe des Artemis-Verlages, München
V2 1985. 1153 S., 8°, 1050 g, Leinen >6540/I – II< [0226] 753 640 0 90,—

Arzneibuch der DDR – 2. Ausgabe – 2. AB – DDR – [1277, 2067]

In der ab 1. Januar 1979 verbindlichen Fassung
Band I
III. Lieferung. 1980. 46 S., gr. 8°, 230 g, >3065/1/III< 762 659 6 6,—
Band 1 – 6
III. Lieferung. 1980. 143 S., gr. 8°, 680 g, >3065/1 – 6/III< 762 656 1 19,—
Band 7
III. Lieferung. 1980. 104 S., gr. 8°, 250 g, >3065/7/III< 762 658 8 8,—

Arzneibuch der DDR – AB – DDR 83 –

In der ab 1. Januar 1983 verbindlichen Fassung
Band 1
IV. Lieferung. 1984. LXVIII, 210 S., gr. 8°, 640 g, >3065/1/IV< 762 914 8 20,—
Band 1 – 6
IV. Lieferung. 1984. LXIX, 545 S., gr. 8°, 1770 g, >3065/1 – 6/IV< 762 915 6 60,—
Band 7
IV. Lieferung. 1984. 115 S., gr. 8°, 300 g, >3065/7/IV< 762 916 4 10,—

Arzneibuch der DDR — AB — DDR 85 —
In der ab 1. Dezember 1985 verbindlichen Fassung
Band 1
V. Lieferung. 1986. 266 S., gr. 8°, 665 g, >3065/1/V< 763 329 4 32,—
Band 1 – 6
V. Lieferung. 1986. 520 S., gr. 8°, 1790 g, >3065/1 – 6/V< 763 328 6 64,—

Kommentare zum Arzneibuch der DDR [1277, 2067]

ISSN 0138-5798

	Best.-Nr.	Preis
Heft 5 – S. Ganschow / W. Heil: Über die Anwendung der IR-Spektroskopie in der Arzneimittelkontrolle 1980. 112 S., 162 Abb., 4 Tab., gr. 8°, 200 g, >3065/K/5<	762 621 1	14,—
Heft 6 – G. Seidenglanz: Radioaktive Arzneimittel 1980. 56 S., 8 Tab., gr. 8°, 100 g >3065/K/6<	762 732 9	8,—
Heft 7 – Maximaldosen und Rezeptpflicht von Arzneimitteln 2. Auflage 1983. 112 S., gr. 8°, 190 g, >3065/K/7<	762 840 1	16,—
Heft 8 – Immunhämatologische Prüfmethoden in der Laboratoriumsdiagnostik 1981. 73 S., 2 Abb., 8 Tab., gr. 8°, 140 g, >3065/K/8<	762 851 6	(10,—)
Heft 9 – Qualitätskontrolle und Qualitätssicherung in der Laboratoriumsdiagnostik 1984. 102 S., 9 Abb., 28 Tab., gr. 8°, 180 g, >3065/K/9<	763 057 9	14,—
Heft 10 – Blutgas- und säuren – basen – analytische Prüfmethoden in der Laboratoriumsdiagnostik 1984. 67 S., 6 Tab., gr. 8°, 130 g, >3065/K/10<	763 140 8	6,—
Heft 11/12 – Anorganische Prüfkomponenten in der Laboratoriumsdiagnostik 1985. 112 S., 8 Tab., gr. 8°, 200 g, >3065/K/11 – 12<	763 426 2	14,—

Arzneibuch der DDR — AB (D. L.) — DDR 85 [1277, 2065]

Diagnostische Laboratoriumsmethoden in der ab 1. Januar 1985 verbindlichen Fassung

	Best.-Nr.	Preis
I. Lieferung 1983. XXV, 1302 S., 85 Arbeitsblätter, 25 Abb., gr. 8°, 4300 g, Loseblattsystem in Klappmappe >3065/D.L./I<	762 960 7	195,—
II. Lieferung 1984. XXVII, 137 S., 10 Tab., 4 Abb., gr. 8°, 470 g, Loseblattsystem in Klappmappe >3065/D.L./II<	763 306 7	18,— A 24,—
Einbanddecke für Lieferung II, III, IV 1985. 3065/DL/II – IV/E	763 323 5	12,—

Compendium Medicamentorum [1277]

Sammlung vereinheitlichter Forderungen und Prüfmethoden für Arzneimittel. Hrsg. v. Rat für Gegenseitige Wirschaftshilfe – Ständige Kommission für die Zusammenarbeit auf dem Gebiet des Gesundheitswesens. Deutsch-Russisch

	Best.-Nr.	Preis
XV. bis XVI. Lieferung 1980. 240 S., gr. 8°, 1100 g, >3046/CM/XV – XVI<	762 733 7	50,—
XVII. bis XVIII. Lieferung 1981. 284 S., gr. 8°, 725 g, >3046/CM/XVII – XVIII<	762 849 5	50,—
XIX. bis XX. Lieferung 1982. XXXVIII, 310 S., 4 Abb., gr. 8°, 635 g, >3046/CM/XIX – XX<	762 989 3	65,—
XXI. bis XXII. Lieferung 1983. XXXIX, 245 S., gr. 8°, 690 g, >3046/CM/XXI – XXII<	763 126 4	55,—

	Best.-Nr.	Preis
XXIII. bis XXIV. Lieferung 1984. 300 S., gr. 8°, 900 g, >3046/CM/XXIII – XXIV<	763 281 4	60,—
XXV. bis XXVI. Lieferung 1985. 244 S., 14 Abb., gr. 8°, 550 g, >3046/CM/25 – 26<	763 404 3	50,—

Arzneimittel- und Apothekenrecht der DDR

– Gesetzessammlung mit Kommentar – Hrsg. v. Joachim Richter, Hans-Joachim Seidlein, Manfred Böhm, Hans Georg Keune
[2097, 2887]

	Best.-Nr.	Preis
1. Lieferung 1980. 614 S., gr. 8°, 1730 g, >3069/1<	762 719 3	75,—
2. Lieferung 1981. 585 S., gr. 8°, 1660 g, >3069/2<	762 720 6	75,—
3. Lieferung 1981. 270 S., gr. 8°, 1000 g, >3069/3<	762 721 4	30,—
4. Lieferung 1981. 330 S., gr. 8°, 1125 g, >3069/4<	762 722 2	45,—
5. Lieferung 1982. 450 S., gr. 8°, 1005 g, >3069/5<	762 870 0	48,—
6. Lieferung 1982. 307 S., gr. 8°, 680 g, >3069/6<	762 900 0	40,—
7. Lieferung 1982. 331 S., gr. 8°, 695 g, >3069/7<	762 943 9	45,—
8. Lieferung 1983. 456 S., gr. 8°, 970 g, >3069/8<	763 016 5	60,—
9. Lieferung 1983. 262 S., gr. 8°, 610 g, >3069/9<	763 124 8	35,—
10. Lieferung 1984. 255 S., gr. 8°, 605 g, >3069/10<	763 141 6	35,—
11. Lieferung 1984. 326 S., gr. 8°, 765 g, >3069/11<	763 265 4	45,—
12. Lieferung 1984. 252 S., gr. 8°, 500 g, >3069/12<	763 324 3	35,—
13. Lieferung 1985. 394 S., gr. 8°, 890 g, >3069/13<	763 381 7	40,—
14. Lieferung 1985. 293 S., gr. 8°, 705 g, >3069/14<	763 440 6	38,—
15. Lieferung 1986. 205 S., gr. 8°, 500 g, >3069/15<	763 490 8	26,—

Asseng, Ekkehard: Untersuchungen zur Ermittlung des Wärmeaustausches zwischen Thermistoren und verdünnter Luft
(Abhandlg. d. MD, 127)

Atlas der Verbreitung palaearktischer Vögel [1375]

	Best.-Nr.	Preis
8. Lieferung 1980. 70 S., 10 zweifarb. Verbreitungskarten, 4°, 610 g, >3034/8<	762 631 8	(30,—)
9. Lieferung 1980. 61 S., 10 zweifarb. Verbreitungskarten, 4°, 540 g, >3034/9<	762 676 4	(30,—)
10. Lieferung 1982. 68 S., 9 zweifarb. Verbreitungskarten, 4°, 530 g, >3034/10<	762 954 3	30,—

	Best.-Nr.	Preis
11. Lieferung 1983. 68 S., 10 zweifarb. Verbreitungskarten, 4°, 540 g, >3034/11<	762 961 5	(30,—) (A 38,—)
12. Lieferung 1984. 72 S., 10 zweifarb. Verbreitungskarten, 4°, 850 g, >3034/12<	763 280 6	30,— A 38,—
13. Lieferung 1985. 80 S., 10 zweifarb. Verbreitungskarten, 4°, 700 g, >3034/13<	763 416 6	30,— A 38,—
14. Lieferung 1987. >3034/14<	763 518 5	

Atlas zur Interpretation aerokosmischer Multispektralaufnahmen (Methodik und Ergebnisse).
Hrsg. v. d. Akademie d. Wissenschaften d. UdSSR, Inst. f. Kosmosforschung u. d. Akademie d. Wissenschaften d. DDR, Zentralinstitut f. Physik d. Erde
1982. 83 farb. Bild/Text-Tafeln i. Leinenmappe, 40 cm × 60 cm, 6250g, >6694< [1405] 763 104 5 (480,—)

Atlas for the Interpretation of Multispectral Aerospace Images (Methodology and Results).
By a group of authors from USSR and GDR
1982. 83 multicoloured plates in file, 40cm × 60 cm, >6694< [1405] 763 148 3 (480,—)

Ausgabe letzter Hand, Die . . .
(s. Quellen und Zeugnisse zur Druckgeschichte von Goethes Werken

Ausgewählte Forschungsergebnisse aus der Organischen Chemie, Festkolloquium zum 80. Geburtstag von Alfred Rieche
(Sitzungsber. d. AdW, Jg 83/2/N)

Ausgewählte Forschungsergebnisse der Physik. Robert Rompe zum 75. Geburtstag
(Sitzungsber. d. AdW, Jg 81/22/N)

Ausgewählte Probleme der Physikalischen Chemie
(Sitzungsber. d. AdW, Jg 81/3/N)

Ausgewählte Probleme der Polymerforschung. Hermann Klare zum 75. Geburtstag
(Sitzungsber. d. AdW, Jg 85/4/N)

Automatische Analyse des Deutschen
(s. Kunze)

Automatische Meteorologische Stationen
(Abhandlg. d. MD, 125)

Bacaloglu, Radu: Organische Synthesen mit Cyansäureestern
(Neuere Forschungsergebnisse aus den chemischen Wissenschaften, 1)

Bachmann, Peter (H): Programmsysteme
(Informatik-Kybernetik-Rechentechnik, 5)

Backhaus, Georg: Deformationsgesetze. Mathematische und physikalische Grundlagen. Große Verformungen, Fließvorgänge, Elastizität und Viskoelastizität. Plastizität und Viskoplastizität
1983. 362 S., 174 Abb., 1 Tab., gr. 8°, 820 g, Leinen >6606< [3025] 762 912 1 72,— A 98,—

		Best.-Nr.	Preis
Bacon, Francis: Das Neue Organon (Philosophiehistorische Texte) –, –: Neu-Atlantis (Philosophiehistorische Texte)			
Badstübner, Rolf /Heinz Heitzer (H): Die DDR in der Übergangsperiode. Studien zur Vorgeschichte und Geschichte der DDR 1945 bis 1961 2., durchgesehene Auflage 1982. 318 S., 13 Tab., gr. 8°, 660 g, >6523<	[0275]	753 570 7	(19,50)
Baeckmann, W. v. / W. Schwenk: Handbuch des kathodischen Korrosionsschutzes. Ergänzungen v. Werner Schmidt Lizenzausgabe des Verlages Chemie, Weinheim 1985. XXVIII, 465 S., 282 Abb., 60 Tab., gr. 8°, 1100 g, >6881<	[3015, 1205]	763 446 5	(198,—)
Baetke, Walter: Wörterbuch zur altnordischen Prosaliteratur 4. Auflage 1986. XI, 822 S., 8°, 1180 g, Leinen >6325<	[0827]	752 875 0	75,— A 98,—
Bahner, Werner: Kontinuität und Diskontinuität in der Herausbildung der romanischen Sprachwissenschaft (Sitzungsber. d. SAW, phil.-hist. Kl., Bd 124/3) –, – (H): Sprache und Kulturentwicklung im Blickfeld der deutschen Spätaufklärung (Abhandlg. d. SAW, phil.-hist. Kl., Bd 70/4) –, – (H): Sprachwissenschaftliche Germanistik (s. dort)			
Bandemer, Hans (H): Theorie und Anwendung der optimalen Versuchsplanung II (Math. Lehrbücher u. Monographien, II. Abt./48)			
Bank, Bernd: Non-Linear Parametric Optimization (Math. Lehrbücher u. Monographien, II. Abt./58)			
Barabasch, Juri: Fragen der Ästhetik und Poetik (Autorisierte Fassung aus dem Russischen) 1982. 309 S., 8°, 385 g, >6674<	[8001]	754 089 9	18,— A 28,—
Barag, L. G. (H): Belorussische Volksmärchen (Volksmärchen, 3)			
Barb, Dănilă: Grundlagen und Anwendungen der Mössbauerspektroskopie (Erweiterte u. bearbeitete Übersetzung aus dem Rumänischen) Bearbeitet u. hrsg. v. Werner Meisel Gemeinschaftsausgabe mit Editura Academiei Republicii Socialiste România, Bucuresti 1980. X, 468 S., 160 Abb., 29 Tab., gr. 8°, 670 g, Lederin >6579<	[1215, 1225]	762 812 9	(68,—)
Barlow, Richard E.: Statistische Theorie der Zuverlässigkeit (Math. Lehrbücher u. Monographien, II. Abt./49)			

Best.-Nr. Preis

Bartel, Horst (H): Martin Luther – Leistung und Erbe
(s. Brendler)
–, –: Das marxistische Lutherbild
(Sitzungsber. d. AdW, Jg 84/12/G)

Barthel, Günter (H): The Arab World and Asia between Development and Change
(Studien über Asien, Afrika u. Lateinamerika, 37)
–, – (H): Die Islamische Republik Iran
(Taschenbuch Geschichte, 41)

Bartsch, Gerhard (H): Philosophisch-methodologische Probleme der Gesellschaftswissenschaften
(Schriften z. Philosophie u. ihrer Geschichte, 32)
–, – (H): Der dialektische Widerspruch
(Schriften z. Philosophie u. ihrer Geschichte, 41)

Bassola, Peter: Wortstellung im Ofner Stadtrecht
(Bausteine z. Sprachgeschichte d. Neuhochdeutschen, 61)

Bates, Robert B. / Craij A. Ogle: Carbanion Chemistry
Lizenzausgabe des Springer-Verlages, Berlin-Heidelberg
1983. VIII, 95 S., 3 Tab., gr. 8°, 210 g, >6793< [1275] 763 286 5 (48,—)

Baudisch, Andreas: Decidability and Generalized Quantifiers
(Mathematische Forschung, 3)

Bauer, Adolf: Zur Dialektik des Geschichtsprozesses
(Schriften z. Philosophie u. ihrer Geschichte, 33)

Bauer, Hans-Dietrich: Analytische Transmissionselektronenmikroskopie
(Beiträge z. Forschungstechnologie, 13)

Baumann, Karl-Heinrich / Heidelore Voigt: Technische Massenkristallisation
1984. 174 S., 55 Abb., 10 Tab., 8°, 235 g, >6551< [1214] 762 509 1 32,—
A 42,—

Baumann, Rudolf / Harald Dutz / Stefan Nitschkoff (H): Arterielle Hypertonie
Bd I: Pathophysiologie – Klinik und Modellexperiment
1981. VII, 536 S., 225 Abb., 32 Tab., gr. 8°
Bd II: Diagnostik, Therapie und Prophylaxe
1981. VII, 693 S., 210 Abb., 120 Tab., gr. 8°, >6512/1 + 2< Leinen, 2360 g [2115] 762 626 2 (160,—)
(A 180,—)

Baumgärtel, Hellmut: Mathematical Scattering Theory
(Math. Lehrbücher u. Monographien, II. Abt./59)
–, –: Analytic Perturbation. Theory for Matrices and Operators
(Math. Lehrbücher u. Monographien, II. Abt./64)

Baumgarten, Karl: Das deutsche Bauernhaus
(Veröffentl. z. Volkskunde u. Kulturgeschichte, 63)

Bausteine zur Sprachgeschichte des Neuhochdeutschen

ISSN 0067-463X [0815]

Hrsg. v. Zentralinstitut für Sprachwissenschaft der AdW der DDR

Best.-Nr. Preis

56/I Zur Ausbildung der Norm der deutschen Literatursprache auf der syntaktischen Ebene (1470 –1730). Der Einfachsatz
Untersucht an ausgewählten Konkurrentengruppen unter Leitung v. Gerhard Kettmann u. Joachim Schildt
2., unveränderte Auflage
1981. 539 S., 126 Tab., gr. 8°, 800 g, ›2054/56/I‹ 752 385 3 **68,—**

56/II Zur Ausbildung der Norm der deutschen Literatursprache auf der lexikalischen Ebene(1470 –1730). Untersucht an ausgewählten Konkurrentengruppen unter Leitung v. Joachim Dückert
2., unveränderte Auflage
1981. 352 S., 40 Tab., gr. 8°, 550 g, ›2054/56/II‹ 752 384 5 **(42,—)**

56/IV Zur Ausbildung der Norm der deutschen Literatursprache im Bereich des neuhochdeutschen Satzgefüges (1470 –1730)
Wladimir G. Admoni: Ein Beitrag zur Geschichte des Gestaltungssystems der deutschen Sprache
2., unveränderte Auflage
1980. 363 S., gr. 8°, 600 g, ›2054/56/IV‹ 752 967 3 **48,—**

56/V M. M. Guchmann / N. N. Semenjuk: Zur Ausbildung der Norm der deutschen Literatursprache im Bereich des Verbs (1470 –1730). Tempus und Modus
1981. 278 S., 36 Tab., gr. 8°, 440 g, ›2054/56/V‹ 753 795 6 **36,—**

56/VI V. M. Pavlov: Zur Ausbildung der Norm der deutschen Literatursprache im Bereich der Wortbildung (1470 –1730). Von der Wortgruppe zur substantivischen Zusammensetzung
1983. 150 S., gr. 8°, 255 g, ›2054/56/VI‹ 754 141 0 **32,—** **A 42,—**

60 Die Auswirkungen der industriellen Revolution auf die deutsche Sprachentwicklung im 19. Jahrhundert. Von einem Autorenkollektiv unter Leitung v. Joachim Schildt
1981. 308 S., gr. 8°, 490 g, ›2054/60‹ 753 923 0 **38,—**

61 Peter Bassola: Wortstellung im Ofner Stadtrecht. Ein Beitrag zur frühneuhochdeutschen Rechtssprache in Ungarn
1985. 284 S., gr. 8°, 455 g, ›2054/61‹ 754 142 9 **38,—**

Bechmann, Rudolf: Zu Problemen der Wechselbeziehungen zwischen den sozialistischen Produktionsverhältnissen und anderen gesellschaftlichen Verhältnissen aus territorialer Sicht
(Forschungsber. d. Zentralinst. f. Wirtschaftswiss., 36)

Beckert, Herbert: Nichtlineare Elastizitätstheorie
(Sitzungsber. d. SAW, math.-nat. Kl., Bd 117/2)
–, –: Axiomatik
(Sitzungsber. d. SAW, math.-nat. Kl., Bd 118/2)

Bedienungstheorie, Handbuch der –. I u. II
(Math. Lehrbücher u. Monographien, II. Abt./56, 57)

Befunde und Entwürfe
(Literatur u. Gesellschaft, 80)

Behrens, Fritz: Grundriß der Geschichte der politischen Ökonomie
Bd I: Die politische Ökonomie bis zur bürgerlichen Klassik
2., berichtigte u. ergänzte Auflage
1981. 265 S., 1 Abb., 8°, 470 g, Leinen ›5469/1‹ [0305] 753 725 1 **(19,—)**

Nr.	Titel		Best.-Nr.	Preis
	Bd IV: Die bürgerliche Ökonomie in der allgemeinen Krise des Kapitalismus 1981. 350 S., 1 Abb., 11 Tab., 8°, 560 g, Leinen >5469/4<	[0305]	753 727 8	24,—

Beiträge zur Alexander-von-Humboldt-Forschung

ISSN 0232-1556

Schriftenreihe der Alexander-von-Humboldt-Forschungsstelle der AdW der DDR

Nr.	Titel		Best.-Nr.	Preis
1	Kurt-R. Biermann (H): Alexander von Humboldt. Chronologische Übersicht über wichtige Daten seines Lebens 2., überarbeitete, vermehrte u. berichtigte Auflage 1983. 94 S., gr. 8°, 190 g, >2137/1<	[1006]	754 277 1	24,— A 30,—
5	Alexander von Humboldt. Lateinamerika am Vorabend der Unabhängigkeitsrevolution. Eine Anthologie von Impressionen und Urteilen aus seinen Reisetagebüchern Zusammengestellt u. erläutert durch Margot Faak 1981. 408 S., 2 Abb., 1 Karte, gr. 8°, 850 g, Leinen >2137/5<	[1006]	753 635 5	80,— A 98,—
7	Kurt-R. Biermann (H): Briefwechsel zwischen Alexander von Humboldt und Peter Gustav Lejeune Dirichlet 1982. 174 S., 4 Taf., gr. 8°, 450 g, Leinen >2137/7<	[1006]	753 648 6	36,— A 48,—
8	Alexander von Humboldt: Reise auf dem Rio Magdalena, durch die Anden und Mexiko. Teil I: Texte Aus seinen Reisetagebüchern zusammengestellt u. erläutert durch Margot Faak. Mit einer einleitenden Studie v. Kurt-R. Biermann 1986. 402 S., 10 Abb., 1 Karte, gr. 8°, 795 g, Leinen >2137/8<	[7103]	754 664 1	78,— A 98,—
14	Kurt-R. Biermann (H): Alexander von Humboldt. Vier Jahrzehnte Wissenschaftsförderung. Briefe an das preußische Kultusministerium 1818 – 1858 1985. 252 S., gr. 8°, 570 g, Leinen >2137/14<	[1006]	754 520 0	48,— A 58,—

Beiträge zur Demographie

SSN 0138-3310

Nr.	Titel		Best.-Nr.	Preis
4	Parviz Khalatbari (H): Räumliche Bevölkerungsbewegung in sozialistischen Ländern 1980. 436 S., 34 Abb., 16 Karten, 8°, 600 g, >2180/4<	[0325]	753 600 5	(38,—)
5	Parviz Khalatbari (H): Bevölkerungstheorie und Bevölkerungspolitik 1981. 274 S., 11 Abb., 33 Tab., 8°, 360 g, >2180/5<	[0305]	753 791 3	(28,—)
6	Robert René Kuczynski: Fertility and Reproduction. Methods of Measuring the Balance of Births and Deaths 1982. 146 S., 1 Abb., 47 Tab., 8°, 190 g, >2180/6<	[0305]	753 990 0	28,— A 32,—
7	Demographic Transition 1983. 356 S., 34 Abb., 42 Tab., 8°, 390 g, >2180/7<	[0305]	754 118 9	38,—

			Best.-Nr.	Preis
8	Parviz Khalatbari (H): Fertilitätstrends. Methode-Analyse-Politik 1984. 270 S., 52 Abb., 28 Tab., 8°, 350 g, >2180/8<	[0305]	754 305 3	28,—

Beiträge zur Forschungstechnologie

ISSN 0323-5130

Schriftenreihe für Experimentalmethodik, Systemanalyse und Instrumentierung in der naturwissenschaftlichen, medizinischen und technischen Forschung
Hrsg. v. 1. Vizepräsidenten der AdW der DDR

			Best.-Nr.	Preis
6	Manfred Bonitz: Wissenschaftliche Forschung und wissenschaftliche Information 2., unveränderte Auflage 1981. XII, 199 S., 32 Abb., 6 Tab., 8°, 270 g, >2167/6<	[1075]	762 763 6	(21,—)
7	Bert Pegel: Empirische Modellbildung und Versuchsplanung 1980. X, 75 S., 5 Abb., 8°, 120 g, >2167/7<	[1075]	762 794 3	(9,50)
8	Rudolf Arthur Pose: Rechnergestützte Bildverarbeitung. Erkenntnisse und Erfahrungen aus der Hochenergiephysik 1981. XVII, 227 S., 94 Abb., 14 Tab., 8°, 290 g, >2167/8<	[1085]	762 973 8	30,—
9	Forschungstechnologie. Aufgaben-Probleme-Aktivitäten. Vorträge auf dem Kolloquium anläßlich des 65. Geburtstages von Helmuth Faulstich 1983. 200 S., 41 Abb., dav. 9 auf 8 Kunstdrucktaf., 8°, 275 g, >2167/9<	[3505]	763 047 2	28,—
10	Peter Liewers: Rauschdiagnostik 1985. XIV, 231 S., 105 Abb., 5 Tab., 8°, 320 g, >2167/10<	[1075]	763 389 2	32,—
11	Reinald Hillebrand / Kurt Scheerschmidt / Wolfgang Neumann / Peter Werner / Armin Pippel: Bildinterpretation in der Hochauflösungs-Elektronenmikroskopie. Numerische und optische Verfahren zur Interpretation elektronenmikroskopischer Hochauflösungsabbildungen kristalliner Objekte 1984. XIV, 124S., 53Abb., dav. 35 auf 22 Kunstdrucktaf., 8°, 230g, >2167/11<	[1175]	763 432 6	22,—
12	Karl-Heinz Müller: Zuverlässigkeit und Funktionseffektivität komplizierter technischer Systeme 1985. XIV, 154 S., 23 Abb., 2 Tab., 8°, 205 g, >2167/12<	[1075]	763 547 6	22,—
13	Hans-Dietrich Bauer: Analytische Transmissionselektronenmikroskopie 1986. XII, 60 S., 36 Abb., 7 Tab., 8°, 140 g, >2167/13<	[1175]	763 572 4	12,—

Sonderbände

			Best.-Nr.	Preis
1	Forschen und Nutzen. Wilhelm Ostwald zur wissenschaftlichen Arbeit 2., überarbeitete u. erweiterte Auflage 1982. L, 372 S., 22 Textill., 57 Abb., dav. 12 farbige auf 49 Kunstdrucktaf., 8°, 890 g, Leinen >2167/S1<	[1206]	763 049 9	(48,—)
2	Rainer Franke: Optimierungsmethoden in der Wirkstofforschung – Quantitative Struktur-Wirkungs-Analyse 1980. XVI, 456 S., 69 Abb., 1 Tab., 8°, 600 g, Leinen >2167/S2<	[1315]	762 793 5	(45,—)
3	P. L. Kapica: Experiment, Theorie, Praxis. Aufsätze und Reden (Übersetzung aus dem Russischen; bearb. u. hrsg. v. Günther Lotz, Dietrich Schulze, Wolfgang Wächter, Christa Winterstein)			

		Best.-Nr.	Preis
1984. XIX, 435 S., 37 Abb., dav. 13 auf 4 Kunstdrucktaf., 2 Tab., 1 Frontispiz, 8°, 680 g, Leinen >2167/83<	[1105]	763 276 9	54,—

Beiträge zur Geographie

ISSN 0138-4422

Hrsg. v. Institut für Geographie und Geoökologie der AdW der DDR
Neue Folge

			Best.-Nr.	Preis
30	**Siedlungssysteme in der VR Polen und der DDR. Beiträge des III. Geographischen Seminars VR Polen – DDR** 1981. 230 S., 33 Abb., 1 Taf., 11 Tab., 1 Anlage, gr. 8°, 390 g, >2154/30<	[5015]	762 831 3	(29,—)
31	**Geographie und Territorialstruktur in der DDR. Analysen, Trends, Orientierungen** Wissenschaftliche Bearbeitung: Gerhard Mohs u. Frankdieter Grimm 1983. 312 S., 19 Abb., 38 Tab., 2 Beilagen, gr. 8°, 620 g, >2154/31<	[5015]	763 061 6	(40,—)
32	**Strukturen und Prozesse im Wirtschafts- und Naturraum. Fallstudien** 1985. 249 S., 26 Abb., 56 Tab., gr. 8°, 410 g, >2154/32<	[5005]	763 453 7	32,—

Beiträge zur Geschichte des religiösen und wissenschaftlichen Denkens

ISSN 0067-5059

			Best.-Nr.	Preis
10	**Eduard Winter: Mein Leben im Dienst des Völkerverständnisses. Nach Tagebuchaufzeichnungen, Briefen, Dokumenten und Erinnerungen** 1981. 188 S., 3 Taf., gr. 8°, 510 g, Leinen >2124/10<	[0238]	753 527 2	(32,—) (A 48,—)

Reihe erscheint nicht weiter

Beiträge zur Inkunabelkunde, Dritte Folge

ISSN 0067-5091

		Best.-Nr.	Preis
8	**1983. 173 S., 69 Abb. auf 47 Taf., 4°, 590 g, >3049/8<**	752 706 1	40,—

Beiträge zur Kritik der bürgerlichen Ideologie und des Revisionismus

ISSN 0232-2803

			Best.-Nr.	Preis
7	**Ján Lazar: Eigentum in der bürgerlichen Rechtstheorie** 1980. 159 S., 8°, 210 g, >2179/7<	[0495]	753 808 6	(7,80)
8	**Günter Rose: Modernisierungstheorien und bürgerliche Sozialwissenschaften. Eine Studie zur bürgerlichen Gesellschaftstheorie und Geschichtsideologie der Gegenwart** 1981. 179 S., 8°, 270 g, >2179/8<	[0165]	753 907 0	9,80
9	**Ludwig Elm / Günther Rudolph / Heinz Malorny: Tradition des Konservatismus** 1982. 54 S., 8°, 80 g, >2179/9<	[0165]	754 056 5	(4,—)
10	**M. B. Mitin: Philosophie und sozialer Fortschritt (Übersetzung aus dem Russischen; hrsg. v. B. P. Löwe)** 1983. 157 S., 8°, 210 g, >2179/10<	[0165]	754 174 4	8,—

		Best.-Nr.	Preis
11 Wolfgang Eichhorn (I)/ Hans Schulze (H): Philosophie im Friedenskampf 1983. 200 S., 8°, 250 g, >2179/11<	[0165]	754 230 9	(15,—)

Beiträge zur Meereskunde [1465]

ISSN 0067-5148

Hrsg. v. Institut für Meereskunde der AdW der DDR

	Best.-Nr.	Preis
43 1980. 140 S., 78 Abb., 14 Tab., gr. 8°, 240 g, >2105/43<	762 762 8	36,—
44–45 1980. 154 S., 85 Abb., 9 Tab., gr. 8°, 260 g, >2105/44–45<	762 838 0	42,—
46 1982. 90 S., 42 Abb., gr. 8°, 160 g, >2105/46<	763 021 0	24,—
47 1982. 116 S., 41 Abb., 15 Tab., gr. 8°, 200 g, >2105/47<	763 050 1	30,—
48 1983. 111 S., 55 Abb., gr. 8°, 185 g, >2105/48<	763 147 5	30,—
49 1983. 137 S., 64 Abb., 22 Tab., gr. 8°, 280 g, >2105/49<	763 194 2	36,—
50 1984. 76 S., 15 Abb., 6 Tab., gr. 8°, 140 g, >2105/50< (Mit Gesamtinhaltsverzeichnis zu den Heften 1–50)	763 302 4	20,—

ab Heft 51

Beiträge zur Meereskunde
Contributions to Marine Scientific Research

	Best.-Nr.	Preis
1984. 76 S., 52 Abb., 40 Tab., gr. 8°, 155 g, >2105/51<	763 346 2	20,—
52 1985. 75 S., 30 Abb., 13 Tab., gr. 8°, 150 g, >2105/52<	763 441 4	20,—
53 1985. 74 S., 46 Abb., 9 Tab., 6 Figuren, gr. 8°, 140 g, >2105/53<	763 452 9	20,—

Bellmann, Dieter: Arabische Kultur der Gegenwart. Rückblicke-Bestandsaufnahme-Zukunftserwartungen
1984. 453 S., 8°, 640 g, Halbleinen >6658< [8160] 754 011 9 28,—

Bellmann, Klaus (H): Molecular Genetic Information Systems. Modelling and Simulation
1983. 328 S., 115 Abb., 23 Tab., gr. 8°, 665 g, Leinen >6647< [1325] 763 010 6 50,—
A 60,—

Belorussische Volksmärchen
(Volksmärchen, 3)

Belz R.: Isolation, separation and identification of volatile compounds in aroma research
(s. Rothe, Handbuch d. Aromaforschung, 5)

Bender, Dietrich: Einheiten – Maßsysteme – SI
(WTB, Reihe Mathematik/Physik)

Benetin, Jan: Mathematisches Modell für das Wachstum von landwirtschaftlichen Kulturen und seine Verwertung in der quantitativen Beurteilung des Bewässerungseffektes auf die Steigerung der Ernteerträge
(Sitzungsber. d. SAW, math.-nat. Kl., Bd 116/4)

Bentzien, Ulrich: Bauernarbeit im Feudalismus
(Veröffentl. z. Volkskunde u. Kulturgeschichte, 67)

Berendt, Gerhard / Evelyn Weimar: Mathematik für Physiker
Lizenzausgabe des Physik-Verlages GmbH, Weinheim
Bd. 1: Analysis und lineare Algebra

		Best.-Nr.	Preis
1983. VIII, 389 S., 123 Abb., 6 Tab., gr 8°, 740 g, >6756/1<	[1014]	763 214 4	(58,—)
Bd. 2: Funktionentheorie, gewöhnliche und partielle Differentialgleichungen 1983. VIII, 390 S., 148 Abb., 2 Tab., gr. 8°, 780 g, >6756/2<	[1014]	763 220 8	(58,—)

Berestetzki, W. B.: Lehrbuch der Theoretischen Physik
(s. Landau)

Berg, Hermann: Der Formenwandel einer DNA-Doppelhelix in Lösung, an der Elektrode und seine molekularbiologische Bedeutung
(Abhandlg. d. SAW, math.-nat. Kl., Bd 54/4)
–, : Wilhelm Ostwald
(Sitzungsber. d. SAW, math.-nat. Kl., Bd 115/1)

Berger, Georg: Biovitrokeram-Implantatwerkstoffe
(Sitzungsber. d. AdW, Jg 85/1/N)

Berger, Horst (H): Indikatoren in der soziologischen Forschung
(s. dort)

Bergholz, Gerhard: Verhaltensmodelle von Prozeßrechnern
(Elektron. Rechnen u. Regeln, 14)

Bergmann, Ulrich: Modern Approach to Colposcopic Findings. Atlas for the Practioner in Gynaecology 1982. 54 S., 73 Taf., 4°, 660 g, Lederin >6650<	[2715, 2145]	763 015 7	58,— A 68,—

Bergmann, Werner: Über Störungen des Kalzium-Magnesium-Haushalts unter besonderer Berücksichtigung von Umweltfaktoren
(Sitzungsber. d. AdW, Jg 80/24/N)

Bergner, Hans: Tierernährung
(WTB, Reihe Biologie)

Berka, Karel / Lothar Kreiser unter Mitarbeit v. Siegfried Gottwald u. Werner Stelzner: Logik-Texte. Kommentierte Auswahl zur Geschichte der modernen Logik 4., gegenüber der 3., erweiterten, durchgesehene Auflage 1985. XVII, 633 S., 8°, 930 g, Leinen >5815<	[0145]	754 019 4	42,— A 48,—
Berlin, Alexander A. / Stanislav A. Volfson / Nicolai S. Enikilopian / S. S. Negmatov: Principles of Polymer Composites Lizenzausgabe des Springer-Verlages, Berlin-Heidelberg 1986. 124 S., 40 Abb., gr. 8°, 250 g, >6905<	[1275]	763 482 8	(148,—)

Berliner Byzantinistische Arbeiten

ISSN 0067-6055

10 Gyula Moravcsik: Byzantinoturcica I. Die byzantinischen Quellen der Geschichte der Türkvölker 3., unveränderte Auflage 1983. XXXII, 609 S., gr. 8°, 890 g, >2065/10<	[0227]	754 013 5	(77,—)

Best.-Nr. Preis

11 –, –: Byzantinoturcica II. Sprachreste der Türkvölker in den byzantinischen Quellen
3., unveränderte Auflage

V 1 1983. XXVI, 376 S., 9 Abb. auf 3 Taf., gr. 8°, 610 g, >2065/11< [0227] 754 236 8 68,—

49 Jürgen Dummer / Johannes Irmscher (H): Byzanz in der europäischen Staatenwelt. Eine Aufsatzsammlung
1983. 229 S., 35 Abb., 28 Taf., gr. 8°, 440 g, >2065/49< [0225] 753 946 8 (48,—) (A 68,—)

50 Helga Köpstein (H): Besonderheiten der byzantinischen Feudalentwicklung. Eine Sammlung von Beiträgen zu den frühen Jahrhunderten
1983. 131 S., 8 Taf., gr. 8°, 230 g, >2065/50< [0225] 754 105 8 (36,—) (A 48,—)

51 Helga Köpstein / Friedhelm Winkelmann (H): Studien zum 8. und 9. Jahrhundert in Byzanz
1983. 131 S., 5 Abb., gr. 8°, 320 g, >2065/51< [0225] 754 135 7 (38,—) (A 48,—)

52 Joachim Herrmann / Helga Köpstein / Reimar Müller (H): Griechenland – Byzanz – Europa. Ein Studienband
1984. 310 S., 8 Abb., 1 Karte, 1 Frontispiz, gr. 8°, 670 g, >2065/52< [0225] 754 266 7 60,—

53 Friedhelm Winkelmann: Byzantinische Rang- und Ämterstruktur im 8. und 9. Jahrhundert. Faktoren und Tendenzen ihrer Entwicklung
1985. 152 S., gr. 8°, 280 g, >2065/53< [0225] 754 381 1 30,— A 40,—

Berljand, M. J.: Moderne Probleme der atmosphärischen Diffusion und der Verschmutzung der Atmosphäre
(Übersetzung aus dem Russischen; in dt. Spr. hrsg. v. H. Ihlenfeld)
1982. 435 S., 81 Abb., 43 Tab., gr. 8°, 940 g, Leinen >6446< [1465] 762 486 6 56,—

Bernal, John Desmond: Die soziale Funktion der Wissenschaft
(Übersetzung aus dem Englischen; hrsg. v. Helmut Steiner)
V 4 1986. >6181< [0155] 752 784 6 38,—

Bernhardt, Arnd: Beiträge zum Problemkreis des Landschaftswandels
(Sitzungsber. d. SAW, math.-nat. Kl., Bd 117/4)

Bernhardt, Hannelore: Mikroökologie des Menschen
(WTB, Reihe Biologie)

Bernhardt, Reinhold: Dosimetrie ionisierender Strahlung
(WTB, Reihe Mathematik/Physik)

Berthold, Lothar (H): Antifaschistische Literatur in der Bewährung
(s. dort)

Berzelius, J. J. / A. Kekulé / F. Wöhler, Zur Würdigung von – – –
(Sitzungsber. d. AdW, Jg 80/25/N)

Bestimmungsbücher zur Bodenfauna Europas

ISSN 0067-6314

Hrsg. v. Herbert Franz

			Best.-Nr.	Preis
9	István Andrássy: Klasse Nematoda. (Ordnungen Monhysterida, Desmoscolecida, Araeolaimida, Chromadorida, Rhabditida)			
V 4	1984. 509 S., 182 Abb., gr. 8°, 900 g, >2114/9<	[1365]	763 032 5	120,— A 128,—

Bibel, Wolfgang (H): Mathematical Methods of Specifications and Synthesis of Software Systems '85
(Mathematische Forschung, 31)

	Bielfeldt, Hans Holm: Russisch-Deutsches Wörterbuch 14., durchgesehene Auflage			
	1982. XXIII, 1119 S., gr. 8°, 1210 g, Lederin >2040-S/2<	[0857]	750 996 3	(29,—)
	Bielka, Heinz (H): The Eukaryotic Ribosome			
V 2	1982. 338 S., 36 Abb., 29 Tab., gr. 8°, 865 g, >6613<	[1315]	762 610 7	58,—

Biermann, Kurt-R. (H): Alexander von Humboldt. Chronologische Übersicht über wichtige Daten seines Lebens
(Beiträge z. Alexander-von-Humboldt-Forschung, 1)

–, – (H): Briefwechsel zwischen Alexander von Humboldt und Peter Gustav Lejeune Dirichlet
(Beiträge z. Alexander-von-Humboldt-Forschung, 7)

–, – (H): Alexander von Humboldt. Vier Jahrzehnte Wissenschaftsförderung
(Beiträge z. Alexander-von-Humboldt-Forschung, 14)

Bierwisch, Manfred (H): Grammatische und konzeptuelle Aspekte von Dimensionsadjektiven
(studia grammatica, 26)

Bilddaten, Erfassung und maschinelle Verarbeitung von –
(s. Kazmierczak)

Biotechnologie
(Abhandlg. d. AdW, Jg 82/2/N)

	Birkfellner, Gerhard (H): Teutscher, Und Reussischer, Dictionarium (Dictionarium Vindobonense). Das Wiener deutsch-russische Wörterbuch (Cod. Conv. FF. Minorum Vindobonensis XVI)			
V 1	1983. XXXVIII, 931 S., 16 Abb. auf 16 Taf., 8°, 1320 g, Leinen >6697<	[0856]	754 122 6	150,—
	Bischof, Claus / Wulff Possart: Adhäsion. Theoretische und experimentelle Grundlagen			
	1983. 272 S., 53 Abb., 5 Tab., 8°, 340 g, >6676<	[1215]	763 056 0	54,— A 68,—

Bismarckzeit, Gestalten der –. Band I/II
(s. Seeber)

Bittrich, Hans-Joachim: Aktivitäten in der chemischen Kinetik
(Sitzungsber. d. AdW, Jg 82/1/N)

–, – (H): Modellierung von Phasengleichgewichten als Grundlage von Stofftrennprozessen
(Grundlagen d. Verfahrenstechnik u. chem. Technologie, 10)

Blanke, Detlef: Internationale Plansprachen
(Sammlung AV, Sprache)

Blei, Wolfgang: Erkenntniswege zur Erd- und Lebensgeschichte
(WTB, Reihe Texte u. Studien)

Best.-Nr. Preis

Bleiber, Helmut / Jan Kosim (H): Dokumente zur Geschichte der deutsch-polnischen Freundschaft 1830 – 1832
1982. LXXVI, 514 S., 52 Abb. auf 32 Taf., gr. 8°, 1150 g, Leinen
>6625< [0266] 753 960 1 (60,—)
(A 88,—)

Bleiber, Waltraut: Naturalwirtschaft und Ware-Geld-Beziehungen zwischen Somme und Loire während des 7. Jahrhunderts
(Forschungen z. mittelalterl. Geschichte, 27)

Blodl, F. C. (H): Intraocular Tumors
(Fortschritte d. Onkologie, 9)

Blumenauer, Horst: Zur werkstoffmechanischen Interpretation von Bruchkenngrößen
(Sitzungsber. d. AdW, Jg 82/20/N)

Bobeth, Wolfgang: Zur Quantifizierung des Gebrauchswertes, dargestellt am Beispiel textiler Werkstoffe
(Sitzungsber. d. AdW, Jg 80/1/N)
–, –: Technologien zur gezielten Erzeugung von Werkstoffstrukturen durch Kombination mechanischer und thermischer Behandlung
(Sitzungsber. d. AdW, Jg 80/10/N)

Bochmann, Dieter: Automatengraphen
1982. 150 S., 108 Abb., 8°, 200 g, >6693< [1094] 763 099 0 19,50
–, –: Binäre dynamische Systeme
(Informatik-Kybernetik-Rechentechnik, 1)

Bocklisch, Steffen (H): Fuzzy Sets Applications
(Mathematische Forschung, 30)

Boczkowski, Krzystof: Geschlechtsanomalien des Menschen
(Autorisierte Übersetzung aus dem Polnischen; in dt. Spr. hrsg. v. Regine Witkowski)
1985. 268 S., 88 Abb., 10 Tab., 8°, 400 g, >6866< [2865] 763 418 2 (32,—)

Bodanszky, M.: Principles of Peptide Synthesis
Lizenzausgabe des Springer-Verlages, Berlin-Heidelberg
1984. XVI, 307 S., gr. 8°, 605 g, >6807< [1275] 763 316 3 (148,—)
–, – / A. Bodanszky: The Practice of Peptide Synthesis
Lizenzausgabe des Springer-Verlages, Berlin-Heidelberg
V 2 1985. 284 S., gr. 8°, 590 g, >6876< 763 438 5 148,—

Bodendenkmalpflege und archäologische Forschung
(Historiker-Gesellschaft der DDR)

Böhme, Berndt: Dynamische Grundoperationen der Verfahrenstechnik
(Grundlagen d. Verfahrenstechnik u. chem. Technologie, 13)

Böhme, Manfred (H): Arzneimittel- und Apothekenrecht der DDR
(s. dort)

Börner, Karl Heinz: Wilhelm I.
(Taschenbuch Geschichte, 34)

Böttcher, Albrecht: Invertibility and Asymptotics of Toeplitz Matrices
(Mathematische Forschung, 17)

Böttger, Harald: Principles of the Theory of Lattice Dynamics
V 1 1983. 330 S., 106 Abb., 8°, 420 g, >6628< [1184] 762 968 2 60,—
–, –: Hopping Conduction in Solids
(Physical Research)

Best.-Nr. Preis

Bohr, Aage / Ben. R. Mottelson: Struktur der Atomkerne

Bd. I: Einteilchenbewegung
(Übersetzung aus dem Englischen; in dt. Spr. unter Mitarbeit v. Hans-Rainer Kissener u. Roland Reif hrsg.v. Josef Schintlmeister)
V 3 3., berichtigte Auflage
1981. XVI, 496 S., 62 Abb., 24 Tab., gr. 8°, 950 g, Leinen >5861/I< [1175] 761 546 7 98,—
Bd II: Kerndeformationen
(Übersetzung aus dem Englischen; in dt. Spr. hrsg. v. Hans-Rainer Kissener u. Roland Reif)
V 3 1980. XIV, 652 S., 117 Abb., 58 Tab., gr. 8°, 1260 g, Leinen >5861/II< [1175] 761 844 9 120,—

Bolc, Leonhard (H): Natural Language. Based Computer Systems
Lizenzausgabe des Hanser-Verlages, München
1980. 354 S., 39 Abb., 8°, 455 g, >6591< [1095] 762 847 9 (26,—)
–, – (H): Representation and Processing of Natural Language
Lizenzausgabe des Hanser-Verlages, München
V 2 1980. 376 S., 8°, 475 g, >6593< [1095] 762 855 9 28,—

Bolzano, Bernard (1781–1848) – Studien und Quellen
Hrsg. v. Werner Schuffenhauer, Eduard Winter, Hildegard Pautsch in Zusammenarbeit mit dem Bereich Edition d. Zentralinstituts f. Philosophie der AdW der DDR
1981. 364 S., 25 Abb., 1 Titelbild, 8°, 770 g, Leinen >6614< [0116] 753 932 9 38,—

Bolzano, Bernard – Zur 200. Wiederkehr seines Geburtstage am 5. Oktober 1981
(Sitzungsber. d. AdW, Jg 82/6/G)

Bonitz, Manfred: Wissenschaftliche Forschung und wissenschaftliche Information
(Beiträge z. Forschungstechnologie, 6)

Borsdorf, Rolf: ^{13}C-NMR-Spektroskopie in der organischen Chemie
(WTB, Reihe Chemie)
–, –: Spektroskopische Methoden in der organischen Chemie
(WTB, Reihe Chemie)

Borstschakow, Wladimir: Sowjetliteratur in bürgerlicher Sicht
(Literatur u. Gesellschaft, 55)

Borzeszkowski, Horst-Heino v.: Newton und Voltaire
(WTB, Reihe Texte u. Studien)

Boudart, M. (H): Catalysis – Science and Technology
(s. Anderson)

Bradley, Rebecca J.: The Capital of Kush
(Meroitica, 4)

Braginskij, G. I. / E. N. Timofeev: Technologie der Magnetbandherstellung
(Autorisierte Übersetzung aus dem Russischen; in dt. Spr. hrsg. v. K. Stopperka)
1981. 320 S., 140 Abb., 35 Tab., gr. 8°, 6[illegible]0 g, Leinen >6098< [3534] 761 819 0 (48,—)
(A 68,—)

		Best.-Nr.	Preis
Brandenburg, Erich (H): Politische Korrespondenz des Herzogs und Kurfürsten Moritz von Sachsen (s. Moritz)			
Brandenburg-Berlinisches Wörterbuch	[0817]		
Hrsg. v. d. Sprachwissenschaftlichen Kommission der SAW zu Leipzig Begründet und angelegt v. Anneliese Bretschneider unter Einschluß der Sammlungen v. Hermann Teuchert. Bearbeitet unter Leitung v. Joachim Wiese In Arbeitsgemeinschaft mit dem Karl-Wachholtz-Verlag, Neumünster **II. Band**			
3. u. 4. Lieferung: Gäre – Härdelpoll 1980. 128 S., 4 Abb., 4°, 360 g, >3056/II/3 –4<		753 753 4	(36,—)
5. u. 6. Lieferung: Hareisen – Hyäne 1982. 128 S., 11 Abb., 4°, 360 g, >3056/II/5 –6<		753 848 1	(36,—)
7. Lieferung: i – kaspern 1982. 64 S., 4°, 205 g, >3056/II/7<		754 088 0	(18,—)
8. Lieferung: Kasse – Klöppel 1983. 64 S., 4°, 190 g >3056/II/8<		754 130 6	(18,—)
9. Lieferung: Klöppelstöcke – krähen 1984. 64 S., 2 Karten, 4°, 290 g, >3056/II/9<		754 287 8	18,—
10. Lieferung: Krähenauge – Küzkalb 1985. XV, 67 S., 4°, 210 g, >3056/II/10<		754 494 5	18,—
Einbanddecke Bd. I: A – E		754 551 8	4,—
Einbanddecke Bd. II: F – K		754 552 6	4,—
Braun, Anneliese / Harry Maier (H): Ökonomische Effektivität der gesellschaftlichen Produktion im entwickelten Sozialismus. Theorie – Planung – Messung – Internationale Reihe: Sozialismus – Erfahrungen, Probleme und Perspektiven – 1980. 335 S., 9 Abb., 37 Tab., 8°, 410 g, >6530<	[0325]	753 604 8	(22,—)
–, – (H): Ressourcennutzung und dynamische Entwicklung (Der reale Sozialismus – Theorie und Praxis) 1985. XI, 247 S., 6 Abb., 19 Tab., 8°, 270 g, >6884<	[0325]	754 464 6	22,—
Braunbuch über Reichstagsbrand und Hitlerterror (Antifaschist. Literatur i. d. Bewährung, 2)			
Braunbuch II: Dimitroff contra Göring (Antifaschist. Literatur i. d. Bewährung, 3)			
Brauner, Siegmund (H): Studien zur nationalsprachlichen Entwicklung in Afrika (Studien über Asien, Afrika u. Lateinamerika, 34)			
–, – (H): Verkehrs- und Nationalsprachen in Afrika (s. dort)			
Breetzmann, Martin: Industrie und Industrieplanung in Entwicklungsländern (Studien über Asien, Afrika u. Lateinamerika, 35)			

Best.-Nr. Preis

Brehme, Gerhard (H): African Studies
(Studien über Asien, Afrika u. Lateinamerika, 33)

Brendler, Gerhard / Horst Bartel / Hans Hübner / Adolf Laube (H):
Martin Luther – Leistung und Erbe
1986. >6842< [0265] 754 404 8 95,—

Brentjes, Sonja: Ökonomie und Optimierung
(s. Kantorovič)

Brock, Josef: Grundlagen der Immunologie
(WTB, Reihe Biologie)

Brüning, Eberhard: Mildred Harnack-Fish als Literaturwissenschaftlerin
(Sitzungsber. d. AdW, Jg 83/4/G)
–, –: Sinclair Lewis und die endgültige Emanzipation der amerikanischen Literatur
(Sitzungsber. d. SAW, phil.-hist. Kl., Bd 123/1)
–, –: Ernest Hemingway
(Sitzungsber. d. SAW, phil.-hist. Kl., Bd 126/1)
–, – (H): New York 1935/37
(s. dort)

Bryksin, Valerij V.: Hopping Conduction in Solids
(Physical Research)

Buchheim, Wolfgang: Albert Einstein als Wegbereiter nachklassischer Physik
(Sitzungsber. d. SAW, math.-nat. Kl., Bd 115/4)
–, –: Komplementarität nach Niels Bohr
(Sitzungsber. d. SAW, math.-nat. Kl., Bd 117/6)
–, – (H): Beiträge zur Komplementarität
(Abhandlg. d. SAW, math.-nat. Kl., Bd 55/5)

Buckel, Werner: Supraleitung. Grundlagen und Anwendungen
Lizenzausgabe des Physik-Verlages, Weinheim
2., verbesserte u. erweiterte Auflage
V 2 1980. XV, 325 S., 184 Abb., 11 Tab., gr. 8°, 680 g, Leinen >6142<
[1155] 761 890 8 38,80

Budde, Klaus: Stöchiometrie chemisch-technologischer Prozesse
(WTB, Reihe Chemie)

Bürgerliches Recht im politischen System des Imperialismus
(Staats- u. rechtstheoret. Studien, 9)

Büttner, Kurt (H): Philosophie der Eroberer und koloniale Wirklichkeit
(Studien über Asien, Afrika u. Lateinamerika, 21)

Büttner, Thea (H): African Studies
(Studien über Asien, Afrika u. Lateinamerika, 33)

Buhr, Manfred / Jacques D'Hondt / Hermann Klenner: Aktuelle Vernunft. Drei Studien zur Philosophie Hegels
1985. 141 S., 8°, 150 g, >6879< [0115] 754 451 5 15,—
–, –: Vernünftige Geschichte. Zum Denken über Geschichte in der klassischen deutschen Philosophie
1986. 147 S., kl. 8°, 200 g, >6935< 754 624 6 (12,—)

		Best.-Nr.	Preis
–, –: Der Mut der Wahrheit – 150 Jahre nach Hegel (Sitzungsber. d. AdW, Jg 82/8/G)			
–, –: Verzicht auf Fortschritt, Geschichte, Erkenntnis und Wahrheit (Zur Kritik d. bürgerl. Ideologie, 100)			
–, – (H): Vom Mute des Erkennens (Schriften z. Philosophie u. ihrer Geschichte, 28)			
–, – (H): Aufklärung – Gesellschaft – Kritik (Schriften z. Philosophie u. ihrer Geschichte, 38)			
–, – (H): Naturdialektik – Naturwissenschaft (Schriften z. Philosophie u. ihrer Geschichte, 39)			
–, – (H): Aufklärung – Geschichte – Revolution (Schriften z. Philosophie u. ihrer Geschichte, 42)			
Bulle, Helmut: Stöchiometrie chemisch-technologischer Prozesse (WTB, Reihe Chemie)			
Burghardt, Hubert: Organische Leiter, Halbleiter und Photoleiter (WTB, Reihe Mathematik/Physik)			
Burkhardt, Adelheid: Ägypter und Meroiten im Dodekaschoinos (Meroitica, 8)			
Burmeister, Brigitte: Streit um den Nouveau Roman (Literatur u. Gesellschaft, 82)			
Burmeister, Peter: A Model Theoretic Oriented Approach to Partial Algebras (Mathematische Forschung, 32)			
Busch, Hans-Jürgen / Martin Engelien / Heinz Stahn: Algorithmisches System Entscheidungstabellentechnik 1981. 222 S., 156 Abb., 4 Falttaf., 8°, 410 g, ›6394‹	[1085]	762 380 3	(28,—) (A 48,—)
Campbell, Richard: Mikrobielle Ökologie (WTB, Reihe Biologie)			
Canis, Konrad: Bismarck und Waldersee (Schriften d. Zentralinst. f. Geschichte, 60)			
Capillarity, The Modern Theory of – (s. Goodrich)			
Catalysis – Science and Technology (s. Anderson)			
Cepková, Drahoslava: Mitteldeutsche Reimfassung der Interrogatio Sancti Anshelmi (Dt. Texte d. Mittelalters, LXXII)			
Chananaschwili, M. M. / Karl Hecht unter Mitarbeit v. P. Oehme, M. Poppei, K. Seidel: Neurosen. Theorie und Experiment 1984. 566 S., 137 Abb., 8 Tab., gr. 8°, 1070 g, Leinen ›6751‹	[2185]	763 213 6	75,—
Charité-Annalen ISSN 0232-7090			
Neue Folge Hrsg. v. Jürgen Großer; Redaktion: Friedemann Döcke	[2005]		
Band 1 – 1981 1982. 273 S., 112 Abb., 36 Tab., gr. 8°, 475 g, ›2188/1‹		763 114 1	(48,—)
Band 2 – 1982 1983. 309 S., 138 Abb., 31 Tab., gr. 8°, 465 g, ›2188/2‹		763 139 5	(48,—)

		Best.-Nr.	Preis
Band 3 – 1983			
1984. 295 S., 108 Abb., 34 Tab., gr. 8°, 520 g, >2188/3<		763 271 8	48,—
Band 4 – 1984			
1985. 318 S., 84 Abb., 43 Tab., gr. 8°, 545 g, >2188/4<		763 458 8	48,—

Chemical Waste
(s. Müller, K. R.)

Chinesisch-Deutsches Wörterbuch. In zwei Bänden

Von einem Autorenkollektiv des Zentralinstituts f. Sprachwissenschaft der AdW der DDR unter Leitung v. Horst-Dieter Gasde
2. Auflage
1986. XXI, 1381 S., gr. 8°, 4000 g, Lederin >6877/1–2< [0897] 754 449 4 150,—

Chintschin, A. J.: Drei Perlen der Zahlentheorie – Repronachdruck – (Übersetzung aus dem Russischen; hrsg. v. Helmut Koch)
V 1 1984. 61 S., 8°, 240 g, Leinen >5095< [1025] 763 283 0 12,—

Chodžabekjan, V. E.: Bevölkerungswachstum und Arbeitskräfteressourcen in der Armenischen SSR
(Forschungsber. d. Zentralinst. f. Wirtschaftswiss., 39)

Cicero: Staatsreden
(Schriften u. Quellen d. Alten Welt, 26, 27, 28)
–, –: Staatstheoretische Schriften
(Schriften u. Quellen d. Alten Welt, 31)

Coblenz, Werner (H): Mitteleuropäische Bronzezeit
(Historiker-Gesellschaft der DDR)

Collee, J. G.: Angewandte medizinische Mikrobiologie
(WTB, Reihe Biologie)

Complex Analysis
(Math. Lehrbücher u. Monographien, II. Abt./61)

Corpus archäologischer Quellen zur Frühgeschichte
auf dem Gebiet der Deutschen Demokratischen Republik
(7.–12. Jahrhundert)
4. Lieferung: Bezirke Cottbus, Dresden, Karl-Marx-Stadt und Leipzig. Textband und Tafelteil
1985. XVIII, 412 S., 126 Abb., 1 Karte, [0225] 754 153 3 150,—
Tafelteil: 164 S., 4°, 2090 g, Halbleinen >5955/IV< A 170,—

Corpus des notes marginales de Voltaire

Hrsg. v. Ministerium f. Kultur der RSFSR
Staatliche Öffentliche Saltykov-Ššedrin-Bibliothek zu Leningrad
Tome II: C
1983. 895 S., 20 Abb. auf 27 Taf., gr. 8°, 1610 g, Leinen >6019/2< 753 079 7 185,—

Tome III: D—F
1985. 727 S., 22 Abb. auf 22 Taf., gr. 8°, 1500 g, Leinen >6019/3< 753 984 7 150,—
A 220,—

		Best.-Nr.	Preis
Tome IV: G—K 1987. >6019/4<		754 638 5	

Corpus Medicorum Graecorum

ISSN 0070-0347

		Best.-Nr.	Preis
I 2,3 Hippokrates: Über die Krankheiten III. Hrsg., übersetzt und erläutert v. Paul Potter 1980. 150 S., 7 Abb., gr. 8°, 400 g, Leinen >2028/23<	[2006]	753 581 1	42,—
I 2,4 Hippocrate. Du régime. Edite, traduit et commente par Robert Joly avec la Collaboration de Simon Byl 1984. 332 S., 3 Abb., gr. 8°, 690 g, Leinen >2028/25<	[2876]	753 889 5	(88,—) (A 98,—)
V 4, 1,2 Galen on the Doctrines of Hippocrates and Plato. Edition, Translation and Commentary by Phillip De Lacy First Part: Books I – V Third Edition 1984. 359 S., gr. 8°, 780 g, Leinen >2028/21/I<	[0886]	753 092 2	98,—
Second Part: Books VI – IX Second Edition 1984. V, 251 S., gr. 8°, 560 g, Leinen >2028/21/II<		753 441 3	72,—
Third Part: Commentary and Indexes 1984. VI, 220 S., gr. 8°, 580 g, Leinen >2028/21/III<		753 442 1	65,—
XI 1,2 Stephanus the Philosopher. A Commentary on the Prognosticon of Hippocrates Edition and Translation by John M. Duffy 1983. 330 S., gr. 8°, 660 g, Leinen >2028/24<	[0886]	753 748 9	(80,—) (A 88,—)
XI 1, 3, 1 Stephanus of Athens, Commentary on Hippocrates' Aphorisms, Sections I – II Text and Translation by Leendert G. Westerink 1985. 257 S., gr. 8°, 590 g, Leinen >2028/36/I<	[0886]	754 034 6	70,— A 78,—
Supplementum Orientale IV Galen. On Examinations by which the Best Physicians are recognized. Edition of the Arabic Versions with English Translation and Commentary by Albert Z. Iskandar 1988. >2028/27<	[0876]	754 533 1	98,— A 120,—

Corpus Speculorum Etruscorum

Deutsche Demokratische Republik

		Best.-Nr.	Preis
Fascikel I: Berlin-Staatliche Museen, Antikensammlung. Bearbeitet v. Gerald Heres 1986. >6861<	[8108]	754 431 2	70,— A 75,—
Fascikel II: Dresden – Staatliche Kunstsammlungen, Skulpturensammlung. Leipzig – Museum des Kunsthandwerks. Gotha – Schloßmuseum. Bearbeitet v. Gerald Heres 1987. >6918<	[8108]	754 582 5	40,— A 50,—

		Best.-Nr.	Preis
Corpus Vitrearum Medii Aevi			

ISSN 0232-1459

Deutsche Demokratische Republik

Band 1: Die mittelalterliche Glasmalerei in Erfurt

Teil 2 – Erhard Drachenberg: Die mittelalterliche Glasmalerei im Erfurter Dom. Textband
1980. 436 S., 894 Erhaltungszeichen, 26 Skizzen, 2 Grundrißzeichnungen, 20 Farbtaf., 24 Abb. auf 16 Taf. i. Anhang, 4°, 2190 g, Leinen >2157/1/II/T< [8104] 753 196 8 (280,—)

dto. Abbildungsband
1981. 5 S. Text, 1088 Abb., 372 einfarb. u. 20 mehrfarb. Taf., 4°, 2840 g, Leinen >2157/1/II/B< [8104] 753 622 4 (220,—)

Cramer, Siegfried: Diskontinuierliche technologische Prozesse
(s. Voigt)

Cytochrome P — 450
(s. Ruckpaul)

Czok, Karl: Über Traditionen sächsischer Landesgeschichte
(Sizungsber. d. SAW, phil.-hist. Kl., Bd 123/4)
–, –: Karl Lamprechts Wirken an der Universität Leipzig
(Sitzungsber. d. SAW, phil.-hist. Kl., Bd 124/6)

Czygan, Franz-Christian (H): Pigments in Plants
Lizenzausgabe des Gustav-Fischer-Verlages, Stuttgart-New York
V 2 1981. 447 S., 139 Abb., 29 Tab., gr. 8°, 1040 g, >6576< [1314, 1354] 762 807 3 52,—

Daber, Rudolf (H): Evolution
(Schriftenreihe f. Geolog. Wissenschaften, 16)

Dahlem, Franz: Bildungspolitik erlebt und mitgestaltet
1980. XIV, 343 S., 18 Taf., gr. 8°, 840 g, Leinen >6592< [0155] 753 850 2 (11,50)

Darwin today. The 8th Kühlungsborn Colloquium on Philosophical and Ethical Problems of Biosciences
(Abhandlg. d. AdW, Jg 83/1/N)

Dassow, Jürgen: Completeness Problems in the Structural Theory of Automata
(Mathematische Forschung, 7)

Daubner, Imrich: Mikrobiologie des Wassers
(Übersetzung aus dem Slowakischen; hrsg. v. H. Grahneis u. H.-D. Münch)
2., überarbeitete Auflage
1984. 354 S., 60 Abb., 70 Tab., gr. 8°, 690 g, Leinen >5790< [1345] 762 316 8 64,—
A 90,—

Davis, Walter (H): The Control of Tumour Growth and its Biological Bases
(Fortschritte d. Onkologie, 10)

Best.-Nr. Preis

DDR in der Übergangsperiode, Die – – – –
(s. Badstübner)

DDR-Literatur, Problemfeld –
(Literatur u. Gesellschaft, 67)

Dehio, Georg: Handbuch der deutschen Kunstdenkmäler
2. **Bd:** Die Bezirke Neubrandenburg, Rostock, Schwerin

2. Auflage
1980. XII, 491 S., 70 Abb., 1 Karte, 8°, 560 g, Leinen
>3048/2< [8102] 753 810 7 (17,—)

5. **Bd:** Bezirke Berlin/DDR und Potsdam
1983. VI, 524 S., 85 Abb., 2 Beilagen, 8°, 570 g, Leinen
>3048/5< [8102] 753 834 2 (19,—)

Bildbände

3. Kunstdenkmäler des Bezirks Magdeburg
Bearbeitet v. Horst Drescher, Gerda Herrmann, Christa Stepansky
1983. 89 S., 352 Taf., 8°, 610 g, Leinen >3054/3< [8102] 753 835 0 (17,—)

Dembiński, Piotr: Formale Beschreibung von Programmiersprachen
(Informatik-Kybernetik-Rechentechnik, 6)

Demokratischer Sozialismus
(Zur Kritik d. bürgerl. Ideologie, 98)

Denecke, Klaus: Preprimal Algebras
(Mathematische Forschung, 11)

Detlaf, A. A.: Taschenbuch der Physik
(s. Jaworski)

Deutsch-Russisches Wörterbuch [0857]
Begründet v. Hans-Holm Bielfeldt
In der Endfassung hergestellt von einem Autorenkollektiv unter Leitung v. Ronald Lötzsch

Band 1: A – G
1983. XXXII, 764 S., gr. 8°, 1400 g, Leinen >6269/1< 753 376 0 38,—

Band 2: H – R
1984. 706 S., gr. 8°, 1370 g, Leinen >6269/2< 753 837 7 38,—

Band 3: S – Z
1984. 787 S., gr 8°, 1400 g, Leinen >6269/3< 754 241 3 38,—

Deutsch-Slawische Forschungen zur Namenkunde und Siedlungsgeschichte [0815]

ISSN 0070-3893

Hrsg. v. d. Sprachwissenschaftlichen Kommission der SAW zu Leipzig

33 Obersächsische Familiennamen II
Isolde Neumann: Die Familiennamen der Stadtbewohner in den Kreisen Oschatz, Riesa und Großenhain bis 1600
1981. 341 S., 3 Tab., 1 Faltkarte, gr. 8°, 630 g, Halbleinen
>2100/33< 753 428 8 36,—

Best.-Nr. Preis

34 Klaus-Dieter Gansleweit: Untersuchungen zur Namenkunde und Siedlungsgeschichte der nordöstlichen Niederlausitz. Die Flur- und Ortsnamen im Bereich des früheren Stiftes Neuzelle
1982. 316 S., 4 Karten, gr. 8°, 640 g, Halbleinen >2100/34< — 753 811 5 — 28,— A 48,—

35 Ernst Eichler / Hans Walther: Untersuchungen zur Ortsnamenkunde, Sprach- und Siedlungsgeschichte des Gebietes zwischen mittlerer Saale und Weißer Elster
1984. 560 S., 4 Karten, gr. 8°, 780 g, Halbleinen >2100/35< — 754 330 1 — 40,— A 75,—

Deutsche Bibliothek

ISSN 0420-0152

Hrsg. v. Zentralinstitut für Literaturgeschichte der AdW der DDR

8 Helmut Praschek (H): Gerhart Hauptmanns „Weber". Eine Dokumentation. Mit einer Einleitung v. Peter Wruck
1981. 382 S., 8°, 480 g, >2139/8< [7103] — 752 099 4 — 18,— A 28,—

10 Robert Eduard Prutz: Zu Theorie und Geschichte der Literatur. Bearbeitet u. eingeleitet v. Ingrid Pepperle
1981. 403 S., 8°, 500 g, >2139/10< [8021] — 753 534 4 — 19,50

11 Sonderband – Heinz Härtl (H): „Die Wahlverwandtschaften." Eine Dokumentation der Wirkung von Goethes Roman 1808–1832
V 3 1983. 478 S., 17 Abb., 8°, 950 g, Leinen >2139/11< [8025] — 753 775 3 — 38,— A 48,—

12 Auseinandersetzung mit Shakespeare. Texte zur deutschen Shakespeare-Aufnahme von 1790 bis 1830. Bearbeitet u. eingeleitet v. Wolfgang Stellmacher
1985. 378 S., 8°, 530 g, >2139/12< [8025] — 753 432 0 — 18,— A 28,—

Deutsche Demokraten
(s. Fricke)

Deutsche Geschichte in zehn Kapiteln
(s. Herrmann)

Deutsche Texte des Mittelalters [7100]

ISSN 0070-4334

Hrsg. v. Zentralinstitut für Sprachwissenschaft der AdW der DDR

LXX/2 Verzeichnis altdeutscher Handschriften in der DDR
Band 2: Universitätsbibliothek Jena. Verzeichnis der altdeutschen und ausgewählter neuerer deutscher Handschriften in der Universitätsbibliothek Jena. Bearbeitet v. Franzjosef Pensel
1986. >2012/LXX/2< — 754 427 5 — 140,— A 170,—

LXXI Karl der Große und die schottischen Heiligen. Nach der Handschrift Harley 3971 der Britischen Bibliothek London zum ersten Mal kritisch ediert v. Frank Shaw
1981. XCVIII, 335 S., gr. 8°, 660 g, >2012/LXXI< — 753 855 3 — (98,—)

LXXII Drahoslava Cepková: Mitteldeutsche Reimfassung der Interrogatio Sancti Anshelmi
1982. CIV, 48 S., 1 Doppeltafel, gr. 8°, 285 g, >2012/LXXII< — 754 028 2 — 40,— A 58,—

		Best.-Nr.	Preis
	LXXIII Kurt Nyholm (H): Albrechts Jüngerer Titurel Band III/1, Strophe 4395 – 5417 1985. VII, 256 S., 1 Abb., gr. 8°, 480 g, >2012/LXXIII<	754 338 7	68,— A 80,—
	Deutschland im zweiten Weltkrieg [0265] Von einem Autorenkollektiv unter Leitung v. Wolfgang Schumann		
V 4	**Bd. 2:** Vom Überfall auf die Sowjetunion bis zur sowjetischen Gegenoffensive bei Stalingrad (Juni 1941 bis November 1942) 3., durchgesehene Auflage 1983. 616 S., 128 Taf., 19 Karten, 4°, 1230 g, Leinen >5987/2<	752 671 2	30,— A 42,—
V 4	**Bd. 3:** Der grundlegende Umschwung im Kriegsverlauf (November 1942 bis September 1943) 2., durchgesehene Auflage 1983. 672 S., 248 Abb. i. Text, 72 Taf., 86 Tab., 13 Karten, 4°, 1960 g, Leinen >5987/3<	752 773 1	30,— A 42,—
V 4	**Bd. 4:** Das Scheitern der faschistischen Defensivstrategie an der deutsch-sowjetischen Front (August bis Ende 1943) 2., durchgesehene Auflage 1984. 617 S., 435 Abb., dav. 165 auf 64 Taf., 113 Tab., 18 Karten, 4°, 1790 g, Leinen >5987/4<	753 730 7	30,— A 42,—
V 4	**Bd. 5:** Der Zusammenbruch der Defensivstrategie des Hitlerfaschismus an allen Fronten (Januar bis August 1944) 1984. 702 S., 96 Taf., 13 Karten, 4°, 2100 g, Leinen >5987/5<	753 731 5	30,— A 42,—
V 4	**Bd. 6:** Die Zerschlagung des Hitlerfaschismus und die Befreiung des deutschen Volkes (Juni 1944 bis zum 8. Mai 1945) 1985. 823 S., 235 Abb., i. Text, 285 Abb. auf 116 Bildtaf., 13 Karten dav. 5 farb., 47 Grafiken, 188 Faksimiles, 4°, 2400 g, Leinen >5987/6<	753 732 3	40,— A 48,—
	Diät-Tageskostplankartei – eine Ergänzung der Diät-Rezepturenkartei 1981. 837 Karteikarten A 5 im Kasten, 8°, 5800 g, >6611< [2877]	762 917 2	85,—

Dictionarium, Teutscher, Und Reussischer –
(s. Birkfellner)

Dietz, Hans Michael: Markov Decision Problems with Countable State Spaces
(Mathematische Forschung, 15)

Dietze, Walter: Goethes Tod, Goethes Leben
(Sitzungsber. d. AdW, Jg 82/17/G)

Diskrete Mathematik I
(Math. Lehrbücher u. Monographien, I. Abt./31)

Dittrich, Klaus: Atomabsorptionsspektrometrie
(WTB, Reihe Chemie)

Dobrov, G. M.: Wissenschaft. Grundlagen ihrer Organisation und Leitung
(Übersetzung aus dem Russischen; wiss. Bearbeitung: Conrad Grau)

		Best.-Nr.	Preis
1980. 512 S., 112 Abb., 1 Taf., 43 Tab., 8°, 760 g, Leinen >6281<	[0305]	752 786 2	(32,—)

Döcke, Friedemann (H): Charité-Annalen
(s. dort)

Dörter, Klaus: Aphorismen zur Qualität des Bewässerungswassers
(Sitzungsber. d. SAW, math.-nat. Kl., Bd 115/2)

–, –: Einige Aspekte zum landeskulturellen Nutzen des Meliorationswesens
(Sitzungsber. d. SAW, math.-nat. Kl., Bd 117/1)

–, –: Probleme der Landeskultur und der Lärmbekämpfung
(Sitzungsber. d. AdW, Jg 82/6/N)

Doherty, Monika: Epistemische Bedeutung
(studia grammatica, 22)

Dokumente der Wissenschaftsgeschichte

ISSN 0233-0792

Hrsg. v. Christa Kirsten u. Kurt Zeisler

			Best.-Nr.	Preis
1	Hermann Helmholtz: Über die Erhaltung der Kraft (2 Bände in Schuber) 1982. 67 S. Einführung und Bearbeitung, 138 Faksimileseiten, 8°, 930 g, Leinen >2187/1<	[1106]	754 108 2	(75,—)
2	Rudolf Virchow / Rudolf Leubuscher (H): Die medicinische Reform. Eine Wochenschrift, erschienen vom 10. Juli 1848 bis zum 29. Juni 1849 1983. 276 Faksimileseiten, 10 S. Nachwort zum fotomechanischen Nachdruck der Wochenschrift „Die medicinische Reform" v. Peter Schneck, gr. 8°, 1200 g, Leinen >2187/2<	[2076]	754 276 3	70,—
3	Franz Carl Achard: Ausführliche Beschreibung der Methode, nach welcher bei der Kultur der Runkelrübe verfahren werden muß, um ihren Zuckerstoff nach Möglichkeit zu vermehren 1984. VIII, 55 Faksimileseiten, 36 S. Nachwort v. Erhard Junghans, 8°, 160 g, Leinen >2187/3<	[2076]	754 355 5	22,—
4	Friedrich August Wolf: Darstellung der Altertumswissenschaft nach Begriff, Umfang, Zweck und Wert			
V 3	1985. X, 162 S., 8°, 245 g, >2187/4<	[0226]	754 387 0	35,— A 40,—
5	Lorenz Lange: Reise nach China. Mit einem Nachwort v. Conrad Grau			
V 3	1985. 120 S., 12 zeitgenössische Illustrationen, gr. 8°, 210 g, Leinen >2187/5<	[5375]	754 400 5	25,—

Dokumente zur Geschichte der deutsch-polnischen Freundschaft 1830 bis 1832
(s. Bleiber)

Donat, Peter: Haus, Hof und Dorf in Mitteleuropa vom 7. bis 12. Jahrhundert
(Schriften z. Ur- u. Frühgeschichte, 33)

–, –: Die Mecklenburg
(Schriften z. Ur- u. Frühgeschichte, 37)

Donda, Arno: Informationsprozesse
(Sitzungsber. d. AdW, Jg 83/7/G)

Donecker, Jörg: Experimentelle Technik der Festkörperspektroskopie
(WTB, Reihe Mathematik/Physik)

Best.-Nr. Preis

Donnert, Erich: Neue Wege im russischen Geschichtsdenken des 18. Jahrhunderts
(Sitzungsber. d. SAW, phil.- hist. Kl., Bd 126/3)

Donth, Ernst-Joachim: Glasübergang
(WTB, Reihe Mathematik/Physik)

Drachenberg, Erhard: Die mittelalterliche Glasmalerei im Erfurter Dom
(Corpus Vitrearum Medii Aevi)

Drechsler, Horst: Südwestafrika unter deutscher Kolonialherrschaft. Der Kampf der Herero und Nama gegen den deutschen Imperialismus (1884 – 1915)
2., durchgesehene Auflage
1985. 318 S., 8°, 410 g, >6845< [0235] 754 407 2 (36,—)

Drechsler, Karl: Die USA zwischen Antihitlerkoalition und Kaltem Krieg
1986. 426 S., 8°, 520 g, >6878< [0235] 754 450 7 28,—
A 38,—

Dresden
(Werte unserer Heimat, 42)

Drischel, Hans: Neues über die Pupille
(Sitzungsber. d. SAW, math.-nat. Kl., Bd 116/5)

Drizulis, A. (H): Die Roten Lettischen Schützen
(s. Lettische Schützen)

Druckgeschichte von Goethes Werken, Quellen und Zeugnisse zur ····
(s. Quellen und Zeugnisse zur Druckgeschichte von Goethes Werken)

Dudek, Gerhard: Lew Tolstoi
(Sitzungsber. d. SAW, phil.-hist. Kl., Bd 122/2)
–, –: Die Brüder Karamasow
(Sitzungsber. d. SAW, phil.-hist. Kl., Bd 125/5)

Duffy, John M. (H): Stephanus the Philosopher
(Corpus Medicorum Graecorum, 24)

Dummer, Jürgen (H): Byzanz in der europäischen Staatenwelt
(Berliner Byzantinistische Arbeiten, 49)
–, – (H): Texte und Textkritik
(Texte u. Untersuchungen z. Geschichte d. altchristl. Literatur)

Dutz, Harald (H): Arterielle Hypertonie
(s. Baumann)

Dyck, Siegfried: Hydrologische Forschung für die Wasserbewirtschaftung
(Sitzungsber. d. AdW, Jg 83/11/N)

Dynamics, The – of sorptions processes
(Grundlagen d. Verfahrenstechnik u. chem. Technologie, 12)

Ebeling, Werner / Rainer Feistel: Physik der Selbstorganisation und Evolution
2., unveränderte Auflage
1986. 451 S., 257 Abb., 21 Tab., gr 8°, 960 g, Leinen >6408< [1104] 762 421 6 58,—

Best.-Nr. Preis

–, –: Quantum Statistics of Charged Particle Systems
(s. Kraeft)
–, – (H): Lotka-Volterra-Approach to Cooperation and Competition in Dynamic Systems
(Mathematische Forschung, 23)
–, – (H): Transport Properties of Dense Plasmas
(Ergebnisse d. Plasmaphysik u. Gaselektronik, 6)

Ebener, Dietrich (H): Euripides – Tragödien
(Schriften u. Quellen d. Alten Welt, 30/6)

Eberlein, Ludwig: Entwicklung der Formgebungsverfahren im Maschinenbau
(Sitzungsber. d. AdW, Jg 80/18/N)

Eberswalde, Um – ,Chorin und den Werbellin-See
(Werte unserer Heimat, 34)

Eckert, Horst: Angewandte Histo- und Zytochemie in der Diagnostik intrathorakaler Tumoren
(Fortschritte d. Onkologie, 7)

Eckert, Sonja: Untersuchungen zur Synthese und Anwendung bipolarer Ionenaustauscherharze
(Sitzungsber. d. SAW, math.-nat. Kl., Bd 114/5)

Eckhardt, Dietrich / Hans-Friedrich Hadamovsky / Bernd Junghans / Helmut Günter Schneider: Mikroelektronik – Stand und Entwicklung
2., bearbeitete Auflage
1984. 253 S., 91 Abb., 33 Tab., 8°, 320 g, >6604< [3535] 763 229 1 (32,—)

Edelmann, Christian: Druckmessung und Druckerzeugung
(WTB, Reihe Mathematik/Physik)

Edelmann, Felix L.: Struktur von Festkörpern der Mikroelektronik. Werkstoffe von LSI-Schaltkreisen
(Übersetzung aus dem Russischen; in dt. Spr. hrsg. v. Klaus Hübner)
1985. 248 S., 80 Abb., 17 Tab., 8°, 400 g, >6839< [1185] 763 379 6 (38,—) (A 42,—)

Eelsalu, Heino: Johann Heinrich Mädler
(Veröffentl. d. Forschungsbereichs Geo- u. Kosmoswiss., 12)

Effektivität der Volkswirtschaft in der intensiv erweiterten Reproduktion
(Abhandlg. d. AdW, Jg 85/3/W)

Ehrlich, Lothar: Christian Dietrich Grabbe. Leben, Werk, Wirkung
1983. 260 S., 24 Abb. auf 20 Taf., 8°, 365 g, >6653< [8023] 754 029 0 20,— A 28,—

Ehwald, E.: Probleme der Landeskultur und der Lärmbekämpfung
(Sitzungsber. d. AdW, Jg 82/6/N)

Eichholtz, Dietrich: Geschichte der deutschen Kriegswirtschaft 1939 bis 1945
(Forschungen z. Wirtschaftsgesch., 1/I, II)
–, – / Kurt Gossweiler (H): Faschismusforschung. Positionen – Probleme – Polemik
2. Auflage

			Best.-Nr.	Preis
1980. 459 S., 5 Tab., gr. 8°, 1100 g, Leinen >6536<		[0265]	753 626 7	(28,—)

Eichhorn, Wolfgang: Dialektik – Revolution – Weltprozeß
(Sitzungsber. d. AdW, Jg 80/13/G)
–, –: Gesetzmäßigkeit von Revolutionen
(Sitzungsber. d. AdW, Jg 84/11/G)
–, –: Zur Dialektik des Geschichtsprozesses
(Schriften z. Philosophie u. ihrer Geschichte, 33)
–, – (H): Philosophie im Friedenskampf
(Beiträge z. Kritik d. bürgerl. Ideologie u. d. Revisionismus, 11)

Eichler, Ernst: Ergebnisse der Namenforschung im deutsch-slawischen Berührungsgebiet
(Sitzungsber. d. SAW, phil.-hist. Kl., Bd 122/5)
–, –: Reinhold Trautmann und die Deutsche Slawistik
(Sitzungsber. d. SAW, phil.-hist. Kl., Bd 125/1)
–, –: Untersuchungen zur Ortsnamenkunde, Sprach- und Siedlungsgeschichte des Gebietes zwischen mittlerer Saale und Weißer Elster
(Deutsch-Slawische Forschungen z. Namenkunde u. Siedlungsgesch., 35)
–, – (H): Onomastica Slavogermanica XIII
(Abhandlg. d. SAW, phil.-hist. Kl., Bd 69/4)
–, – (H): Johann Severin Vater
(Quellen u. Studien z. Gesch. Osteuropas, 25)

Einhorn, Marion: Wer half Franco?
(Schriften d. Zentralinst. f. Geschichte, 64)

Einzeldrucke, Die –
(s. Quellen und Zeugnisse zur Druckgeschichte von Goethes Werken)

Eisenhüttenstadt und seine Umgebung
(Werte unserer Heimat, 45)

Eisenreich, Günther: Lineare Algebra und analytische Geometrie
(Math. Lehrbücher u. Monographien, I. Abt./33)

Eiweisse
(s. Linneke)

Elbtal und Lößhügelland bei Meißen
(Werte unserer Heimat, 32)

Elektrische Kontakte
(s. Schneider)

Elektrochemie organischer Verbindungen
(Sitzungsber. d. AdW, Jg 82/2/N)

Elektronentheorie, Ergebnisse in der – der Metalle
(s. dort)

Elektronisches Rechnen und Regeln

14	Gerhard Bergholz: Verhaltensmodelle von Prozeßrechnern 1980. X, 249 S., 132 Abb., 20 Tab., gr. 8°, 650 g, Lederin >6424<	[1085]	762 439 8	(42,—)
15	Helmut Löffler: Information – Signal – Nachrichtenverkehr			

		Best.-Nr.	Preis
1980. X, 266 S., 93 Abb., 18 Tab., gr. 8°, 670 g, Lederin ›6390‹	[1085]	762 360 0	(52,—) (A 60,—)
16 Dieter Pötschke / Fred Sobik: Mathematische Informationstheorie. Probleme und neuere Ergebnisse 1980. IX, 253 S., 13 Abb., 11 Tab., gr. 8°, 640 g, Lederin ›6306‹	[1075]	762 790 0	38,—

Fortsetzung der Reihe unter „Informatik — Kybernetik — Rechentechnik“ (s. dort)

Elm, Ludwig: Tradition des Konservatismus
(Beiträge z. Kritik d. bürgerl. Ideologie u. d. Revisionismus, 9)
–, – (H): Falsche Propheten. Studien zum konservativ-antidemokratischen Denken im 19. und 20. Jahrhundert
1984. 235 S., 8°, 300 g, ›6804‹ [0165] 754 320 5 (12,50)

Elschner, Johannes: Singular Ordinary Differential Operators and Pseudodifferential Equations
(Mathematische Forschung, 22)

Elsner, Norbert: Grundlagen der Technischen Thermodynamik
6., bearbeitete u. erweiterte Auflage
1985. 641 S., 310 Abb., 20 Tab., dav. 4 als Beilage, gr. 8°, 1190 g, Leinen ›5913‹ [3094] 762 375 8 (38,—) (A 48,—)

Elstner, Peter (H): Giftgesetz der DDR
(s. dort)

Elze, Karl: Handbuch der Zootierkrankheiten
(s. Ippen)

Emons, Hans-Heinz: Neuere Aspekte zur Gewinnung anorganischer Salze
(Sitzungsber. d. AdW, Jg 80/22/N)
–, –: Zur Chemie geschmolzener Salze
(Sitzungsber. d. AdW, Jg 81/15/N)
–, –: Abfälle – Rohstoffe
(Sitzungsber. d. AdW, Jg 82/11/N)
–, –: Spektroskopische Methoden zur Charakterisierung geschmolzener Salze
(Abhandlg. d. SAW, math.-nat. Kl., Bd 56/2)

Emulgatoren für Lebensmittel
(s. Schuster)

Engel, Wolfgang (H): Festakt und Wissenschaftliche Konferenz aus Anlaß des 200. Todestages von Leonhard Euler
(Abhandlg. d. AdW, Jg 85/1/N)

Engelberg, Ernst: Theorie, Empirie und Methode in der Geschichtswissenschaft. Gesammelte Aufsätze
Hrsg. v. Wolfgang Küttler u. Gustav Seeber
1980. X, 416 S., 8°, 450 g, ›6578‹ [0215] 753 799 9 (32,—)
–, –: Bismarck. Urpreuße und Reichsgründer
V 3 1985. XVI, 839S., 92 Abbildungen, 8°, 1350 g, Leinen ›6824‹ [0268] 754 350 4 48,—

		Best.-Nr.	Preis
Engelien, Martin: Algorithmisches System Entscheidungstabellentechnik (s. Busch)			
–, – / Heinz Stahn: Software-Engineering. ARS-Technologie 1984. 275 S., 120 Abb., 8°, 350 g, ›6767‹	[1084]	763 231 2	(36,—) (A 45,—)
Engels, Siegfried: Anorganische Festkörperreaktionen 1981. 156 S., 76 Abb., 33 Tab., 8°, 230 g, ›6559‹	[1214, 1254]	762 767 9	(24,—)
Enikilopian, Nicolai S.: Principles of Polymer Composites (s. Berlin)			
Entstehung des Menschen, Die · · · und der menschlichen Gesellschaft (Historiker-Gesellschaft der DDR)			
Enzymproduktion, Mikrobielle – (Abhandlg. d. AdW, Jg 81/3/N)			
Epiphanius (Griech. Christl. Schriftsteller)			
Erbe, Das historisch-kulturelle – vorkapitalistischer Gesellschaftsformationen und seine zeitgenössische Bedeutung (Abhandlg. d. AdW, Jg 81/2/W)			
Erdbeben und Erdbebengefährdung (s. Hurtig)			
Ergebnisse der Plasmaphysik und der Gaselektronik			
Bd VI: Transport Properties of Dense Plasmas Von einem Autorenkollektiv unter Leitung v. Werner Ebeling V 1 1983. VIII, 182 S., 60 Abb., 2 Tab., gr. 8°, 320 g, ›5570/6‹	[1195]	763 172 3	44,— A 58,—
Bd VII: Klaus Günther / Rainer Radtke: Electric Properties of V 1 Weakly Nonideal Plasmas 1984. 114 S., 43 Abb., 8 Tab., gr. 8°, 230 g, ›5570/7‹	[1195]	763 169 4	30,—
Ergebnisse in der Elektronentheorie der Metalle Methoden – Ideale und gestörte Kristalle – Meßgrößen. Von einem Autorenkollektiv unter Leitung v. Paul Ziesche u. Gerd Lehmann V 1 1983. XII, 579 S., 190 Abb., 40 Tab., gr. 8°, 1280 g, Leinen ›6328‹	[1185]	762 264 0	120,—
Ergodic Theory and Related Topics (Mathematische Forschung, 12)			
Erkrankungen der Zootiere	[2905]		

ISSN 0138-5003

Hrsg. v. der AdW der DDR, Forschungsstelle für Wirbeltierforschung (im Tierpark Berlin), Abt. Zoo- und Wildtiererkrankungen

	Best.-Nr.	Preis
14 Verhandlungsbericht des XXII. Internationalen Symposiums über die Erkrankungen der Zootiere vom 28. Mai bis 1. Juni 1980 in Arnhem 1980. VIII, 327 S., 78 Abb., 78 Tab., 4°, 850 g, >2136/14<	762 677 2	70,—
15 Verhandlungsbericht des XXIII. Internationalen Symposiums über die Erkrankungen der Zootiere vom 24. Juni bis 28. Juni 1981 in Halle/Saale 1981. 434 S., 104 Abb., 69 Tab., 4°, 1210 g, >2136/15<	762 871 9	75,—
16 Verhandlungsbericht des XXIV. Internationalen Symposiums über die Erkrankungen der Zootiere vom 19. Mai bis 23. Mai 1982 in Veszprem 1982. 484 S., 97 Abb., 95 Tab., 4°, 1275 g, >2136/16<	763 053 6	80,—
17 Verhandlungsbericht des XXV. Internationalen Symposiums über die Erkrankungen der Zootiere vom 11. Mai bis 15. Mai 1983 in Wien 1983. 446 S., 130 Abb., 92 Tab., 4°, 1150 g, >2136/17<	763 230 4	78,—
18 Verhandlungsbericht des XXVI. Internationalen Symposiums über die Erkrankungen der Zootiere vom 2. Mai bis 6. Mai 1984 in Brno 1984. 488 S., 128 Abb., 105 Tab., 4°, 1240 g, >2136/18<	763 234 7	70,—
19 Verhandlungsbericht des XXVII. Internationalen Symposiums über die Erkrankungen der Zootiere vom 9. Juni bis 13. Juni 1985 in St. Vincent/Torino 1985. XII, 516 S., 113 Abb., 135 Tab., 4°, 1400 g, >2136/19<	763 460 9	70,—
Ernährung – gesellschaftlich bedingt. Entwicklungsprobleme einer neuen Forschungsrichtung Von einem Autorenkollektiv unter Leitung v. Hans-Albrecht Ketz u. Peter Hanke 1981. 236 S., 13 Abb., 27 Tab., 8°, 300 g, >6610< [0305]	753 639 8	(18,—)
Erpenbeck, John: Psychologie und Erkenntnistheorie. Philosophische Fragen psychischer Erkenntnisprozesse 1980. X, 213 S., 17 Abb., 3 Tab., 8°, 300 g, Leinen >6577< [0145]	753 798 0	(16,—)
–, –: Motivation. Ihre Psychologie und Philosophie 1984. 454 S., 23 Abb., 3 Tab., 2 Beilagen, 8°, 710 g, Leinen >6731< [0195]	754 202 6	(38,—)
–, –: Das Ganze denken (Schriften z. Philosophie u. ihrer Geschichte, 40)		
Eschbach, Walter: Onkogen – infektiöse Nukleinsäure. Kanzerisierungsdynamik durch ein onkogen – infektiöses Nukleoproteid 1980. VIII, 257 S., 151 Abb., 82 Tab., gr. 8°, 720 g, Leinen >6490< [2715]	762 467 0	(52,—)
Eschrig, Klaus: Dynamische Selbstorganisation eines Mehrenzymsystems (Sitzungsber. d. AdW, Jg 81/20/N)		
Essbach, Hasso: Morphologisches zur orthologischen und pathologischen Differenzierung und zum Anpassungs- und Abwehrvermögen der menschlichen Placenta (Sitzungsber. d. SAW, math.-nat. Kl., Bd 114/1)		
Estnische Volksmärchen (Volksmärchen, 8)		
Eukaryotic Ribosome, The - - (s. Bielka)		

Best.-Nr. Preis

Euler, Leonhard – Festakt und Wissenschaftliche Konferenz aus Anlaß des 200. Todestages von - -
(Abhandlg. d. AdW, Jg 85/1/N)
–, – Wirken an der Berliner Akademie der Wissenschaften 1741 –1766
(Studien z. Geschichte d. AdW, 11)

Euripides — Tragödien
(Schriften u. Quellen d. Alten Welt, 30/ 6)

Eusebius Werke
(Griech. Christl. Schriftsteller)

Fabian, Eginhard (H): Philosophie und Geologie
(Schriftenreihe f. Geolog. Wissenschaften, 24)

Falsche Propheten
(s. Elm)

Fanghänel, Egon: Organische Verbindungen mit hoher elektrischer Leitfähigkeit
(Sitzungsber. d. AdW, Jg 85/6/N)

Faschismusforschung
(s. Eichholtz)

Faulwetter, Helmut: Industrie und Industrieplanung in Entwicklungsländern
(Studien über Asien, Afrika u. Lateinamerika, 35)

Fehlinger, Roland: Über Störungen des Kalzium-Magnesium-Haushalts unter besonderer Berücksichtigung von Umweltfaktoren
(Sitzungsber. d. AdW, Jg 80/24/N)

Feist, Peter H.: Beiträge Richard Hamanns zur Methodik der Kunstgeschichtsschreibung
(Sitzungsber. d. AdW, Jg 80/1/G)
–, –: Pablo Picasso
(Sitzungsber. d. AdW, Jg 82/13/G)

Feistel, Rainer: Physik der Selbstorganisation und Evolution
(s. Ebeling)

Feister, Uwe: Zum Stand der Erforschung des atmosphärischen Ozons
(Veröffentl. d. MD, 26)

Felgenhauer, Andreas: Singularly Perturbed Differential Equations
(Mathematische Forschung, 13)

Felsinschriften aus dem sudanesischen Nubien
(s. Hintze)

Feltz, Adalbert: Amorphe und glasartige anorganische Festkörper
1983. XX, 460 S., 195 Abb., 23 Tab., gr. 8°, 920 g, Leinen
>6654< [1255] 763 034 1 75,—

Fénelon, Jean-Pierre: Statistische Datenanalyse
(s. Lebart)

	Best.-Nr.	Preis
Fernerkundung, Fotografische – der Erde. Experimente auf der Orbitalstation „Salut 6"		
Hrsg. v. Zentralinstitut f. Physik d. Erde der AdW der DDR; Hauptabteilung Geodäsie u. Kartographie beim Ministerrat d. UdSSR, Staatliches Zentrum „Priroda"		
1983. 219 S., 126 Abb., 2 Tab., 4°, 1000 g, Leinen >6615< [1405, 3875]	762 928 7	(35,—) (A 40,—)
Feste Verbundenheit von Partei und Wissenschaft		
(Abhandlg. d. AdW, Jg 82/1/G)		
Feuerbach, Ludwig – Gesammelte Werke [0116]		
Hrsg. v. Werner Schuffenhauer		
Band 1: Frühe Schriften, Kritiken und Reflexionen (1828–1834). Mit einem Vorwort zu den Gesammelten Werken Ludwig Feuerbachs v. Werner Schuffenhauer		
1981. LXXVIII, 638 S., 8°, 740 g, Leinen >4042/1<	752 136 4	45,— A 63,—
Band 2: Geschichte der neuern Philosophie von Bacon von Verulam bis Benedikt Spinoza		
3., gegenber der 2., durchgesehenen, unveränderte Auflage		
1984. VII, 523 S., 8°, 610 g, Leinen >4042/2<	750 092 6	33,— A 46,50
Band 3: Geschichte der neuern Philosophie. Darstellung, Entwicklung und Kritik der Leibnizschen Philosophie		
3., gegenüber der 2., durchgesehenen, unveränderte Auflage		
1984. VIII, 356 S., 8°, 550 g, Leinen >4042/3<	750 099 3	23,— A 32,—
Band 4: Pierre Bayle. Ein Beitrag zur Geschichte der Philosophie und Menschheit		
1967. VII, 374 S., 8°, 480 g, Leinen >4042/4<	750 086 2	24,— A 33,60
Band 5: Das Wesen des Christentums		
2., durchgesehene Auflage		
1984. XII, 606 S., 8°, 740 g, Leinen >4042/5<	752 000 3	38,50 A 53,50
Band 6: Vorlesungen über das Wesen der Religion. Nebst Zusätzen und Anmerkungen		
3., gegenüber der 2., durchgesehenen, unveränderte Auflage		
1984. VI, 403 S., 8°, 500 g, Leinen >4042/6<	750 085 4	25,50 A 35,—
Band 7: Theogonie nach den Quellen des klassischen, hebräischen und christlichen Altertums		
3., gegenüber der 2., durchgesehenen, unveränderte Auflage		
1985. VII, 385 S., 8°, 450 g, Leinen >4042/7<	750 093 4	25,— A 34,50
Band 8: Kleinere Schriften I (1835–1839)		
2., durchgesehene Auflage		
1982. XIV, 340 S., 8°, 455 g, Leinen >4042/8<	751 491 4	22,50 A 31,—
Band 9: Kleinere Schriften II (1839–1846)		
2., durchgesehene Auflage		
1982. XIV, 444 S., 8°, 555 g, Leinen >4042/9<	751 645 0	29,— A 40,—

	Best.-Nr.	Preis
Band 10: Kleinere Schriften III (1846 – 1850) 2., durchgesehene Auflage 1982. XI, 368 S., 8°, 500 g, Leinen >4042/10<	751 646 9	24,— A 33,60
Band 11: Kleinere Schriften IV (1851 – 1866) 2., durchgesehene Auflage 1982. X, 260 S., 8°, 355 g, Leinen >4042/11<	752 035 3	17,— A 24,—
Band 12: Paul Johann Anselm Ritter von Feuerbachs Leben und Wirken. Veröffentlicht von seinem Sohne Ludwig 1976. VI, 642 S., 8°, 740 g, Leinen >4042/12<	752 137 2	(40,—) (A 57,—)
Band 17: Briefwechsel I (1817 – 1839) 1984. XVII, 509 S., 8°, 640 g, Leinen >4042/17<	754 061 0	48,— A 58,—

Feyerabend, Günter: Herbizide und Kulturpflanzen
(s. Arlt)

Fichtner, Iduna: Liposomen
(Fortschritte d. Onkologie, 13)

Fischborn, Gottfried: Stückeschreiben
(Literatur u. Gesellschaft, 60)

Fitz, Ingomar: Reaktionstypen in der organischen Chemie
2., bearbeitete Auflage
1981. 432 S., 103 Abb., 100 Tab., 8°, 620 g, Leinen >5734< [1255] 762 557 7 58,—

Flämig, Walter (H): Grundzüge einer deutschen Grammatik
(s. dort)

Fleischer, Wolfgang: Aspekte der sprachlichen Benennung
(Sitzungsber. d. AdW, Jg 84/7/G)

Flugschriften der frühen Reformationsbewegung 1518—1524
Hrsg. v. Adolf Laube, Annerose Schneider unter Mitwirkung v. Sigrid Looß. Erläuterungen zur Druckgeschichte v. Helmut Clauß
V 1 1983. XXXIV, 1367 S., gr. 8°, 2540 g, Leinen >6730/1 – 2< [0266] 754 197 1 120,—

Föllinger, Otto: Nichtlineare Regelungen [3505]
Lizenzausgabe des Oldenbourg-Verlages, München
I. Grundlagen und Harmonische Balance
V 2 1980. 227 S., 166 Abb., 8°, 290 g, >6556/1< 762 815 3 28,—

dto. II. Anwendung der Zustandsebene, Ljapunow-Theorie und Popow-Kriterium
V 2 1981. 273 S., 175 Abb., 8°, 330 g, >6556/2< 762 816 1 34,—

Förster, Wolfgang (H): Bürgerliche Revolution und Sozialtheorie
(Schriften z. Philosophie u. ihrer Geschichte, 30)

–, – (H): Gesellschaftslehren der klassischen bürgerlichen deutschen Philosophie
(Schriften z. Philosophie u. ihrer Geschichte, 36)

Best.-Nr. Preis

–, – (H): Aufklärung – Gesellschaft – Kritik
(Schriften z. Philosophie u. ihrer Geschichte, 38)

–, – (H): Aufklärung – Geschichte – Revolution
(Schriften z. Philosophie u. ihrer Geschichte, 42)

Foken, Thomas: Propelleranemometer
(Veröffentl. d. MD, 24)

Fokin, A. W.: Fluorchemie
(Sitzungsber. d. AdW, Jg 82/21/N)

Forberger, Rudolf: Die Industrielle Revolution in Sachsen 1800 – 1861
Bd. 1 – Erster Halbband: Die Revolution der Produktivkräfte in Sachsen 1800 – 1830
– Zweiter Halbband: Übersichten zur Fabrikentwicklung. Zusammengestellt v. Ursula Forberger
1982. I: XII, 614 S., 36 Tab., 6 Abb., 1 Beilage, II: VIII, 236 S. Tabellarium, 1 Beilage, gr. 8°, 1740 g, Leinen >6481/I/1 – 2< [0305] 753 467 5 (98,—)
(A 150,—)

–, –: Vom künstlerisch gestalteten Hartporzellan Böttgers zum technischen Porzellan im 19. Jahrhundert
(Sitzungsber. d. SAW, phil.-hist. Kl., Bd 125/4)

Forker, Wolfgang: Einheitliche modelltheoretische Betrachtungen von Vorgängen bei der Metallkorrosion
(Sitzungsber. d. AdW, Jg 82/24/N)

Forschen und Nutzen. Wilhelm Ostwald zur wissenschaftlichen Arbeit
(Beiträge z. Forschungstechnologie, Sonderbd 1)

Forschungen zur mittelalterlichen Geschichte

ISSN 0071-7673

25 Eckhard Müller-Mertens: Die Reichsstruktur im Spiegel der Herrschaftspraxis Ottos des Großen. Mit historiographischen Prolegomena zur Frage Feudalstaat auf deutschem Boden, seit wann deutscher Feudalstaat?
1980. 310 S., 4 farb. Karten als Beilage, gr. 8°, 850 g, Leinen >2090/25< [0225] 753 039 1 (62,—)

26 Bernhard Töpfer (H) im Auftrage des ZIG: Städte und Ständestaat. Zur Rolle der Städte bei der Entwicklung der Ständeverfassung in europäischen Staaten vom 13. bis zum 15. Jahrhundert
1980. 246 S., gr. 8°, 410 g, >2090/26< [0225] 753 529 9 (48,—)

27 Waltraut Bleiber: Naturalwirtschaft und Ware-Geld-Beziehungen zwischen Somme und Loire während des 7. Jahrhunderts
1981. 232 S., 2 Karten als Beilage, gr. 8°, 410 g, >2090/27< [0225] 753 567 8 (48,—)

Ab Band 28 erscheint die Reihe beim
Verlag Hermann Böhlaus Nachf./Weimar

Forschungen zur Wirtschaftsgeschichte

ISSN 0138-5100

Hrsg. v. Jürgen Kuczynski, Hans Mottek und Helga Nussbaum

1 Dietrich Eichholtz: Geschichte der deutschen Kriegswirtschaft 1939 bis 1945

		Best.-Nr.	Preis
Band I: 1939 – 1941 3., durchgesehene Auflage 1984. XI, 408 S., gr. 8°, 860 g, Leinen >2140/1/I<	[0265]	754 395 0	(28,—) (A 38,—)
Band II: 1941 – 1943. Mit einem Kapitel v. Joachim Lehmann 1984. XVIII, 713 S., 206 Tab., 1 Beilage, gr. 8°, 1330 g, Leinen >2140/1/II<	[0265]	754 102 3	52,— A 68,—
12 Heinz Habedank: Die Reichsbank in der Weimarer Republik. Zur Rolle der Zentralbank in der Politik des deutschen Imperialismus 1919 – 1933 1981. 257 S., 20 Tab., gr. 8°, 600 g, Leinen >2140/12<	[0305]	753 186 1	32,— A 48,—
13 Gerd Neumann: Die ökonomischen Entwicklungsbedingungen des RGW. Versuch einer wirtschaftshistorischen Analyse **Band I:** 1945 – 1958 1980. IX, 216 S., 2 Abb., 71 Tab., gr. 8°, 580 g, Leinen >2140/13/I<	[0305]	753 193 3	22,— A 38,—
18 Thomas Kuczynski (H): Wirtschaftsgeschichte und Mathematik. Beiträge zur Anwendung mathematischer, insbesondere statistischer Methoden in der wirtschafts- und sozialtheoretischen Forschung 1985. 176 S., 17 Abb., 43 Tab., gr. 8°, 340 g, >2149/18<	[0305]	753 700 8	18,— A 28,—
19 Zbigniew Landau / Jerzy Tomaszewski: Wirtschaftsgeschichte Polens im 19. und 20. Jahrhundert Ins Deutsche übertragen u. hrsg. v. Berthold Puchert 1986. 300 S., gr. 8°, 540 g, Leinen >2140/19<	[0253]	753 763 0	35,— A 42,—
21 Helga Schultz: Landhandwerk im Übergang vom Feudalismus zum Kapitalismus. Vergleichender Überblick und Fallstudie Mecklenburg-Schwerin 1983. 271 S., 27 Abb., 155 Tab., gr. 8°, 440 g, >2140/21<	[0305]	754 053 0	32,— A 42,—
22 Jörg Roesler / Renate Schwärzel / Veronika Siedt: Produktionswachstum und Effektivität in Industriezweigen der DDR 1950 bis 1970 1983. 312 S., 32 Abb., 107 Tab., 31 Schemata, gr. 8°, 525 g, >2140/22<	[0305]	754 054 9	32,— A 40,—

Forschungsberichte des Zentralinstituts für Wirtschaftswissenschaften der AdW der DDR

ISSN 0138-5801

33 Dieter Graf: Ökonomische Bewertungen der Naturressourcen im entwickelten Sozialismus – Ein Beitrag zu methodolologischen Grundlagen 1980. 139 S., 4 Abb., 9 Tab., 8°, 190 g, >2163/33<	[0325]	753 754 2	(14,—)
34 Walter Telle: Modelle der Plankoordinierung verschiedener Ebenen und Einheiten der sozialistischen Volkswirtschaft 1980. VIII, 81 S., 8°, 120 g, >2163/34<	[0325]	753 781 7	(7,50)
35 Magnus Heydt / René Hill / Udo Ludwig: Komplexe Effektivitätsbewertung durch Aufwand-Nutzen-Analyse 1981. 151 S., 25 Tab., 8°, 200 g, >2163/35<	[0355]	753 906 2	(12,—)

Best.-Nr. Preis

36 Rudolf Bechmann: Zu Problemen der Wechselbeziehungen zwischen den sozialistischen Produktionsverhältnissen und anderen gesellschaftlichen Verhältnissen aus territorialer Sicht
1981. 125 S., 8°, 170 g, >2163/36< [0325] 753 949 2 (10,50)

37 Ehrhard Gans / Siegfried Liebe: Proportionen des Zeitaufwandes der sozialistischen Gesellschaft im Gesamtprozeß ihrer Reproduktion in der DDR
1982. 98 S., 5 Abb., 26 Tab., 8°, 140 g, >2163/37< [0325] 754 000 4 (8,50)

38 Reinhard Schaefer / Carola Schmidt / Jürgen Wahse: Disponibilität – Mobilität – Fluktuation
1982. 70 S., 6 Abb., 7 Tab., 8°, 100 g, >2163/38< [0325] 754 066 1 (6,—)

39 V. E. Chodžabekjan: Bevölkerungswachstum und Arbeitskräfteressourcen in der Armenischen SSR
1983. 74 S., 1 Abb., 4 Tab., 8°, 115 g, >2163/39< [0345] 754 222 9 6,—

40 Eva Kigyossy-Schmidt / Rainer Schwarz: Nichtmaterielle Leistungen in Wechselbeziehung mit der materiellen Produktion
1983. VIII, 207 S., 17 Abb., 28 Tab., 8°, 290 g, >2163/40< [0345] 754 223 7 (16,—)

Reihe erscheint nicht weiter

Forschungsergebnisse zur Geschichte des deutschen Imperialismus vor 1917
(Internationale Reihe d. Zentralinst. f. Geschichte, 6)

Forschungstechnologie
(Beiträge z. Forschungstechnologie, 9)

Forschungs- u. Darstellungsprobleme einer historischen Biographie. Dem Wirken Ernst Engelbergs gewidmet
(Sitzungsber. d. AdW, Jg 84/16/G)

Forster, Georg: Sämtliche Schriften, Tagebücher, Briefe [7100]
Hrsg. v. Zentralinstitut für Literaturgeschichte der AdW der DDR

5. Bd – Kleine Schriften zur Völker- und Länderkunde. Bearbeitet v. Horst Fiedler, Klaus-Georg Popp, Annerose Schneider, Christian Suckow
1985. XIV, 916 S., gr. 8°, 1550 g, Leinen >3015/5< 753 915 0 120,—

15. Bd – Briefe Juli 1787 –1789. Bearbeitet v. Horst Fiedler
1981. 574 S., 9 Taf., gr. 8°, 970 g, Leinen >3015/15< 753 272 5 75,—

16. Bd – Briefe 1790 –1791. Bearbeitet v. Brigitte Leuschner u. Siegfried Scheibe
1980. 663 S., 6 Taf., gr. 8°, 1120 g, Leinen >3015/16< 753 273 3 80,—

18. Bd – Briefe an Forster. Bearbeitet v. Brigitte Leuschner, Siegfried Scheibe, Horst Fiedler, Klaus-Georg Popp, Annerose Schneider
1982. 878 S., gr. 8°, 1440 g, Leinen >3015/18< 753 499 0 80,—

Fortschritte der Onkologie

ISSN 0323-5084

Hrsg. am Zentralinstitut für Krebsforschung der AdW der DDR

5 nicht erschienen

6 S. N. Alexandrov: Late Radiation Pathology of Mammals
1982. 156 S., 16 Abb., gr. 8°, 365 g, >2165/6< [2075] 762 895 4 40,—
A 48,—

Best.-Nr. Preis

7 Horst Eckert: Angewandte Histo- und Zytochemie in der Diagnostik intrathorakaler Tumoren
1982. 143 S., 77 Abb., 24 Tab., gr. 8°, 375 g, ›2165/7‹ [2725] 762 933 2 25,—

8 Renate Ziegenbein: Tumor-Marker. Neue Aspekte für die Labordiagnostik
V 4 1982. 145 S., 15 Abb., 42 Tab., gr. 8°, 360 g, ›2165/8‹ [2725] 762 963 1 32,—

9 K. P. Lommatzsch / F. C. Blodi (H): Intraocular Tumors. International Symposium under the auspices of the European Ophthalmological Society (Schwerin, May 17 – 20, 1981)
V 1 1983. 628 S., 351 Abb., 171 Tab., gr. 8°, 1440 g, Leinen ›2165/9‹ [2715] 762 974 6 180,—

10 Walter Davis / Stephan Tanneberger / Caesare Maltoni (H): The Control of Tumour Growth and its Biological Bases. Proceedings of the Ninth International Symposium on the Biological Characterization of Human Tumours, Bologna, September 23 – 26, 1981
V 1 1983. 466 S., 230 Abb., gr. 8°, 1090 g, ›2165/10‹ [2715] 763 133 6 120,—

11 Jürgen Milleck: Immunologische Abwehr und Krebs
V 3 1984. 139 S., 19 Abb., 13 Tab., gr. 8°, 420 g, ›2165/11‹ [2725] 763 210 1 36,— A 48,—

12 Hans-Jürgen Altenbrunn (H): Nuklearmedizinische Diagnostik maligner Tumoren
1984. 312 S., 121 Abb., 67 Tab., gr. 8°, 810 g, ›2165/12‹ [2725] 763 311 2 60,— A 78,—

13 Dietrich Arndt / Iduna Fichtner: Liposomen. Darstellung – Eigenschaften – Anwendung
1986. 141 S., 19 Abb., 18 Tab., gr. 8°, 380 g, ›2165/13‹ [2725] 763 480 1 24,— A 32,—

Fourier, Charles: Ökonomisch-philosophische Schriften
(Ökonomische Studientexte, 8)

Frach, Karl-Heinz / Hans Greiner-Mai / Günter Suschowk: Physikalische Experimente an Leistungsreaktoren
1982. 271 S., 94 Abb., 11 Tab., 8°, 340 g, ›6598‹ [3274] 762 873 5 42,— A 48,—

Franke, Lothar: Elektrochemische Technologie und Verfahrenstechnik
(Grundlagen d. Verfahrenstechnik u. chem. Technologie, 14)

Franke, Rainer: Theoretical Drug Design Methods
V 1 1984. 412 S., 44 Abb., 88 Tab., gr 8°, 815 g, Leinen ›6765‹ [1315] 763 227 5 55,—
–, –: Optimierungsmethoden in der Wirkstofforschung – Quantitative Struktur-Wirkungs-Analyse
(Beiträge z. Forschungstechnologie, Sonderbd 2)

Franken, Peter: Queues and Point Processes
(Math. Lehrbücher u. Monographien, II. Abt./53)

Franyó, Zoltan (H): Frühgriechische Lyriker
(Schriften u. Quellen d. Alten Welt, 24/1, 2, 3)

Franzke, Claus: Lehrbuch der Lebensmittelchemie
Band 1: Lebensmittelinhaltsstoffe

Best.-Nr. Preis

1981. 256 S., 27 Abb., 28 Tab., gr. 8°, 615 g, Leinen >6553/1<
[1234, 1274, 3694] 762 734 5 32,—
A 48,—

Band 2: Die Lebensmittel
1982. 312 S., 16 Abb., 84 Tab., gr. 8°, 720 g, Leinen >6553/2<
762 735 3 38,—
A 48,—

Fratzscher, Wolfgang: Exergie und Stoffwandlung
(Sitzungsber. d. AdW, Jg 85/5/N)

Freydank, Eberhard: Berechnung und Prognose der Eisverhältnisse auf der Oder
(Abhandlg. d. MD, 135)

Freydank, Helmut: Hethitische Rituale und Festbeschreibungen
(Keilschrifturkunden aus Boghazköi, 17)
–, –: Mittelassyrische Rechtsurkunden und Verwaltungstexte
(Vorderasiatische Schriftdenkmäler, V)

Fricke, Dieter (H): Deutsche Demokraten. Die nichtproletarischen demokratischen Kräfte in der deutschen Geschichte 1830 bis 1945
2., durchgesehene Auflage
1982. XXIV, 416 S., gr. 8°, 900 g, Leinen >6565< [0265] 753 764 9 (29,50)

Frieden ohne Alternative
(s. Meißner)

Friedenskämpfer – Humanist – Wissenschaftler. Zum 100. Geburtstag von Walter Friedrich
(Sitzungsber. d. AdW, Jg 84/6/N)

Friedenspolitik, Sowjetische – in Europa 1917 bis Ende der siebziger Jahre
(Internationale Reihe d. Zentralinst. f. Geschichte, 7)

Friedrich, Gerhard / Dietrich Neumann / Michael Vogl (H): Physiologie der Obstgehölze. Physiologische Erkenntnisse in der industriemäßig organisierten Obstproduktion
2., neubearbeitete u. erweiterte Auflage
V 1 1986. >6289< [4325] 763 649 5 78,—

Friedrich, Volker (H): Numerische Verfahren in Aktion
(s. dort)

Friemel, Helmut: Grundlagen der Immunologie
(WTB, Reihe Biologie)

Fritsche, Wolfgang: Umwelt-Mikrobiologie
(WTB, Reihe Biologie)

Fritzsch, Heinz: Sensoren. Moderne Funktionselemente für die Rationalisierung fertigungstechnischer Prozesse
Hrsg. v. Helmut Günther Schneider
1985. 244 S., 107 Abb., 11 Tab., 8°, 290 g, >6689< [1155] 763 091 5 30,—

Fritzsch, Klaus: Lernverfahren für technische Systeme
(WTB, Reihe Mathematik/Physik)

Best.-Nr. Preis

Fritzsche, Gottfried: Netzwerke III, IV
(WTB, Reihe Mathematik/Physik)

Fröhlich, Klaus: Beiträge natürlicher Radionuklide zur Umweltforschung
(Sitzungsber. d. AdW, Jg 83/3/N)

Frolow, I. T.: Der Mendelismus und die philosophischen Probleme der modernen Genetik
(WTB, Reihe Texte u. Studien)

Frühgriechische Lyriker
(Schriften u. Quellen d. Alten Welt, 24/1, 2, 3)

Fuchs, Klaus: Wissenschaft und Produktion in der sozialistischen Revolution
(Sitzungsber. d. AdW, Jg 83/2/G)

Fuchs-Kittowski, Klaus (H):Probleme der Informatik in Medizin und Biologie
(Abhandlg. d. AdW, Jg 81/4/N)

Funck, Bernd: Uruk zur Seleukidenzeit
(Schriften z. Geschichte u. Kultur d. Alten Orients, 16)

Gähler, S. u. W. (H): Convergence Structures and Applications to Analysis
(Abhandlg. d. AdW, Jg 79/4/N)
–, –/–, – (H): Convergence Structures and Applications II
(Abhandlg. d. AdW, Jg 84/2/N)
–, – (H): Convergence Structures 1984
(Mathematische Forschung, 24)

Galen on the Doctrines of Hippocrates and Plato
(Corpus Medicorum Graecorum, 21/I – III)

Gan, Peter (H): Frühgriechische Lyriker
(Schriften u. Quellen d. Alten Welt, 24/1, 2, 3)

Gans, Erhard: Proportionen des Zeitaufwandes der sozialistischen Gesellschaft im Gesamtprozeß ihrer Reproduktion in der DDR
(Forschungsber. d. Zentralinst. f. Wirtschaftswiss., 37)

Ganschow, S.: Über die Anwendung der IR-Spektroskopie in der Arzneimittelkontrolle
(Kommentare z. Arzneibuch, 5)

Gansleweit, Klaus-Dieter: Untersuchungen zur Namenkunde und Siedlungsgeschichte der nordöstlichen Niederlausitz
(Deutsch-Slawische Forschungen z. Namenkunde u. Siedlungsgesch., 34)

Garche, Jürgen: Elektrochemische Stromquellen
(s. Wiesner)

Garscha, Joachim: Industrie und Industrieplanung in Entwicklungsländern
(Studien über Asien, Afrika u. Lateinamerika, 35)

Best.-Nr. Preis

Garz, Irmgard: Korrosionsverhalten plastisch verformter Metalle
(Sitzungsber. d. AdW, Jg 84/7/N)

Gasde, Horst-Dieter (H): Chinesisch-Deutsches Wörterbuch
(s. dort)

Geissler, Erhard (H): VII. Kühlungsborner Kolloquium
(s. dort)

–, – (H): Darwin today (VIII. Kühlungsborner Kolloquium)
(Abhandl. d. AdW, Jg 83/1/N)

Geißler, Rolf: Romantheorie in der Aufklärung
(Literatur u. Gesellschaft, 83)

Geistige Profile Asiens und Afrikas
Aktuelle Fragen der ideologischen Auseinandersetzung in der nationalen Befreiungsbewegung
1982. X, 391 S., gr. 8°, 650 g, >6662< [0235] 754 027 4 28,—

Gelman, I. W.: Abschätzungen für Differentialoperatoren im Halbraum
(Math. Lehrbücher u. Monographien, II. Abt./54)

Gentsch, Günter: Faulkner zwischen Schwarz und Weiß. Betrachtungen zu Werk und Persönlichkeit des amerikanischen Nobelpreisträgers
1983. 194 S., 8°, 300 g, >6722< [8063] 754 182 4 16,—
A 22,—

Geochemische Beziehungen in vogtländisch-westböhmischen Mineralwässern
(Abhandlg. d. SAW, math.-nat. Kl., Bd 56/1)

Geographie, Kartographie, Umweltforschung. Edgar Lehmann zum 75. Geburtstag
(Sitzungsber. d. AdW, Jg 80/5/N)

Geographie und Territorialstruktur in der DDR
(Beiträge zur Geographie, 31)

Geologie, Abriß der Historischen –
(s. Tröger)

Geophysik, Angewandte –
(s. Militzer/Weber)

Geophysik und Geologie [1465]

ISSN 0138-2357

Geophysikalische Veröffentlichungen der Karl-Marx-Universität Leipzig
Dritte Serie

Band II

Heft 2 – Fortschritte der Geophysik. Festschrift Robert Lauterbach
1980. 267 S., 107 Abb., 22 Tab., gr. 8°, 450 g, >2018/II/2< 762 771 6 48,—

Heft 3 – Angewandte Geophysik
1981. 140 S., 52 Abb., 13 Tab., gr. 8°, 240 g, >2018/II/3< 762 887 4 27,—

Heft 4 – Physik der festen Erde
1983. 175 S., 88 Abb., 11 Tab., gr 8°, 300 g, >2018/II/4< 763 020 2 (35,—)

	Best.-Nr.	Preis
Band III		
Heft 1 – Istopengeochemie		
1984. 156 S., 53 Abb., 25 Tab., gr. 8°, 260 g, >2018/III/1<	763 198 5	30,—
		A 40,—
Heft 2 – Physikalische Geologie		
1985. 192 S., 77 Abb., 22 Tab., gr. 8°, 400 g, >2018/III/2<	763 382 5	36,—
		A 48,—
Gerlach, Hans-Martin: Martin Heidegger. Denk- und Irrwege eines spätbürgerlichen Philosophen		
1982. XI, 231 S., 8°, 315 g, >6607< [0165]	753 917 7	(22,—)
		(A 32,—)
Germanen, Die – (Veröffentl. d. Zentralinst. f. Alte Geschichte u. Archäologie, 4, I/II)		
Germanistik, Sprachwissenschaftliche – (s. Sprachwissenschaftliche Germanistik)		
Gersch, Manfred: Zur Evolution des Hormonsystems im Tierreich (Abhandlg. d. SAW, math.-nat. Kl., Bd 54/5)		
Gesamtkatalog der Wiegendrucke [0916]		
Band IX		
V 2 1. Lieferung: 1982. 80 S., 4°, 400 g, >3061/IX/1<	753 747 0	36,—
		A 49,—
V 2 2. Lieferung: 1985. 80 S., 4°, 400 g, >3061/IX/2<	754 212 2	36,—
		A 49,—
Geschichte Afrikas (Taschenbuch Geschichte, 14)		
Geschichte der Araber (Taschenbuch Geschichte, 5, 6)		
Geschichte der Produktivkräfte in Deutschland von 1800 bis 1945 in drei Bänden [0265]		
Von einem Autorenkollektiv unter Leitung v. Karl Lärmer		
Band 1: Produktivkräfte in Deutschland 1800 – 1870		
1988. >6739/1<	754 175 2	
Band 2: Produktivkräfte in Deutschland 1870 – 1917/18		
1985. 489 S., 15 Abb., 122 Tab., 153 Fotos, 13 Karten, 4°, 1630 g, Leinen >6739/2<	754 213 0	48,—
		A 58,—
Band 3: Produktivkräfte in Deutschland 1917/18 – 1945		
1987. >6739/3<	754 434 7	
Gesellschaftstheorie und geschichtswissenschaftliche Erklärung (s. Küttler)		
Geworkjan, Ruben G. / Gotthard Klose: Physik (Übersetzung aus dem Russischen)		
1986. 575 S., 319 Abb., 33 Tab., gr. 8°, 1100 g, Lederin >6469< [1114	762 528 6	58,—
		A 68,—
Giftgesetz der DDR		
Rechtsvorschriften mit Kommentar. Hrsg. v. Horst Paulenz u. Peter Elstner [1204, 2064, 1314, 2934]		
1980. 270 S., 25 Abb., 7 Tab., 8°, 300 g, Lederin >6537<	762 682 8	(18,—)

	Best.-Nr.	Preis
Girlich, Eberhard: Nichtlineare diskrete Optimierung (Mathematische Forschung, 6)		
Glaser, Roland: Grundriß der Biomechanik (WTB, Reihe Biologie)		
Gluschkow, W. M. / G. J. Zeitlin / J. L. Justschenko: Algebra, Sprachen, Programmierung (Übersetzung aus dem Russischen; in dt. Spr. hrsg. v. Rolf Lindner u. Hansgeorg Meißner) V 4 1980. 340 S., 34 Abb., 15 Tab., gr. 8°, 530 g, Lederin >6354< [1085]	762 299 0	**63,—**
Göpfert, Alfred (H): Lexikon der Optimierung (s. dort)		
Goering, Herbert: Singularly Perturbed Differential Equations (Mathematische Forschung, 13) –, –: Finite-Element-Methode (WTB, Reihe Mathematik/Physik)		
Görlich, Paul: Die geschichtliche Entwicklung des wissenschaftlichen Gerätebaus und seine zukünftige Bedeutung (Sitzungsber. d. SAW, math.-nat. Kl., Bd 115/3)		
Gössel, Michael: Nonlinear Time – discrete Systems (Mathematische Forschung, 10)		
Goethe, Johann Wolfgang: Schriften zur Literatur [7100] Hrsg. v. d. Akademie der Wissenschaften der DDR		
Bd 5: Überlieferung, Varianten und Paralipomena zu Bd. 2 Historisch-kritische Ausgabe. Bearbeitet v. Johanna Salomon 1980. 536 S., gr. 8°, 1000 g, Leinen >5792/5<	751 913 3	**(68,—)**
Bd 7: Register zu Band 1 bis 6 Historisch-kritische Ausgabe. Bearbeitet v. Horst Nahler 1982. 144 S., gr. 8°, 385 g, Leinen >5792/7<	753 571 5	**27,—**
Goethe-Wörterbuch [8024] Hrsg. v. der AdW der DDR, der Akademie der Wissenschaften in Göttingen und der Heidelberger Akademie der Wissenschaften V 2 Lizenzausgabe des Kohlhammer Verlages, Stuttgart-Berlin-Köln-Mainz		
Jährlich erscheint 1 Lieferung; 10 Lieferungen bilden 1 Band		
II. Band		
2. Lieferung: beängstigen-behandeln 1980. 64 S., 4°, 300 g, >8032/II/2<	753 887 9	**44,—**
3. Lieferung: behandelnswert-bequem 1981. 64 S., 4°, 300 g, >8032/II/3<	753 999 4	**(44,—)**
4. Lieferung: bequemen-Beständer 1982. 64 S., 4°, 300 g, >8032/II/4<	754 173 6	**(44,—)**
5. Lieferung: beständig-Bibliothek 1983. 64 S., 4°, 300 g, >8032/II/5<	754 275 5	**(44,—)**
6. Lieferung: Bibliothekar-bleich 1983. 64 S., 4°, 300 g, >8032/II/6<	754 368 6	**(48,—)**
7. Lieferung: Bleiche-Brighella 1984. 64 S., 4°, 300 g, >8032/II/7<	754 448 6	**(48,—)**
8. Lieferung: brillant-Corylus 1986. 64 S., 4°, 300 g, >8032/II/8<	754 637 7	**48,—**

Best.-Nr. Preis

Goodrich, F. C. / A. J. Rusanov (H) unter Mitwirkung v. H. Sonntag u. M. Bülow: The Modern Theory of Capillarity. To the Centennial of Gibbs' Theory of Capillarity (Moderne Kapillaritätstheorie)
1981. VII, 231 S., 51 Abb., 1 Titelbild, 19 Tab., gr. 8°, 590 g, Leinen >6599< [1215] 762 877 8 45,—

Gordon, Paul F. / Peter Gregory: Organic Chemistry in Colour
Lizenzausgabe des Springer-Verlages, Berlin-Heidelberg
1983. XII, 322 S., 52 Abb., 59 Tab., gr. 8°, 760 g, Lederin >6770< [1215] 763 242 7 (178,—)

Gorki, Maxim – Briefwechsel mit sowjetischen Schriftstellern
(s. Idzikowski)

Gossweiler, Kurt: Kapital, Reichswehr und NSDAP 1919 – 1924
2., durchgesehene Auflage
1984. 616 S., 24 Taf., 3 Tab., 2 Karten, 8°, 700 g, >6602< [0265] 753 899 1 (28,—)

–, –: Aufsätze zum Faschismus
1986. XXVI, 724 S., 8°, 820 g, >6891< [0265] 754 475 0 28,—

–, – (H): Faschismusforschung
(s. Eichholtz)

Graefrath, Bernhard (H): Probleme des Völkerrechts. Beiträge 1985
1985. 334 S., 8°, 400 g, >6860< [0435] 754 429 1 (22,—) (A 28,—)

Graetz, H.: Die Regulation der Zellproliferation durch Wachstumsfaktoren und Chaleone
(Sitzungsber. d. AdW, Jg 82/10/N)

Graf, Dieter: Ökonomische Bewertungen der Naturressourcen im entwickelten Sozialismus
(Forschungsber. d. Zentralinst. f. Wirtschaftswiss., 33)

Granberg, A. G.: Modellierung der sozialistischen Wirtschaft. Theoretische und methodologische Probleme
(Übersetzung aus dem Russischen; in dt. Spr. hrsg. v. Günter Zeidler)
1981. 220 S., 15 Abb., 8°, 280 g, >6437< [0345] 753 803 5 (22,—)

Grassland Congress, XIII. International - -
Leipzig, German Democratic Republic, 18 – 27 May, 1977. Volume I – II. Editors of Congress Proceedings: E. Wojahn, H. Thöns
1980. LIII, 1590 S., 277 Abb., 668 Tab., gr. 8°, 2930 g, Leinen >6455< [4265] 762 506 7 (160,—)

Gregory, Peter: Organic Chemistry in Colour
(s. Gordon)

Greiner-Mai, Hans: Physikalische Experimente an Leistungsreaktoren
(s. Frach)

Griechenland – Byzanz – Europa
(Berliner Byzantinistische Arbeiten, 52)

	Best.-Nr.	Preis
Griechisch Christliche Schriftsteller, Die — — — der ersten Jahrhunderte		
ISSN 0232-2900 [6300]		
Von einem internationalen Herausgebergremium mit Unterstützung des Zentralinstituts für Alte Geschichte und Archäologie der AdW der DDR		
Clemens Alexandrinus		
Zweiter Band: Stromata, Buch I – VI 4., bearbeitete Auflage mit Nachträgen v. Ursula Treu 1985. XIX, 544 S., gr. 8°, 1080 g, Lederin >2031/13<	754 503 2	110,—
Vierter Band – Register Erster Teil: Zitatenregister, Testimonienregister, Initienregister für die Fragmente, Eigennamenregister. Hrsg. v. Otto Stählin 2., überarbeitete Auflage v. Ursula Treu 1980. XXXVI, 196 S., gr. 8°, 550 g, Lederin >2031/24<	753 459 5	48,—
Epiphanius II. Panarion haer. 34 – 64 Hrsg. v. Karl Holl. 2., bearbeitete Auflage hsrg. v. Jürgen Dummer 1981. 544 S., gr. 8°, 1040 g, Lederin >2031/23<	753 266 1	110,—
Epiphanius III. Panarion haer. 65 – 80 De fide. Hrsg. v. Karl Holl 2., bearbeitete Auflage hrsg. v. Jürgen Dummer 1985. XVI, 543 S., gr. 8°, 1080 g, Lederin >2031/25<	753 682 2	110,— A 140,—
Eusebius Werke		
VII. Die Chronik des Hieronymus (Hieronymi Chronicon) 3., unveränderte Auflage. Mit einer Vorbemerkung v. Ursula Treu 1984. LII, 455 S., gr. 8°, 1080 g, Lederin >2031/8<	754 314 1	86,—
VIII. Die Praeparatio evangelica Erster Teil: Einleitung. Die Bücher I bis X 2., bearbeitete Auflage hrsg. v. Eduard des Places 1982. VI, 624 S., gr. 8°, 1260 g, Lederin >2031/4/1<	754 082 1	130,— A 140,—
Zweiter Teil: Die Bücher XI bis XV. Register 2., bearbeitete Auflage hrsg. v. Eduard des Places 1983. VI, 596 S., gr. 8°, 1120 g, Lederin >2031/4/2<	754 094 4	117,— A 130,—
Koptisch-gnostische Schriften		
1. Die Pistis Sophia. Die beiden Bücher des Jeu. Unbekanntes altgnostisches Werk. Hrsg. v. Carl Schmidt. Bearb. v. Walter Till 4., um das Vorwort erweiterte Auflage hrsg. v. Hans-Martin Schenke 1981. XXXV, 424 S., gr. 8°, 915 g, Lederin >2031/6<	753 524 8	(48,—)
Origenes Werke		
III: Jeremiahomilien. Klageliederkommentar, Erklärung der Samuel- und Königsbücher. Hrsg. v. Erich Klostermann 2., bearbeitete Auflage hrsg. v. Pierre Nautin 1983. L, 368 S., gr. 8°, 800 g, Leinen >2031/27<	754 134 9	90,— A 120,—
Philostorgius — Kirchengeschichte		
Mit dem Leben des Lucian von Antiochien und den Fragmenten eines arianischen Historiographen. Hrsg. v. Joseph Bidez		

Best.-Nr. Preis

3., bearbeitete Auflage
1981. CLXX, 392 S., gr. 8°, 1050 g, Lederin >2031/18< 753 632 0 (75,—)

Die Pseudoklementinen
III. 1. Teil: Konkordanz zu den Pseudoklementinen. Hrsg. v. Georg Strecker
1987. >2031/26< 754 234 1 120,—
A 160,—

III. 2. Teil: Griechisches Register, syrisches Register, Index nominum, Stellenregister
1986. >2031/29< 754 591 3

Griechisches Münzwerk
(Schriften z. Geschichte u. Kultur d. Antike, 18, 26)

Grigulevič, J. R.: Ketzer – Hexen – Inquisitoren
(Taschenbuch Geschichte, 16)

Grimm, Jacob: Reden in der Akademie. Ausgewählt u. hrsg. v. Werner Neumann u. Hartmut Schmidt
1984. 364 S., 16 Taf., gr. 8°, 800 g, Leinen >6701< [0806] 754 125 0 (48,—)

Grimm, Jacob und Wilhelm – Vorträge anläßlich der 200. Wiederkehr ihrer Geburtstage
(Sitzungsber. d. AdW, Jg. 85/6/G)

Gringmuth-Dallmer, Eike: Die Entwicklung der frühgeschichtlichen Kulturlandschaft auf dem Territorium der DDR unter besonderer Berücksichtigung der Siedlungsgebiete
(Schriften z. Ur- u. Frühgeschichte, 35)

Gröger, Detlef: Mikrobielle Gewinnung von Arzneistoffen
(WTB, Reihe Biologie)

Große, Rudolf: Soziolinguistische Aspekte der Theorie des Sprachwandels
(Sitzungsber. d. AdW, Jg 82/10/G)

–, –: Das marxistische Lutherbild
(Sitzungsber. d. AdW, Jg 84/12/G)

Großer, Jürgen (H): Charité-Annalen
(s. dort)

Großmann, Christian (H): Numerical Analysis of Selected Semilinear Differential Equations
(Mathematische Forschung, 21)

Grundlagen der Verfahrenstechnik und chemischen Technologie

9 Probleme der modernen chemischen Technologie
1980. XXII, 336 S., 151 Abb., 22 Tab., 8°, 600 g, Leinen >2144/9<
[1205, 1095] 762 716 9 (78,—)

10 Modellierung von Phasengleichgewichten als Grundlage von Stofftrennprozessen
1981. XVIII, 419 S., 81 Abb., 74 Tab., dav. 1 Falttab., 8°, 670 g, Leinen >2144/10< [1205, 1095] 762 747 6 82—

11 Georgi Kanewez: Berechnung von Wärmeübertragern
(Übersetzung aus dem Russischen)
1982. 328 S., 108 Abb., 24 Tab., 8°, 400 g, >2144/11< [1205, 1085] 762 861 2 (68,—)

12 The Dynamics of Sorptions Processes
1982. VIII, 210 S., 79 Abb., 5 Tab., 8°, 285 g, >2144/12<
[1205, 1095] 762 958 6 42,—

Best.-Nr. Preis

13 Johannes Kardos / A. M. Zirlin / Berndt Böhme / Klaus Lorenz / A.W. Sajew: Dynamische Grundoperationen der Verfahrenstechnik. Modellierung und optimale Steuerung
1984. 304 S., 128 Abb., 23 Tab., 8°, 380 g, >2144/13< [1205, 1095] 763 146 7 60,—

14 Lothar Franke/Klaus Hertwig/Johannes Kardos/Klaus Wiesener: Elektrochemische Technologie und Verfahrenstechnik
1984. XI, 235 S., 78 Abb., 14 Tab., 8°, 310 g, >2144/14< [1205, 1095] 763 303 2 (48,—)

Reihe erscheint nicht weiter

Grundlagenforschung und angewandte Forschung
(Sitzungsber. d. AdW, Jg 81/19/N)

Grundriß zur Geschichte der deutschen Dichtung aus den Quellen von Karl Goedeke [8024]

Hrsg. v. Zentralinstitut für Literaturgeschichte der AdW der DDR
2., ganz neu bearbeitete Auflage hrsg. v. Herbert Jacob
Alte Folge

Band XVI

Lieferung 1 (Lieferung 48 des Gesamtwerkes)
1983. 352 S., gr. 8°, 590 g, >3017/20< 753 911 8 60,—

Lieferung 2 (Lieferung 49 des Gesamtwerkes)
1984. 252 S., gr. 8°, 460 g, >3017/21< 754 157 6 50,— A 65,—

Lieferung 3 (Lieferung 50 des Gesamtwerkes)
1984. 223 S., gr. 8°, 500 g, >3017/22< 754 290 7 45,— A 60,—

Lieferung 4 (Lieferung 51 des Gesamtwerkes)
1985. IX, 312 S., gr. 8°, 640 g, >3017/23< 754 452 3 60,— A 75,—

Grundzüge einer deutschen Grammatik. Von einem Autorenkollektiv unter Leitung v. Karl Erich Heidolph, Walter Flämig u. Wolfgang Motsch
3., unveränderte Auflage
1986. 1028 S., 201 Abb., 66 Tab., gr. 8°, 1840 g, Leinen >6302< [0815] 753 125 5 48,— A 68,—

Gruner, Fritz (H): Literaturen Asiens und Afrikas
(Studien über Asien, Afrika u. Lateinamerika, 26)

Grunert, Stefan: Thebanische Kaufverträge des 3. und 2. Jahrhunderts v. u. Z.
(Papyri aus den Staatlichen Museen zu Berlin, Demotische Papyri, 2)

Guchmann, M. M.: Zur Ausbildung der Norm der deutschen Literatursprache im Bereich des Verbs (1470 – 1730). Tempus und Modus
(Bausteine z. Sprachgeschichte d. Neuhochdeutschen, 56/V)

Guddat, Jürgen: Non-Linear Parametric Optimization
(Math. Lehrbücher u. Monographien, II. Abt./58)

–, –: Multiobjective and Stochastic Optimization Based on Parametric Optimization
(Mathematische Forschung, 26)

		Best.-Nr.	Preis

Gudermuth, P. (H): Probleme der Informatik in Medizin und Biologie
(Abhandlg. d. AdW, Jg 81/4/N)

Gudopp, Wolf-Dieter: Der junge Heidegger
(Zur Kritik d. bürgerl. Ideologie, 102)

Günther, Hans: Der Herren eigner Geist
(Antifaschist. Literatur i. d. Bewährung, 5)

Günther, Karl-Heinz: Zu einigen Entwicklungstendenzen der Allgemeinbildung
(Sitzungsber. d. AdW, Jg 80/3/G)
–, –: Zu einigen Problemen der moralischen Erziehung der Schuljugend
(Sitzungsber. d. AdW, Jg 82/16/G)

Günther, Klaus / Wolfgang Schulz: Biophysical Theory of Radiation Action. A Treatise on Relative Biological Effectiveness
1983. XII, 354 S., 80 Abb., 32 Tab., gr. 8°, 745 g, >6432< [1315] 762 429 1 68,—
–, –: Electric Properties of Weakly Nonideal Plasmas
(Ergebnisse d. Plasmaphysik u. Gaselektronik, 7)

Günther, Rigobert (H): Die Römer an Rhein und Donau
(Veröffentl. d. Zentralinst. f. Alte Geschichte u. Archäologie, 3)

Güth, Dorothea: Seismological Bulletin Station Moxa
(Zentralinst. f. Physik d. Erde)

Guntau, Martin: Die Genesis der Geologie als Wissenschaft
(Schriftenreihe f. Geolog. Wissenschaften, 22)
–, – (H): Philosophie und Geologie
(Schriftenreihe f. Geolog. Wissenschaften, 24)

Gutsche, Willibald: Von Sarajevo nach Versailles
(Taschenbuch Geschichte, 12)
–, –: Monopole, Staat und Expansion vor 1914
(Schriften d. Zentralinst. f. Geschichte, 65)

Gutschmidt, Karl: Bibliographie slawistischer Publikationen aus der DDR 1978–1981
(s. Pohrt)

Haasen, Peter: Physikalische Metallkunde
Lizenzausgabe des Springer-Verlages, Heidelberg
1985. X, 333 S., 335 Abb., gr. 8°, 800 g, Lederin >6852< [1175] 763 400 0 (98,—)

Habedank, Heinz: Die Reichsbank in der Weimarer Republik
(Forschungen z. Wirtschaftsgesch., 12)

Hadamovsky, Hans-Friedrich: Mikroelektronik
(s. Eckhardt)

Händler, Wolfgang (H): Parcella '84
(Mathematische Forschung, 25)

Härtl, Heinz (H): Die Wahlverwandtschaften
(Deutsche Bibliothek, 11)

Best.-Nr. Preis

Hagen, Waltraud: Die Drucke von Goethes Werken
2., durchgesehene Auflage
V 3 1983. XXI, 386 S., gr. 8°, 810 g, Leinen >5780< [7100] 751 735 7 48,—
A 58,—

Hager, Nina: Modelle in der Physik
(WTB, Reihe Mathematik/Physik)

Hahn, Erich: Ideologie und Kunst
(Sitzungsber. d. AdW, Jg 84/10/G)

Hajek, Friederike: Selbstzeugnisse der Afroamerikaner
(Literatur u. Gesellschaft, 84)

Hallpap, Peter: Stereochemie organisch-chemischer Reaktionen
(WTB, Reihe Chemie)

Hamann, Claus: Organische Leiter, Halbleiter und Photoleiter
(WTB, Reihe Mathematik/Physik)

Hamann, Richard: Theorie der bildenden Kunst
1980. IX, 133 S., 75 Abb., dav. 2 farb., gr. 8°, 550 g, Leinen >6516< [8101] 753 557 1 (12,50)

Hamm, Heinz: Der Theoretiker Goethe
(Literatur u. Gesellschaft, 32)

Handbuch der Oologie [1365]

28. Lieferung. 1980. 64 S., 1 Farbtaf., gr. 8°, 120 g, >3037/28<	762 499 6	14,—
29. Lieferung. 1981. 64 S., 1 Farbtaf., gr. 8°, 140 g, >3037/29<	762 500 8	14,—
30. Lieferung. 1981. 64 S., 1 Farbtaf., gr. 8°, 140 g, >3037/30<	762 628 9	14,—
31. Lieferung. 1981. 64 S., 19 farb. Abb., gr. 8°, 140 g, >3037/31<	762 629 7	14,—
32. Lieferung. 1981. 64 S., 1 Farbtaf., gr. 8°, 140 g, >3037/32<	762 832 1	14,—
33. Lieferung. 1981. 64 S., 1 Abb., gr. 8°, 130 g, >3037/33<	762 834 8	14,—
34. Lieferung. 1983. 64 S., 2 Taf., 1 Tab., gr. 8°, 140 g, >3037/34<	762 835 6	14,—
35. Lieferung. 1983. 64 S., 1 Taf., 2 mehrseitige Tab., gr. 8°, 130 g, >3037/35<	763 025 3	14,—
36. Lieferung. 1983. 64 S., gr. 8°, 125 g, >3037/36<	763 026 1	9,50
37. Lieferung. 1983. 64 S., 1 Taf., gr. 8°, 140 g, >3037/37<	763 028 8	14,—
38. Lieferung. 1983. 64 S., 1 Taf., gr. 8°, 140 g, >3037/38<	763 029 6	14,—
39. Lieferung. 1983. 64 S., 2 Taf., gr. 8°, 130 g, >3037/39<	763 030 9	14,—
40. Lieferung. 1984. 110 S., gr. 8°, 250 g, >3037/40<	763 243 5	14,—
41. Lieferung. 1985. 64 S., 4 Abb., 6 Tab., gr. 8°, 130 g, >3037/41<	763 244 3	9,—
42. Lieferung. 1985. 64 S., 22 Tab., gr. 8°, 130 g, >3037/42<	763 245 1	9,50

Handbuch der Zootierkrankheiten
(s. Ippen)

Handrich, Klaus / Sigismund Kobe: Amorphe Ferro- und Ferrimagnetika
V 4 1980. VIII, 250 S., 117 Abb., 23 Tab., 8°, 320 g, >6543< [1185] 762 707 0 32,—

Best.-Nr. Preis

Handwörterbuch der deutschen Gegenwartssprache
In zwei Bänden
Von einem Autorenkollektiv unter Leitung v. Günter Kempcke
1984. XXXI, 1399 S., gr. 8°, 2350 g, Lederin >6449/1 +2< [0817] 753 333 0 68,—

Hanke, Peter (H): Ernährung – gesellschaftlich bedingt
(s. dort)

Harig, Gerhard: Schriften zur Geschichte der Naturwissenschaften
1983. 375 S., 15 Abb., gr. 8°, 755 g, Leinen >6671< [1106] 754 051 4 28,—

Harmer, M. H. (H): TNM-Klassifikation maligner Tumoren
International Union Against Cancer
Union Internationale Contre Le Cancer (UICC)
Übersetzt aus dem Englischen u. bearb. v. Hans Berndt u. Rudolf Huber. 3. Ausgabe Genf 1978
1980. 98 S., 21 Abb., 8°, 160 g, >6364< [2715] 762 322 1 9,50

Hartkopf, Werner: Die Akademie der Wissenschaften der DDR. Ein Beitrag zu ihrer Geschichte – Biographischer Index –
1983. 521 S., gr. 8°, 915 g, Lederin >6668< [0217] 754 043 4 70,—

Hartmann, Klaus / Klaus Kaplick: Analyse und Entwurf chemisch-technologischer Verfahren
1985. 235 S., 121 Abb., 55 Tab., 8°, 300 g, >6853< [1204, 3634] 763 402 7 45,—

Hartmann, Rudolf: Japan heute. Wirtschaft – Klassenkampf – Politik
V 4 1984. XVIII, 274 S., 26 Abb., 1 Karte, 8°, 400 g, >6702< [0235] 754 126 9 25,—

Hartmann, Wolf-Dieter: Ist Neues immer neu? Entdeckungen, Erfindungen und Innovationen im Prüffeld der Zeit
1981. 130 S., 13 Abb., 17 Tab., 8°, 150 g, >6456< [0315] 753 394 7 (8,50)
–, –: Management – Kapitalistische Führungstechniken im kritischen Überblick
1980. 315 S., 28 Abb., 51 Tab., 8°, 380 g, >6457< [0305] 753 395 5 (20,—)
–, –: Internationaler Technologieaustausch
(Zur Kritik d. bürgerl. Ideologie, 104)
–, – / Walter Stock: Japans Wege in den Weltmarkt. Innovations- und Managementsstrategien japanischer Konzerne
1984. 195 S., 13 Abb., 53 Tab., 8°, 210 g, >6826< [0305] 754 353 9 (18,—)

Hartsch, Inge: Beiträge zum Problemkreis des Landschaftswandels
(Sitzungsber. d. SAW, math.-nat. Kl., Bd 117/4)

Hartung, Günter: Literatur und Ästhetik des deutschen Faschismus
(Literatur u. Gesellschaft, 77)

Hartung, Wolfdietrich (H): Kommunikation und Sprachvariation
(Sprache u. Gesellschaft, 17)

Haschke, Renate: Methodologische Probleme der Psychophysiologie bei der Systemanalyse menschlicher Handlungen
(Sitzungsber. d. SAW, phil.-hist. Kl., Bd 124/1)

Hasse, Helmut: Über die Klassenzahl abelscher Zahlkörper
(Math. Lehrbücher u. Monographien, II. Abt./I)

Haßler, Gerda: Sprachtheorien der Aufklärung zur Rolle der Sprache im Erkenntnisprozeß
(Abhandlg. d. SAW, phil.-hist. Kl., Bd 68/1)

	Best.-Nr.	Preis
Haubold, Hartmut: Stratigraphische Grundlagen des Stefan C und Rotliegenden im Thüringer Wald (Schriftenreihe f. Geolog. Wissenschaften, 23)		
Haustein, Heinz-Dieter / Harry Maier: Innovation and Efficiency. Strategies for a Turbulent World 1985. 240 S., 87 Abb., 82 Tab., 8°, 310 g, >6888< [0345]	754 472 6	(32,—)
–, – / –, –: Flexible Automatisierung – Aufbruch einer Schlüsseltechnologie der Zukunft 1985. 136 S., 17 Abb., 14 Tab., 8°, 190 g, >6882< [0305]	754 461 1	(10,—)
–, – / –, –: Innovation Glossary. A Handbook of Innovation Terms in English, German and Russian 1986. 166 S., 2 Abb., 3 Tab., 8°, 940 g, >6889< [0347]	754 473 4	(20,—)
Haustein, Knut-Olaf: Probleme bei der Optimierung der Therapie mit Digitalisglykosiden (Sitzungsber. d. AdW, Jg 80/17/N)		
Hecht, K. (H): Chronobiologie – Chronomedizin (Abhandlg. d. AdW, Jg 79/1/N)		
Hegel, Georg Wilhelm Friedrich: Grundlinien der Philosophie des Rechts oder Naturrecht und Staatswissenschaft im Grundrisse (Philosophiehistorische Texte)		
Hegel, Briefe von und an – Bd. IV/2 (Philosophische Studientexte)		
Heidolph, Karl Erich (H): Grundzüge einer deutschen Grammatik (s. dort)		
Heil, W.: Über die Anwendung der IR-Spektroskopie in der Arzneimittelkontrolle (Kommentare z. Arzneibuch, 5)		
Heim, Joachim: Organische Leiter, Halbleiter und Photoleiter (WTB, Reihe Mathematik/Physik)		
Heine, Heinrich – Säkularausgabe Werke – Briefwechsel – Lebenszeugnisse [7100]		
Bd 1K: Gedichte 1812–1827. Kommentar Bearbeitet v. Hans Böhm 1982. 586 S., gr. 8°, 1430 g, Leinen >3057/1K/I–II<	753 715 5	80,—
Bd 3: Gedichte 1845–1856 Bearbeitet v. Helmut Brand u. Renate Francke 1986. 316 S., gr. 8°, 785 g, Leinen >3057/3<	754 545 4	28,—
Bd 4: Tragödien – Frühe Prosa 1820–1831 Bearbeitet v. Karl Wolfgang Becker 1981. 270 S., gr. 8°, 790 g, Leinen >3057/4<	753 716 3	23,—
Bd 7K: Über Frankreich 1831–1837. Berichte über Kunst und Politik. Kommentar Bearbeitet v. Fritz Mende 1983. 486 S., 37 Abb. auf 32 Taf., gr. 8°, 940 g, Leinen >3057/7K<	753 871 3	54,—
Bd 13K: Poëmes et Légendes. Kommentar Bearbeitet v. Pierre Grappin 1985. 304 S., gr. 8°, 770 g, Leinen >3057/13K<	754 414 4	38,—

		Best.-Nr.	Preis
Bd 20—27R: Briefwechsel 1815 – 1856. Register Bearbeitet v. Christa Stöcker 1984. 366 S., gr. 8°, 880 g, Leinen >3057/20 – 27R<		754 092 8	46,—
Bd 27K: Briefe an Heine 1852 – 1856. Kommentar Bearbeitet v. Christa Stöcker 1980. 323 S., gr. 8°, 780 g, Leinen >3057/27K<		753 674 2	42,—

Heine, Horst: Arterielle Durchblutungsstörungen, Aortensyndrom und ischämische Herzkrankheit
(Moderne Biowissenschaften, 5)
–, –: Extrakranielle zerebrale Arteriosklerose
(Moderne Biowissenschaften, 15)
–, – (H): Arterielle Hypertonie
(Abhandlg. d. AdW, Jg 81/1/N)

Heinemann, Gisela u. Lothar: Extrakranielle zerebrale Arteriosklerose
(Moderne Biowissenschaften, 15)

Heinicke, Gerhard: Tribochemistry

V 1 1984. 495 S., 329 Abb., 106 Tab., gr. 8°, 970 g, Leinen >6746<	[1215]	763 199 3	98,—

Heinig, Georg: Algebraic Methods for Toeplitz-like Matrices and Operators
(Mathematische Forschung, 19)

Heinrich, Martin: Mechanik der Kontinua
(WTB, Reihe Mathematik/Physik)

Heinrich, Wolf-Dieter (H): Wirbeltier-Evolution und Faunenwandel im Känozoikum
(Schriftenreihe f. Geolog. Wissenschaften, 19 – 20)

Heinrichs, Wolfgang: Aktuelle Fragen der Reproduktionstheorie
(Sitzungsber. d. AdW, Jg 80/7/G)

Heise, Wolfgang: Realistik und Utopie
(Literatur u. Gesellschaft, 76)

Heitzer, Heinz (H): Die DDR in der Übergangsperiode
(s. Badstübner)

Hellmold, Peter: Hochtemperaturreaktionen
(WTB, Reihe Chemie)

Helm, Rudolf (H): Tibull – Gedichte
(Schriften u. Quellen d. Alten Welt, 2)
–, – (H): Properz – Gedichte
(Schriften u. Quellen d. Alten Welt, 18)

Helmholtz, Hermann: Über die Erhaltung der Kraft
(Dokumente d. Wissenschaftsgesch., 1)

Hemminger, Wolfgang / Günther Höhne: Grundlagen der Kalorimetrie
Lizenzausgabe des Verlages Chemie, Weinheim

1980. XVI, 256 S., 110 Abb., 6 Tab., gr. 8°, 730 g, Leinen >6587<	[1237]	762 830 5	(88,—)

Best.-Nr. Preis

Henkel, Otto: Ungeordnete Festkörper
(Sitzungsber. d. AdW, Jg 81/5/N)
–, –: Stand und Entwicklungstendenzen der Werkstoffwissenschaft
(Sitzungsber. d. AdW, Jg 84/2/N)

Henkin, Gennadi M.: Theory of Functions on Complex Manifolds
(Math. Lehrbücher u. Monographien, II. Abt./60)

Hennig, Klaus (H): Random Vibrations and Reliability. Proceedings of the IUTAM Symposium in Frankfurt/Oder (GDR) 1982
1983. 367 S., 103 Abb., 18 Tab., gr. 8°, 600 g, >6786< [1125] 763 268 9 68,—

Henning, Joachim: Südosteuropa zwischen Antike und Mittelalter
(Schriften z. Ur- u. Frühgeschichte, 42)

Hensger, Karl-Ernst: Technologien zur gezielten Erzeugung von Werkstoffstrukturen durch Kombination mechanischer und thermischer Behandlung
(Sitzungsber. d. AdW, Jg 80/10/N)

Hering, Wolfgang: Die Dialektik von Inhalt und Form bei Horaz
(Schriften z. Geschichte u. Kultur d. Antike, 20)

Hermsdorf, Klaus (H): Franz Kafka – Amtliche Schriften
(s. dort)

Herrlich, Horst (H): Convergence Structures 1984
(Mathematische Forschung, 24)

Herrmann, Dieter B: Johann Heinrich Mädler
(Veröffentl. d. Forschungsbereichs Geo- u. Kosmoswiss., 12)

Herrmann, Falko H.: Einführung in die klinische Genetik
(WTB, Reihe Biologie)

Herrmann, Joachim: Naturgeschichtliches Erbe und gesellschaftliche Gesetze
(Sitzungsber. d. AdW, Jg 82/4/G)
–, –: Germanen und Slawen in Mitteleuropa
(Sitzungsber. d. AdW, Jg 84/3/G)
–, –: Geschichtstriade und Gesellschaftsformationen
(Sitzungsber. d. AdW, Jg 84/17/G)
–, – (H): Wikinger und Slawen. Zur Frühgeschichte der Ostseevölker
1982. 376 S., 358 Abb., 5 Seiten Leporellofalz, 1 Falttab., 4°, 1360 g, Leinen >6003< [0225] 752 181 5 (48,—)
–, – (H): Deutsche Geschichte in zehn Kapiteln
1987. >6890< [0265] 754 474 2
–, – (H): Griechenland – Byzanz – Europa
(Berliner Byzantinistische Arbeiten, 52)
–, – (H): Griechische und lateinische Quellen zur Frühgeschichte Mitteleuropas bis zur Mitte des 1. Jahrtausends u. Z.
(Schriften u. Quellen d. Alten Welt, 37/1)
–, – (H): Menschwerdung – biotischer und gesellschaftlicher Entwicklungsprozeß
(Schriften z. Ur- u. Frühgeschichte, 41)
–, – (H): Archäologische Denkmale und Umweltgestaltung
(Veröffentl. d. Zentralinst. f. Alte Geschichte u. Archäologie, 9)

	Best.-Nr.	Preis
–, – (H): Produktivkräfte und Gesellschaftsformationen in vorkapitalistischer Zeit (Veröffentl. d. Zentralinst. f. Alte Geschichte u. Archäologie, 12)		
–, – (H): Die Slawen in Deutschland (Veröffentl. d. Zentralinst. f. Alte Geschichte u. Archäologie, 14)		
Herrmann, Joachim / Bernd Wilhelmi: Laser für ultrakurze Lichtimpulse. Grundlagen und Anwendungen 1984. XVI, 324 S., 127 Abb., 10 Tab., 8°, 430 g, >6788< [3534]	763 273 4	(38,—)
Herneck, Friedrich: Wissenschaftsgeschichte. Vorträge und Abhandlungen 1984. 215 S., 7 Taf., 8°, 300 g, >6709< [1105]	754 138 1	(15,—)
Herter, Eberhard / Heinrich Rupp: Nachrichtenübertragung über Satelliten. Grundlagen und Systeme, Erdefunkstellen und Satelliten 1984. IX, 216 S., 98 Abb., 5 Tab., gr. 8°, 430 g, >6820< [3535]	763 347 0	(68,—)
Hertwig, Klaus: Elektrochemische Technologie und Verfahrenstechnik (Grundlagen d. Verfahrenstechnik u. chem. Technologie, 14)		
Herz-Kreislauf-Forschung. Rudolf Baumann zum 70. Geburtstag (Sitzungsber. d. AdW, Jg 82/16/N)		
Heß, Moses: Philosophische und sozialistische Schriften 1837 – 1850 (Philosophische Studientexte, außerhalb der Reihe)		
Hesse, Harald: Syntax der koordinativen Verknüpfung (studia grammatica, 24)		
Heuer, Uwe-Jens: Sozialistisches Recht und Demokratie (Sitzungsber. d. AdW, Jg 81/3/G)		
Hexelschneider, Erhard: Sowjetliteratur in bürgerlicher Sicht (Literatur u. Gesellschaft, 55)		
Heydenreich, Johannes: Hochauflösende Elektronenmikroskopie in der Werkstofforschung (Sitzungsber. d. AdW, Jg 82/19/N)		
Heydt, Magnus: Komplexe Effektivitätsbewertung durch Aufwand-Nutzen-Analyse (Forschungsber. d. Zentralinst. f. Wirtschaftswiss., 35)		
Heyer, Wolfgang: Zur Sorption an Tetracalciumaluminathydroxysalzen (Sitzungsber. d. SAW, math.-nat. Kl., Bd 113/7)		
Hiebsch, Hans: Methodologische Probleme der Psychophysiologie bei der Systemanalyse menschlicher Handlungen (Sitzungsber. d. SAW, phil.-hist. Kl., Bd 124/1)		
Hiersche, Anton: Sowjetische Dorfprosa (Literatur u. Gesellschaft, 86)		
Hildebrandt, Gunther (H): Opposition in der Paulskirche (Schriften d. Zentralinst. f. Geschichte, 70)		
Hill, René: Komplexe Effektivitätsbewertung durch Aufwand-Nutzen-Analyse (Forschungsber. d. Zentralinst. f. Wirtschaftswiss., 35)		

Best.-Nr. Preis

Hillebrand, Rainer: Bildinterpretation in der Hochauflösungs-Elektronenmikroskopie
(Beiträge z. Forschungstechnologie, 11)

Hinkel, Friedrich W.: Auszug aus Nubien
2. Auflage
1983. 104 S., 173 Abb. auf 152 Taf., dav. 21 farb. Taf., 60 Abb. i. Text, 4°, 1325 g, Leinen >6066< [5385] 752 443 4 (34,—) (A 48,—)

—, —: Exodus from Nubia
1984. 90 S., 173 Abb. auf 152 Taf., dav. 21 farb. Taf., 60 Abb. i. Text, 4°, 1260 g, Leinen >6630< [5385] 753 967 9 34,— A 48,—

Hintze, Fritz (H): Felsinschriften aus dem sudanesischen Nubien. Teil I: Text, Teil II: Tafeln
(Publikationen der Nubien-Expedition 1961–1963 der AdW der DDR)
1987. >6827/1–2< [0225] 754 359 8

—, — (H): Meroitistische Forschungen 1980
(Meroitica, 7)

Hinz, Wilhelm (H): Silicat-Lexikon. Nichtmetallisch-anorganische Werkstoffe, vorwiegend silicatische Minerale und Gesteine, Biographien
1985. 942 S., gr. 8°, 1790 g, Lederin >6458< [1257, 1427, 1457] 762 512 0 150,—

Hippokrates: Über die Krankheiten III
(Corpus Medicorum Graecorum, 23)

Hippocraté: Du régime
(Corpus Medicorum Graecorum, 25)

Historiker-Gesellschaft der DDR

ISSN 0233-0849

Mitteleuropäische Bronzezeit. Beiträge zur Archäologie und Geschichte
VIII. Tagung der Fachgruppe Ur- u. Frühgeschichte vom 24. bis 26. April 1975 in Dresden
Hrsg. v. Werner Coblenz u. Fritz Horst
2. Auflage
1981. 326 S., 118 Abb., gr. 8°, 550 g, >6323< [0225] 752 959 3 (28,—)

Die Entstehung des Menschen und der menschlichen Gesellschaft
IX. Tagung der Fachgruppe Ur- u. Frühgeschichte vom 9. bis 11. Mai 1977 in Frankfurt/O.
Hrsg. v. Friedrich Schlette
1980. 207 S., 53 Abb., gr. 8°, 340 g, >6546< [0225] 753 680 6 (16,—)

Bodendenkmalpflege und archäologische Forschung
X. Tagung der Fachgruppe Ur- u. Frühgeschichte vom 24. bis 26. September 1979 in Greifswald. Im Auftrag d. Historiker-Gesellschaft d. DDR hrsg. v. Fritz Horst
1983. 250 S., 161 Abb., gr. 8°, 560 g, >6677< [0225] 754 018 6 25,—

Produktivkräfte und Produktionsverhältnisse in ur- und frühgeschichtlicher Zeit
XI. Tagung der Fachgruppe Ur- und Frühgeschichte vom 14. bis 16. Dezember 1981 in Berlin. Im Auftrag d. Historiker-Gesellschaft

		Best.-Nr.	Preis
d. DDR hrsg. v. Fritz Horst u. Bruno Krüger 1985. 356 S., 103 Abb., gr. 8°, 680 g, >6855<	[0225]	754 420 8	30,— A 38,—

Hladik, Oswald: Stand und Entwicklung der Aufarbeitung radioaktiven Materials
(Sitzungsber. d. AdW, Jg 81/4/N)

Höft, Herbert (H): Elektrische Kontakte
(s. Schneider)

Höhne, Günther: Grundlagen der Kalorimetrie
(s. Hemminger)

Hörnle, Edwin: Deutsche Bauern unterm Hakenkreuz
(Antifaschist. Literatur i. d. Bewährung, 6)

Hörz, Herbert: Materialistische Dialektik und Wissenschaftsentwicklung
(Sitzungsber. d. AdW, Jg 80/6/G)

—, —: Philosophische Aspekte der Entwicklung von Technik und Technologie
(Sitzungsber. d. AdW, Jg 85/8/G)

—, —: Zufall
(Schriften z. Philosophie u. ihrer Geschichte, 24)

—, — (H): Materialistische Dialektik in der physikalischen und biologischen Erkenntnis
(Schriften z. Philosophie u. ihrer Geschichte, 26)

—, — (H): Naturdialektik — Naturwissenschaft
(Schriften z. Philosophie u. ihrer Geschichte, 39)

Hoffmann, Lothar: Kommunikationsmittel Fachsprache
(Sammlung AV, Sprache)

Hoffmeister, Johannes (H): Briefe von und an Hegel, Bd. IV/2
(Philosophische Studientexte)

Hofmann, Eberhard: Die stofflichen Grundlagen des Lebens

—, —: Enzyme und Bioenergetik

—, —: Der Stoffwechsel

—, —: Zellbiochemie

—, —: Funktionelle Biochemie des Menschen
(WTB, Reihe Biologie)

—, —: Dynamische Selbstorganisation eines Mehrenzymsystems
(Sitzungsber. d. AdW, Jg 81/20/N)

—, —: Die Bedeutung Otto Warburgs für die Entwicklung der Biochemie, Zellbiologie und Medizin
(Sitzungsber. d. AdW, Jg 85/3/N)

Hofmann, Hans-Jörg: Molekulare Wirkungsmechanismen von Pharmaka
(WTB, Reihe Biologie)

Hofmann, Herbert: Biovitrokeram-Implantatwerkstoffe
(Sitzungsber. d. AdW, Jg 85/1/N)

Hofmann, Jürgen: Das Ministerium Camphausen — Hansemann
(Schriften d. Zentralinst. f. Geschichte, 66)

Hogeweg-de Haart, Huberta (H): The Changing Role of Women in Society
(s. Richter)

	Best.-Nr.	Preis
Hollatz, Horst (H): Numerische Verfahren in Aktion (s. dort)		
Hollitscher, Walter: Natur und Mensch im Weltbild der Wissenschaft Hrsg. v. Hubert Horstmann [0159]		
Walter Hollitscher unter Mitarbeit v. John Erpenbeck: **Die menschliche Psyche** 1983. 217 S., 15 Abb., kl. 8°, 200 g, >6732<	754 206 9	(15,—)
Walter Hollitscher unter Mitarbeit v. Hubert Horstmann u. Fritz Gehlhar: **Materie — Bewegung — kosmische Entwicklung** 1983. 237 S., 14 Abb., 1 Tab., kl. 8°, 200 g, >6764<	754 248 0	(15,—)
Walter Hollitscher unter Mitarbeit v. Rolf Löther: **Ursprung und Entwicklung des Lebens** 1984. 215 S., kl. 8°, 215 g, >6805<	754 328 0	(15,—)
Walter Hollitscher unter Mitarbeit v. Rolf Löther: **Lebewesen Mensch** V 4 1985. 207 S., 39 Abb., kl. 8°, 210 g, >6831<	754 371 5	15,—
Walter Hollitscher unter Mitarbeit v. Alfred Arnold: **Mensch und Gesellschaft** 1985. 180 S., kl. 8°, 175 g, >6848<	754 410 1	(15,—)
Walter Hollitscher unter Mitarbeit v. Hubert Horstmann: **Naturbild und Weltanschauung.** Mit Beiträgen v. Herbert Hörz u. Fritz Gehlhar V 4 1985. 240 S., 13 Abb., kl. 8°, 250 g, >6847<	754 409 9	15,—
Holzer, Horst: Soziologie in der BRD (Zur Kritik d. bürgerl. Ideologie, 101)		
–, –: Theorieprogramme und Kapitalismus (Zur Kritik d. bürgerl. Ideologie, 106)		
Holzmüller, Werner: Makromoleküle als Träger von Lebensprozessen 1981. 155 S., 24 Abb., 12 Tab., 8°, 200 g, >6597< [1314]	762 516 3	20,—
D'Hondt, Jacques: Verborgene Quellen des Hegelschen Denkens (Übersetzung aus dem Französischen; ins Deutsche übertragen v. Joachim Wilke; wiss. Bearbeitung: Werner Bahner u. Manfred Buhr) 2., unveränderte Auflage 1983. 298 S., 8°, 500 g, Leinen >5791< [0115]	754 282 7	25,—
–, –: Hegel in seiner Zeit. Berlin, 1818 bis 1831 (Übersetzung aus dem Französischen; ins Deutsche übertragen v. Joachim Wilke) 2., unveränderte Auflage 1984. 175 S., 8°, 350 g, Leinen >5978< [0115]	752 145 2	(15,—)
–, –: Aktuelle Vernunft (s. Buhr)		
Horlbeck, Wolfgang: Spektroskopische Methoden zur Charakterisierung geschmolzener Salze (Abhandlg. d. SAW, math.-nat. Kl., Bd 56/2)		
Horst, Fritz: Zedau (Schriften z. Ur- u. Frühgeschichte, 36)		
–, – (H): Bodendenkmalpflege und archäologische Forschung (Historiker-Gesellschaft der DDR)		

		Best.-Nr.	Preis
–, – (H): Mitteleuropäische Bronzezeit (Historiker-Gesellschaft der DDR)			
–, – (H): Produktivkräfte und Produktionsverhältnisse in ur- und frühgeschichtlicher Zeit (Historiker-Gesellschaft der DDR)			
Horstmann, Hubert (H): Denkweise und Weltanschauung (Schriften z. Philosophie u. ihrer Geschichte, 27)			
–, – (H): Natur und Mensch im Weltbild der Wissenschaft (s. Hollitscher)			
Hübner, Hans (H): Martin Luther – Leistung und Erbe (s. Brendler)			
Hübner, Klaus: Isolatorphysik des SiO_2 1984. 130 S., 39 Abb., 4 Tab., kl. 8°, 250 g, ›6781‹	[1184]	763 261 1	18,—
Hülsenberg, Dagmar: Vitrokeramik als Werkstoff in der Elektrotechnik/Elektronik (Sitzungsber. d. AdW, Jg 81/13/N)			
Hüter, Karl-Heinz: Das Bauhaus in Weimar. Studie zur gesellschaftspolitischen Geschichte einer deutschen Kunstschule 3., unveränderte Auflage 1982. 294 S., 68 Abb., 104 Dokumente, gr. 8°, 680 g, Leinen ›6137‹	[8104]	752 363 4	(28,—)
Hütter, Manfred / Eberhard Jobst / Ehrenfried Lohr / Michael Nier: Mikroelektronik und Gesellschaft 1984. 118 S., 8°, 160 g, ›6743‹	[3505, 0155]	763 188 9	16,—
Humak, K. M. S.: Statistische Methoden der Modellbildung II, III (Math. Lehrbücher u. Monographien, II. Abt./44, 45)			
Humboldt-Ehrung in der DDR (Abhandlg. d. AdW, Jg 85/2/N)			
Hurtig, Eckart / Heinz Stiller (H): Erdbeben und Erdbebengefährdung 1984. 328 S., 158 Abb., 25 Tab., 8 Farbtaf., 8°, 420 g, ›6744‹	[1435, 1445]	763 189 7	50,—
Hypertonie, Arterielle – (s. Baumann)			
Hypertonie, Arterielle – (s. Linß)			
Iatrus-Krivina (Schriften z. Geschichte u. Kultur d. Antike, 17/ I, II, III)			
Icke-Schwalbe, Lydia: Munda und Oraon in Chota Nagpur (Abhandlg. u. Berichte d. Staatl. Museums f. Völkerkunde Dresden, 40)			
Ideenkampf, Der philosophische – in der modernen Naturwissenschaft (Probleme der Modernen Welt, 5) Lizenzausgabe d. Redaktion „Gesellschaftswissenschaften und Gegenwart“ der AdW der UdSSR 1980. 116 S., 3 Abb., 8°, 150 g, ›6531‹	[0165]	753 605 6	(5,—)

Best.-Nr. Preis

Idzikowski, Ilse (H): Maxim Gorki. Briefwechsel mit sowjetischen Schriftstellern
1984. 619 S., 8°, 680 g, Leinen >6763< [7203] 754 247 2 32,—
A 38,—

Illés, László (H): Befunde und Entwürfe
(Literatur u. Gesellschaft, 80)

Illuminaten, Die –
(Philosophiehistorische Texte)

Indiens Rolle in der Kulturgeschichte. Dem Wirken Walter Rubens gewidmet
(Sitzungsber. d. AdW, Jg 80/12/G)

Indikatoren in der soziologischen Forschung
Von einem Autorenkollektiv unter Leitung v. Horst Berger u. Eckhard Priller
1982. 150 S., 3 Abb., 2 Tab., 8°, 200 g, >6601< [0185] 753 892 4 (10,—)

Informatik — Kybernetik — Rechentechnik

ISSN 0232-1351

1 Dieter Bochmann / Christian Posthoff: Binäre dynamische Systeme
1981. X, 397 S., 168 Abb., 25 Tab., gr. 8°, 940 g, Lederin >6391<
[1085] 762 361 9 (68,—)

2 Siegfried Unger/Fritz Wysotzki: Lernfähige Klassifizierungssysteme
1981. XI, 294 S., 77 Abb., 8 Tab., gr. 8°, 730 g, Lederin >6372<
[1085] 762 356 3 48,—
A 60,—

3 Horst Völz: Information I. Studie zur Vielfalt und Einheit der Information – Theorie und Anwendung vor allem in der Technik
1982. 407 S., 179 Abb., 83 Tab., gr. 8°, 945 g, Lederin >6244/I<
[1075] 762 060 2 (78,—)
(A 98,—)

4 Horst Völz: Information II. Ergänzungsband zur Vielfalt und Einheit der Information. Theorie und Anwendung vor allem in der Biologie, Medizin und Semiotik
1983. XII, 370 S., 184 Abb., 60 Tab., gr. 8°, 760 g, Lederin >6244/II< [1075] 762 969 0 72,—
A 98,—

5 Peter Bachmann (H): Programmsysteme. Anwendung – Entwicklung – Fundierung
1983. X, 228 S., 53 Abb., 18 Tab., gr. 8°, 545 g, Lederin >6644<
[1085] 763 006 9 (52,—)

6 Günter Riedewald / Jan Małuszyński / Piotr Dembiński: Formale Beschreibung von Programmiersprachen. Eine Einführung in die Semantik
1983. X, 205 S., 37 Abb., 16 Tab., gr. 8°, 560 g, Lederin >6720<
[1085] 763 136 0 (42,—)
(A 60,—)

Best.-Nr. Preis

7 Norbert Ahlbehrendt / Volker Kempe: Analyse stochastischer Systeme. Nichtlineare dynamische Systeme
V 3 1984. 334 S., 37 Abb., 7 Tab., gr. 8°, 690 g, Lederin >6714< [1075] 763 122 1 58,—
A 68,—

8 Henning Schoch: Programmieren in PL 1
1984. 521 S., 7 Abb., gr. 8°, 1030 g, Lederin >6719< [1084] 763 135 2 (68,—)

9 Gerhard Wunsch (H): Handbuch der Systemtheorie
V 3 1986. XII, 502 S., 180 Abb., 18 Tab., gr. 8°, 1200 g, Lederin >6897< [1085] 763 463 3 95,—

10 Helmut Löffler: Rechnerverbundsysteme
1984. XI, 296 S., 176 Abb., 12 Tab., gr. 8°, 650 g, Lederin >6737< [1085] 763 162 7 (54,—)
(A 68,—)

11 Klaus Mätzel / Klaus Nehrkorn: Formelmanipulation mit dem Computer. Systeme und Algorithmen
1985. 188 S., gr. 8°, 440 g, >6894< [1085] 763 450 2 30,—
A 38,—

12 Gerhard Paulin / Hans Schiemangk: Programmieren mit PASCAL
2., überarbeitete Auflage
1986. 171 S., 34 Abb., gr. 8°, 400 g, >6585< [1084] 763 403 5 (22,—)

Informatik, Probleme der – in Medizin und Biologie
(Abhandlg. d. AdW, Jg 81/4/N)

Integration, Sozialistische ökonomische – unter den Bedingungen der umfassenden Intensivierung
(Abhandlg. d. AdW, Jg 85/1/W)

Intensivierung der Forschung
(Wissenschaft u. Gesellschaft, 20)

Interdisziplinarität in der Forschung
(Wissenschaft u. Gesellschaft, 22)

Internationale Reihe des Zentralinstituts für Geschichte der AdW der DDR

6 Forschungsergebnisse zur Geschichte des deutschen Imperialismus vor 1917
Hrsg. v. B. A. Aisin und W. Gutsche im Auftrage d. Kommission f. Allgemeine Geschichte d. AdW d. UdSSR u. d. Zentralinstituts f. Geschichte
1980. 263 S., 6 Tab., gr. 8°, 430 g, >2169/6< [0265] 753 745 4 (25,—)

7 Sowjetische Friedenspolitik in Europa 1917 bis Ende der siebziger Jahre
Hrsg. v. H. Bartel u. A. L. Naročnickij
1982. 400 S., gr. 8°, 670 g, >2169/7< [0255] 754 044 2 (38,—)
Reihe erscheint nicht weiter

Internationales Symposium Reinhardsbrunn

VI. Reinhardsbrunner Symposium 1978
VII. Reinhardsbrunner Symposium 1979
(Abhandlg. d. AdW, Jg 79/3/N; Jg 81/3/N)

Best.-Nr. Preis

Iohvidov, I. S.: Introduction to the Spectral Theory of Operators in Spaces with an Indefinite Metric
(Mathematische Forschung, 9)

Ippen, Rudolf / Hans-Dieter Schröder / Karl Elze: Handbuch der Zootierkrankheiten
Band 1: Reptilien
1985. X, 432 S., 266 Abb., 43 Tab., gr. 8°, 1120 g, Leinen
>6840/1< [2975] 763 383 3 75,—

Irmscher, Johannes: Adolf Harnack und der Fortschritt in der Altertumswissenschaft
(Sitzungsber. d. AdW, Jg 80/10/G)
—, — (H): Byzanz in der europäischen Staatenwelt
(Berliner Byzantinistische Arbeiten, 49)
—, — (H): Aristoteles als Wissenschaftstheoretiker
(Schriften z. Geschichte u. Kultur d. Antike, 22)

Ising, Erika (H): Grundlagen der Sprachkultur II
(Sprache u. Gesellschaft, 8/2)

Iskandar, Albert Z. (H): Galen. On Examinations by which the Best Physicians are recognized
(Corpus Medicorum Graecorum, Supplementum Orientale IV)

Jacimirskij, K. B.: Einführung in die bioanorganische Chemie
(Übersetzung aus dem Russischen; bearb. u. hrsg. v. Horst Hennig u. Helmut Müller)
1980. 134 S., 16 Abb., 31 Tab., 8°, 250 g, Leinen >6478<
[1254, 1314] 762 558 5 14,—

Jacob, Herbert (H): Literatur in der DDR. Bibliographische Annalen 1945 – 1962
Band 1: 1945 – 1954
Band 2: 1955 – 1962
Band 3: Register
1986. 1241 S. gr. 8°, 2400 g, Lederin >6792/1 – 3< [8014] 754 308 8 180,—
—, — (H): Grundriß zur Geschichte der deutschen Dichtung aus den Quellen von Karl Goedeke A 220,—
(s. dort)

Jacobasch, Hans-Jörg: Oberflächenchemie faserbildender Polymerer
(Neuere Forschungsergebnisse aus den chemischen Wissenschaften, 2)

Jacobeit, Wolfgang: Schafhaltung und Schäfer in Zentraleuropa bis zum Beginn des 20. Jahrhunderts
2., bearbeitete Auflage
1986. >6910< [0705] 754 537 4 65,—
A 75,—

Jacobs, Hans-Jürgen: Entwicklung der Formgebungsverfahren im Maschinenbau
(Sitzungsber. d. AdW, Jg 80/18/N)

Jäger, Eberhard: Magnetische Eigenschaften von Festkörpern
(WTB, Reihe Mathematik/Physik)

Jäger, Klaus-Dieter: Beiträge zum Problemkreis des Landschaftswandels
(Sitzungsber. d. SAW, math.-nat. Kl., Bd 117/4)

Jahrbuch der Akademie der Wissenschaften der DDR [0305]
ISSN 0304-2154

Im Auftrag der Akademie hrsg. vom Präsidenten

	Best.-Nr.	Preis
1978: 1980. 669 S., 8 Abb., 4 Tab., gr. 8°, 1510 g, Leinen >1002/78<	753 714 7	(64,—)
1979: 1981. 720 S., 12 Abb., gr. 8°, 1320 g, Leinen >1002/79<	753 900 3	68,—
1980: 1982. 734 S., 19 Abb., gr. 8°, 1320 g, Leinen >1002/80<	754 068 8	(68,—)
1981: 1983. 787 S., 10 Abb., gr. 8°, 1350 g, Leinen >1002/81<	754 221 0	(75,—) (A 90,—)
1982: 1984. 360 S., 5 Abb., gr. 8°, 790 g, Halbleinen >1002/82<	754 354 7	42,— A 48,—
1983: 1985. 420 S., 6 Abb., 6 Diagramme, gr. 8°, 875 g, Halbleinen >1002/83<	754 459 0	(40,—) (A 48,—)

Jahrbuch der Sächsischen Akademie der Wissenschaften zu Leipzig

ISSN 0080-5262 [0720]

Hrsg. im Auftrag der Akademie

1977 bis 1978: 1980. 373 S., 7 Abb. i. Text u. 17 Abb. auf 15 Taf., gr. 8°, 660 g, >1011/77 – 78<	753 757 7	(50,—)
1979 bis 1980: 1982. 272 S., 7 Abb., 10 Taf., gr. 8°, 470 g, >1011/79 – 80<	754 080 5	(38,—)
1981 bis 1982:: 1984. 284 S., 9 Taf., 3 Abb., gr. 8°, 495 g, >1011/81 – 82<	754 274 7	38,—

Jahrbuch des Museums für Völkerkunde zu Leipzig [0705]

ISSN 0075-8663

Hrsg. vom Direktor

18: **Bd XXXII:** Beiträge zur ethnographischen Wirtschafts- und Sozialforschung. Ergebnisse einer Tagung aus Anlaß des 80. Geburtstages von Julius Lips 1980. 304 S., gr. 8°, 490 g, >2085/II/18<	753 342 9	32,—
19: **Bd XXXIII** 1981. 217 S., 56 Abb., dav. 54 auf 31 Taf., 1 farb. Titelblatt, 3 Karten, gr. 8°, 360 g, >2085/II/19<	753 671 8	(35,—)
20: **Bd XXXIV** 1982. 375 S., 93 Abb., dav. 70 auf 39 Taf., 5 Tab., 5 Karten, gr. 8°, 670 g, >2085/II/20<	754 087 2	48,—
21: **Bd XXXV** 1984. 308 S., 1 Frontispiz, 2 Abb. i. Text, 37 Abb. auf 31 Taf., 4 Tab., 8 Karten, gr. 8°, 635 g, >2085/II/21<	754 370 7	(38,—)
22: **Bd XXXVI** 1985. 206 S., 1 Frontitspiz, 1 Tab., gr. 8°, 350 g, >2085/II/22<	754 492 9	25,— A 35,—

Jahrbuch „Forschungen und Berichte der Staatlichen Museen zu Berlin“

ISSN 0067-6004 [8108]

20/21: Jubiläumsband 150 Jahre Staatliche Museen zu Berlin 1980. 686 S., 508 Abb., 13 Taf., 4°, 2415 g, Leinen >2081/20/21<	753 760 6	(180,—)
22: Archäologische Beiträge 1982. 229 S., 141 Abb. auf 40 Taf., 260 Abb. i. Text, 4°, 210 g, >2081/22<	754 081 3	68,—

		Best.-Nr.	Preis
23: Kunsthistorische, numismatische und restauratorische Beiträge 1983. 176 S., 82 Abb., 48 Taf. mit 226 Abb., 4°, 510 g, >2081/23<		754 161 3	60,— A 75,—
24: Archäologische Beiträge 1984. 118 S., 74 Abb. i. Text, 2 Karten, 24 Taf. i. Anhang mit 73 Abb., 4°, 420 g, >2081/24<		754 369 4	45,— A 54,—
25: Kunstwissenschaftliche Beiträge 1985. 170 S., 77 Abb., 48 Taf., 4°, 625 g, >2081/25<		754 487 3	70,—

Jahrbuch für Geschichte

ISSN 0448-1526

Hrsg. v. Zentralinstitut für Geschichte der AdW der DDR

Bd 21: 1980. 419 S., gr. 8°, 820 g, Lederin >2130/21<	[0115]	753 712 0	(25,—) (A 35,—)
Bd 22: Studien zur Entwicklung der Arbeiterbewegung in der zweiten Hälfte des 19. Jahrhunderts 1981. 482 S., gr. 8°, 940 g, Lederin >2130/22<	[0265]	753 713 9	(25,—) (A 35,—)
Bd 23: 1981. 580 S., gr. 8°, 1070 g, Lederin >2130/23<	[0235]	753 812 3	(25,—) (A 35,—)
Bd 24: 1981. 389 S., gr. 8°, 800 g, Lederin >2130/24<	[0265]	753 832 6	(25,—) (A 35,—)
Bd 25: 1982. 378 S., gr. 8°, 750 g, Lederin >2130/25<	[0235]	753 833 4	(25,—) (A 35,—)
Bd 26: 1982. 393 S., 2 Tab., gr. 8°, 820 g, Lederin >2130/26<	[0265]	754 073 3	(25,—) (A 35,—)
Bd 27: 1983. 336 S., 1 Beilage, gr. 8°, 770 g, Lederin >2130/27<	[0265]	754 119 7	(25,—) (A 35,—)
Bd 28: 1983. 375 S., 6 Tab., gr. 8°, 710 g, Lederin >2130/28<	[0265]	754 196 3	(25,—) (A 35,—)
Bd 29: Studien zur Politik und Ideologie im Imperialismus 1984. 398 S., 6 Tab., gr. 8°, 770 g, Lederin >2130/29<	[0235]	754 302 9	(25,—) (A 35,—)
Bd 30: Entscheidungen in Europa zur Zeit der volksdemokratischen Revolutionen 1943 – 1948 1984. 372 S., 1 Tab., gr. 8°, 920 g, Lederin >2130/30<	[0235]	754 303 7	(25,—) (A 35,—)
(mit Inhaltsverzeichnis der Bände 21 – 30) **Bd 31:** 1984. 377 S., 61 Tab., gr. 8°, 980 g, Lederin >2130/31<	[0275]	754 408 0	(25,—) (A 35,—)
Bd 32: 1985. 420 S., gr. 8°, 900 g, Lederin >2130/32<	[0265]	754 476 9	25,— A 35,—
Gesamtinhaltsverzeichnis der Bände 1 – 30 Zusammengestellt v. Jutta Eichholtz 1985. >2130/S<			
Bd. 33: 1986. 364 S., gr. 8°, 700 g, Lederin >2130/33<	[0265]	754 613 1	25,— A 35,—

Jahrbuch für Geschichte des Feudalismus [0225]

ISSN 0138-4856

Hrsg. v. Zentralinstitut für Geschichte der AdW der DDR

	Best.-Nr.	Preis
Bd 4: 1981. 416 S., 2 Abb., 1 Karte, gr. 8°, 820 g, Lederin >3066/4<	753 755 0	48,—
Bd 5: 1981. 415 S., gr. 8°, 830 g, Lederin >3066/5<	753 874 8	48,—
Bd 6: 1982. 432 S., 33 Abb., gr. 8°, 850 g, Lederin >3066/6<	754 055 7	48,—
Bd 7: 1983, 383 S., 14 Abb., gr. 8°, 800 g, Lederin >3066/7<	754 257 9	48,—
Bd 8: 1984. 395 S., 4 Diagramme, 17 Tab., gr. 8°, 840 g, Lederin >3066/8<	754 376 6	48,—
Bd 9: 1985. 367 S., 26 Abb., 1 Karte, gr. 8°, 800 g, Lederin >3066/9<	754 485 7	48,—

Jahrbuch für Soziologie und Sozialpolitik [0185]

ISSN 0138-435X

Hrsg. v. Institut für Soziologie und Sozialpolitik der AdW der DDR

	Best.-Nr.	Preis
1980. 368 S., 16 Abb., 25 Tab., gr. 8°, 740 g, Lederin >2183/1<	753 778 8	25,—
1981. 437 S., 10 Abb., 38 Tab., gr. 8°, 880 g, Lederin >2183/2<	753 862 5	(25,—)
1982. 404 S., 3 Abb., 35 Tab., gr. 8°, 810 g, Lederin >2183/3<	754 010 0	(25,—)
1983. 347 S., 8 Abb., 48 Tab., gr. 8°, 700 g, Lederin >2183/4<	754 209 3	25,— A 30,—
1984. 271 S., gr. 8°, 590 g, Lederin >2183/5<	754 317 6	(25,—) (A 30,—)
1985. 552 S., 1 Abb., 6 Tab., gr. 8°, 1020 g, Lederin >2183/6<	754 471 8	(25,—) (A 30,—)

Jahrbuch für Volkskunde und Kulturgeschichte [0705]

ISSN 0138-4503

Hrsg. v. Zentralinstitut für Geschichte der AdW der DDR, Wissenschaftsbereich Kulturgeschichte/Volkskunde

	Best.-Nr.	Preis
23. Band – Jahrgang 1980 **1980. 316 S., gr. 8°, 520 g, >2166/8<**	753 677 7	(25,—) (A 30,—)
24. Band – Jahrgang 1981 **1982. 308 S., gr. 8°, 500 g, >2166/9<**	753 951 3	(25,—) (A 30,—)
25. Band – Jahrgang 1982 **1982. 308 S., 100 Abb. auf 8 Taf., gr. 8°, 530 g, >2166/10<**	754 085 6	(25,—) (A 30,—)
26. Band – Jahrgang 1983 **1983. 260 S., 48 Abb., dav. 32 auf 20 Taf., gr. 8°, 480 g, >2166/11<**	754 133 0	(25,—) (A 30,—)
27. Band – Jahrgang 1984 **1984. 277 S., 16 Taf., gr. 8°, 600 g, >2166/12<**	754 341 6	25,— A 30,—
28. Band – Jahrgang 1985 **1985. 304 S., 55 Abb., 12 Abb. auf 8 Taf., gr. 8°, 565 g, >2166/13<**	754 491 0	25,— A 30,—

Jahrbuch für Wirtschaftsgeschichte [0305]

ISSN 0075-2800

Jahrgang 1980

	Best.-Nr.	Preis
Teil I – 1980. 286 S., 11 Tab., gr. 8°, 480 g, >2103/80/1<	753 817 4	18,— A 28,—

	Best.-Nr.	Preis
Teil II – 1980. 312 S., 2 Abb., 22 Tab., gr. 8°, 500 g, >2103/80/2<	753 818 2	(18,—)
		(A 28,—)
Teil III – 1980. 268 S., 25 Tab., gr. 8°, 445 g, >2103/80/3<	753 819 0	(18,—)
		(A 28,—)
Teil IV – 1981. 250 S., 18 Tab., gr. 8°, 410 g, >2103/80/4<	753 820 3	18,—
		A 28,—
Inhaltsverzeichnis 1960 – 1979. Zusammengestellt v. Renate Günther 1980. 137 S., gr. 8°, 245 g, >2103/80/I<	753 821 1	9,—

Jahrgang 1981

Teil I – 1981. 225 S., 24 Tab., gr. 8°, 380 g, >2103/81/1<	753 824 6	18,—
		A 28,—
Teil II – Beiträge zur Geschichte der Sozialstruktur vom 18. bis zum 20. Jahrhundert 1981. 381 S., 7 Abb., 52 Tab., gr. 8°, 620 g, >2103/81/2<	753 825 4	18,—
		A 28,—
Teil III – 1981. 280 S., 17 Tab., gr. 8°, 550 g, >2103/81/3<	753 826 2	18,—
		A 28,—
Teil IV – 1981. 243 S., gr. 8°, 400 g, >2103/81/4<	753 827 0	18,—
		A 28,—
Sonderband – Bäuerliche Wirtschaft und landwirtschaftliche Produktion in Deutschland und Estland (16. – 19. Jahrhundert) 1981. 360 S., gr. 8°, 580 g, >2103/81/S<	753 886 0	18,—
		A 28,—

Jahrgang 1982

Teil I – 1982. 278 S., 15 Tab., gr. 8°, 455 g, >2103/82/1<	754 074 1	(18,—)
		(A 28,—)
Teil II – 1982. 257 S., gr. 8°, 440 g, >2103/82/2<	754 076 8	18,—
		A 28,—
Teil III – 1982. 268 S., 2 Abb., 13 Tab., 3 Karten, gr. 8°, 440 g, >2103/82/3<	754 077 6	18,—
		A 28,—
Teil IV – 1982. 268 S., 14 Tab., gr. 8°, 435 g, >2103/82/4<	754 078 4	18,—
		A 28,—

Jahrgang 1983

Teil I – 1983. 288 S., 17 Tab., gr. 8°, 470 g, >2103/83/1<	754 189 1	18,—
		A 28,—
Teil II – 1983. 250 S., gr. 8°, 320 g, >2103/83/2<	754 190 4	18,—
		A 28,—
Teil III – 1983. 280 S., 19 Tab., gr. 8°, 460 g, >2103/83/3<	754 191 2	18,—
		A 28,—
Teil IV – 1983. 265 S., 38 Tab., gr. 8°, 390 g, >2103/83/4<	754 192 0	18,—
		A 28,—
Sonderband – Studien zur römischen Stadtentwicklung in Italien und Thrakien 1984. 246 S., gr. 8°, 470 g, >2103/83/S<	754 273 9	18,—
		A 28,—

Jahrgang 1984

Teil I – 1984. 301 S., 21 Tab., gr. 8°, 490 g, >2103/84/1<	754 360 0	18,—
		A 28,—
Teil II – 1984. 256 S., 23 Abb., gr. 8°, 430 g, >2103/84/2<	754 361 9	18,—
		A 28,—

Best.-Nr. Preis

Teil III – 1984. 264 S., gr. 8°, 430 g, >2103/84/3< 754 362 7 18,— A 28,—

Teil IV – 1984. 296 S., 107 Tab., gr. 8°, 430 g, >2103/84/4< 754 363 5 18,— A 28,—

Sonderband – Jürgen Kuczynski: 60 Jahre Konjunkturforscher. Erinnerungen und Erfahrungen – und Bibliographie der Schriften von Jürgen Kuczynski 1978–1983
1984. 249 S., gr. 8°, 400 g, >2103/84/S< 754 364 3 18,— A 28,—

Jahrgang 1985
Teil I – 1985. 275 S., 3 Grafiken, 15 Tab., gr. 8°, 450 g, >2103/85/1< 754 477 7 18,— A 28,—

Teil II – 1985. 243 S., 6 Abb., 10 Tab., gr. 8°, 410 g, >2103/85/2< 754 481 4 18,— A 28,—

Teil III – 1985. 267 S., 15 Tab., gr. 8°, 440 g, >2103/85/3< 754 482 2 18,— A 28,—

Teil IV – 1985. 234 S., 16 Tab., gr. 8°, 470 g, >2103/85/4< 754 483 0 18,— A 28,—

Jahresberichte für deutsche Geschichte [0207]
Hrsg. v. Zentralinstitut für Geschichte der AdW der DDR, Abteilung Information und Dokumentation
30/31/1978/79: 1981. 1934 S., gr. 8°, 1590 g, >2060/30/31/78/79< 753 831 8 (180,—)
32/33/1980/81: 1983. 1155 S., gr. 8°, 1910 g, >2060/32/33/80/81< 753 938 8 220,—
34/35/1982/83: 1985. 1345 S., gr. 8°, 2700 g, >2060/34/35< 753 939 6 250,—

Jakob-Rost, Liane: Assyrische Königsinschriften auf Ziegeln aus Assur
(Vorderasiatische Schriftdenkmäler, VII)

Jakubke, Hans-Dieter / Hans Jeschkeit: Aminosäuren, Peptide, Proteine. Eine Einführung
3., bearbeitete u. erweiterte Auflage
V 3 1982. 505 S., 116 Abb., 39 Tab., 8°, 750 g, Leinen >5701< [1275] 762 475 0 58,—

Jantke, Klaus P. (H): Mathematical Methods of Specifications and Synthesis of Software Systems '85
(Mathematische Forschung, 31)

Jaworski, B. M./A. A. Detlaf: Taschenbuch der Physik
Gemeinschaftsausgabe mit dem Verlag MIR, Moskau
(Übersetzung aus dem Russischen)
1985. 570 S., 244 Abb., 23 Tab., 8°, 600 g, Lederin >6931< [1114] 763 554 8 32,—

Jech, Jaromir (H): Tschechische Volksmärchen
(Volksmärchen, 15)

Jentsch, Lothar: Zur Elastizitäts- und Thermoelastizitätstheorie
(Mathematische Forschung, 4)

Jentzsch, Klaus-Dieter: Regulation des Wachstums und der Zellvermehrung
(WTB, Reihe Biologie)

Jeschke, Lebrecht: Ralswiek und Rügen
(Schriften z. Ur- u. Frühgeschichte, 38/I)

Jeschkeit, Hans: Aminosäuren, Peptide, Proteine
(s. Jakubke)

Jesiak, Bernd: Analytic Methods of Probability Theory
(Math. Lehrbücher u. Monographien, II. Abt./67)

Jobst, Eberhard: Mikroelektronik und Gesellschaft
(s. Hütter)

Best.-Nr. Preis

Johne, Klaus-Peter: Die Kolonen in Italien und den westlichen Provinzen des Römischen Reiches
(Schriften z. Geschichte u. Kultur d. Antike, 21)

Johne, Siegfried: Mikrobielle Gewinnung von Arzneistoffen
(WTB, Reihe Biologie)

Johst, Volker (H): Biologische Verhaltensforschung am Menschen
2., bearbeitete u. erweiterte Auflage
1982. VII, 172 S., 26 Abb., gr. 8°, 385 g, >6351< [1375] 762 724 9 (22,—)
(A 28,—)

Joly, Robert (H): Hippocraté, Du régime
(Corpus Medicorum Graecorum, 25)

Jordan, Herbert: Aug' um Ohr: Goethes Zugang zur Musik
(Abhandlg. d. SAW, math.-nat. Kl., Bd 55/1)
–, –: Balneobioklimatologie
(Sitzungsber. d. SAW, math.-nat. Kl., Bd 114/6)
–, –: Zur funktionellen Normalität des Menschen
(Sitzungsber. d. SAW, math.-nat. Kl., Bd 117/3)

József, Farkas (H): Befunde und Entwürfe
(Literatur u. Gesellschaft, 80)

Judin, E. G.: Grundfragen einer Theorie der sprachlichen Tätigkeit
(Sprache u. Gesellschaft, 13)

Jürß, Fritz (H): Geschichte des wissenschaftlichen Denkens im Altertum
(Veröffentl. d. Zentralinst. f. Alte Geschichte u. Archäologie, 13)

Jung, Heinz: Deformierte Vergesellschaftung. Zur Soziologie des staatsmonopolistischen Kapitalismus der BRD
1986. 430 S., 8°, 650 g, >6883< [0315] 754 463 8 (19,50)

Junghans, Bernd: Mikroelektronik
(s. Eckhardt)

Junghans, R.: Probleme der Landeskultur und der Lärmbekämpfung
(Sitzungsber. d. AdW, Jg 82/6/N)

Justschenko, J. L.: Algebra, Programmierung
(s. Gluschkow)

Kade, Gerhard: Die Bedrohungslüge. Zur Legende von der „Gefahr aus dem Osten"
Lizenzausgabe des Pahl-Rugenstein Verlages, Köln
2. Auflage
1982. 294 S., 4 Abb., 6 Tab., 8°, 240 g, >6616< [0255] 753 934 5 (12,80)
–, –: BRD – Modell für Westeuropa?
Lizenzausgabe des Pahl-Rugenstein Verlages, Köln
1981. 255 S., 17 Tab., 8°, 190 g, >6617< [0255] 753 935 3 (12,80)

Kaderpotential, Das – der Wissenschaft im Sozialismus
(Wissenschaft u. Gesellschaft, 21)

Kafka, Franz – Amtliche Schriften. Mit einem Essay v. Klaus Hermsdorf

	Best.-Nr.	Preis
Hrsg. v. Klaus Hermsdorf unter Mitwirkung v. Winfried Poßner u. Jaromír Loužil 1984. 453 S., 11 Abb., 8 Taf., 1 Frontispiz, 8°, 670 g, Leinen >6704< [8027]	754 129 3	22,— A 28,—

Kaiser, Heinz: Propelleranemometer
(Veröffentl. d. MD, 24)

Kallenberg, Olav: Random Measures
4. Auflage

	Best.-Nr.	Preis
1986. 187 S., 1 Tab., gr. 8°, 430 g, Lederin >6414< [1075]	763 206 4	(42,—)

Kammer, Hans-Werner: Einführung in die Thermodynamik irreversibler Prozesse
(WTB, Reihe Chemie)

Kanewez, Georgi: Berechnung von Wärmeübertragern
(Grundlagen d. Verfahrenstechnik u. chem. Technologie, 11)

Kannengießer, Lothar (H): Das Kaderpotential der Wissenschaft im Sozialismus
(Wissenschaft u. Gesellschaft, 21)

Kantorovič, L. V. / Wolfgang Lassmann / Hans Schilar / Kunibert Schwarz / Sonja Brentjes: Ökonomie und Optimierung

	Best.-Nr.	Preis
1985. 336 S., 13 Abb., 8°, 440 g >6856< [0305]	754 424 0	25,—

Kapica, P. L.: Experiment, Theorie, Praxis
(Beiträge z. Forschungstechnologie, Sonderbd 3)

Kapitalismus in Entwicklungsländern
(Studien über Asien, Afrika u. Lateinamerika, 36)

Kaplick, Klaus: Analyse und Entwurf chemisch-technologischer Verfahren
(s. Hartmann)

Kardos, Johannes: Dynamische Grundoperationen der Verfahrenstechnik
(Grundlagen d. Verfahrenstechnik u. chem. Technologie, 13)
–, –: Elektrochemische Technologie und Verfahrenstechnik
(Grundlagen d. Verfahrenstechnik u. chem. Technologie, 14)

Kasten, Helmut (H): Cicero – Staatsreden
(Schriften u. Quellen d. Alten Welt, 26, 27, 28)
–, – (H): Plinius der Jüngere – Briefe
(Schriften u. Quellen d. Alten Welt, 35)

Katalyse, Zur Entwicklung der –. Dem Wirken Günter Rienäckers gewidmet
(Sitzungsber. d. AdW, Jg 80/14/N)

Kathe, Heinz: Der „Soldatenkönig"
(Taschenbuch Geschichte, 21)
–, –: Der „Sonnenkönig" Ludwig XIV.
(Taschenbuch Geschichte, 32)
–, –: Oliver Cromwell
(Taschenbuch Geschichte, 39)

Best.-Nr. Preis

Katzenstein, Alfred: Psychotherapie. Wege zur Veränderung von Einstellung und Verhalten
Ausgewählt u. hrsg. v. Elfriede Kriegel, Irmgard Gaefke u. Ellen Sitte
1980. XIII, 404 S., 42 Abb., 2 Tab., gr. 8°, 550 g, Leinen
>6589< [2185] 762 845 2 (48,—)

Kautzleben, Heinz: Planetare Dynamik der Erde
(Sitzungsber. d. AdW, Jg 82/3/N)
–, –: Probleme der geologischen Erforschung des Territoriums der DDR
(Sitzungsber. d. AdW, Jg 83/6/N)

Kazmierczak, H. (H): Erfassung und maschinelle Verarbeitung von Bilddaten. Grundlagen und Anwendungen
Lizenzausgabe des Springer-Verlages, Wien-New York
V 2 1980. X, 400 S., 236 Abb., gr. 8°, 950 g, Lederin >6567< [1085] 762 778 3 **120,—**

Kebir, Sabine: Die Kulturkonzeption Antonio Gramscis
(Literatur u. Gesellschaft, 70)

Kees, Hermann: Der Götterglaube im alten Ägypten
9., unveränderte Auflage
1988. XIV, 501 S., 20 Abb. auf 10 Taf., 14 Abb. i. Text, gr. 8°, 1020 g, Leinen >5186< [0705] 751 918 4 **40,—**
A 48,—

–, –: Totenglauben und Jenseitsvorstellungen der alten Ägypter. Grundlagen und Entwicklung bis zum Ende des Mittleren Reiches
5., unveränderte Auflage
1983. 315 S., 7 Abb. als Tafelanhang, gr. 8°, 690 g, Leinen
>5213< [0705] 751 917 6 (55,—)
(A 68,—)

Kehlen, Horst: Kontinuierliche Thermodynamik von Vielstoffgemischen
(Sitzungsber. d. AdW, Jg 82/13/N)
–, –: Grundlagen der chemischen Kinetik
(WTB, Reihe Chemie)

Keiderling, Gerhard: Die Berliner Krise 1948/49
(Schriften d. Zentralinst. f. Geschichte, 69)

Keil, Gerhard: Der Einsatz fossiler organischer Kohlenstoffträger in Gegenwart und Zukunft
(Sitzungsber. d. AdW, Jg 80/26/N)

Keilschrifturkunden aus Boghazköi [0876]

ISSN 0075-532X

17: Heft LI – Helmut Freydank: Hethitische Rituale und Festbeschreibungen
1981. XII S., 50 Taf., 4°, 800 g, >2046/17< 753 870 5 (48,—)
(A 60,—)

18: Heft LII – Alfonso Archi: Hethitische Orakeltexte und Texte verschiedenen Inhalts
1983. VIII S., 115 Abb. auf 50 Taf., 4°, 795 g, >2046/18< 754 143 7 (48,—)
(A 78,—)

Best.-Nr. Preis

19: Heft LIII – Liane Jakob-Rost: Festritual für Telipinu von Kašḫa und andere hethitische Rituale
1983. XII S., 59 Abb. auf 50 Taf., 4°, 770 g, >2046/19< 754 144 5 (48,—) (A 78,—)

20: Heft LIV – Horst Klengel: Hethitische Rituale und Festbeschreibungen
1984. XII, 98 Abb. auf 50 Taf., 4°, 780 g, >2046/20< 754 334 4 48,—

21: Heft LV – Helmut Freydank: Hethitische Rituale und Festbeschreibungen
1985. IX, 67 Abb. auf 50 Taf., 4°, 730 g, >2046/21< 754 488 1 (48,—)

Keller, Friedrich: Hochfrequenzspektroskopie in der Polymerforschung
(s. Roth)

Keller, Ott-Heinrich: Anschaulichkeit und Eleganz beim Alexanderschen Dualitätssatz
(Sitzungsber. d. SAW, math.-nat. Kl., Bd 114/3)

–, –: Das Zählen als angeborene Verhaltensweise
(Sitzungsber. d. SAW, math.-nat. Kl., Bd 117/5)

Kelley, Allyn L. (H): Meroitic Studies
(Meroitica, 6)

Kelm, Horst: Physikalische Chemie
(s. Schwabe)

Kempcke, Günter (H): Handwörterbuch der deutschen Gegenwartssprache
(s. dort)

Kempe, Volker: Analyse stochastischer Systeme
(Informatik – Kybernetik – Rechentechnik, 7)

–, – (H): Statistische Nachrichtentheorie und ihre Anwendungen
(Abhandlg. d. AdW, Jg 81/6/N)

Kerbelyte, Bronislav (H): Litauische Volksmärchen
(Volksmärchen, 12)

Ketz, Hans-Albrecht (H): Ernährung – gesellschaftlich bedingt
(s. dort)

Keune, Hans Georg (H): Arzneimittel- und Apothekenrecht der DDR
(s. dort)

Khalatbari, Parviz: Ökonomische Unterentwicklung. Eine politökonomisch-historische Analyse
1984. 447 S., 53 Abb., 87 Tab., dav. 65 i. Anhang, 8°, 540 g, >6385< [0305] 753 126 3 (30,—)

–, – (H): Die Weltbevölkerung in Zahlen
1983. 440 S., 26 Abb., 8°, 660 g, Lederin >6652< [9805] 753 998 6 (28,—)

–, – (H): Räumliche Bevölkerungsbewegung in sozialistischen Ländern
(Beiträge z. Demographie, 4)

–, – (H): Bevölkerungstheorie und Bevölkerungspolitik
(Beiträge z. Demographie, 5)

–, – (H): Fertilitätstrends
(Beiträge z. Demographie, 8)

Best.-Nr. Preis

Kigyossy-Schmidt, Eva: Nichtmaterielle Leistungen in Wechselbeziehung mit der materiellen Produktion
(Forschungsber. d. Zentralinst. f. Wirtschaftswiss., 40)

Kinner, Klaus: Marxistische deutsche Geschichtswissenschaft 1917 bis 1933
(Schriften d. Zentralinst. f. Geschichte, 58)

Kirmse, Reinhard: ESR – Spektroskopie
(WTB, Reihe Chemie)

Kirsche, Walter: Oskar Vogt 1870–1959
(Sitzungsber. d. AdW, Jg 85/13/N)

Kirsten, Christa (H): Dokumente der Wissenschaftsgeschichte
(s. dort)
–, – (H): Die Altertumswissenschaften an der Berliner Akademie
(Studien z. Geschichte d. AdW, 5)
–, – (H): Dokumente einer Freundschaft
(Studien z. Geschichte d. AdW, 9)

Kiuzadjan, Liparit (H): The Changing Role of Women in Society
(s. Richter)

Klare, Hermann: Geschichte der Chemiefaserforschung
1985. 423 S., 121 Abb., 26 Tab., 8°, 750 g, >6851< [1205] 763 128 0 (52,—)
–, – Festkolloquium zum 70. Geburtstag des Präsidenten – –
(Sitzungsber. d. AdW, Jg 80/21/N)

Klatt, Gudrun: Vom Umgang mit der Moderne
(Literatur u. Gesellschaft, 85)

Klatte, Diethard: Non-Linear Parametric Optimization
(Math. Lehrbücher u. Monographien, II. Abt./58)

Klein, Fritz: Von Sarajevo nach Versailles
(Taschenbuch Geschichte, 12)
–, – (H): Neue Studien zum Imperialismus vor 1914
(Schriften d. Zentralinst. f. Geschichte, 63)
–, – (H): Kriegsgefahren und Friedenschancen im 20. Jahrhundert
1986. 93 S., 8°, 105 g, >6953< [0205] 754 579 6 4,50

Klein, Helmut: Zu Bildungsstrategien in kapitalistischen Ländern
(Sitzungsber. d. AdW, Jg 82/14/G)

Kleinpeter, Erich: ^{13}C-NMR-Spektroskopie in der organischen Chemie
(WTB, Reihe Chemie)

Klengel, Horst: Hethitische Rituale und Festbeschreibungen
(Keilschrifturkunden aus Boghazköi, 20)
–, –: Mittelassyrische Rechtsurkunden und Verwaltungstexte II
(Vorderasiatische Schriftdenkmäler, V)
–, – (H): Gesellschaft und Kultur im alten Vorderasien
(Schriften z. Geschichte u. Kultur d. Alten Orients, 15)

Klenner, Hermann: Vom Recht der Natur zur Natur des Rechts
(Staats- u. rechtstheoret. Studien, 14)
–, –: Aktuelle Vernunft
(s. Buhr)
–, –: Marxismus und Menschenrechte
(Schriften z. Philosophie u. ihrer Geschichte, 31)
–, –: Revolutionsprogramm als Reformationstheorie
(Sitzungsber. d. AdW, Jg 83/6/G)

Best.-Nr. Preis

–, –: Gesellschaftsvertragstheorien von der Antike bis zur Gegenwart
(Sitzungsber. d. AdW, Jg 85/2/G)

Klijn, A. F. J. (H): Der lateinische Text der Apokalypse des Esra
(Texte u. Untersuchungen z. Geschichte d. altchristl. Literatur)

Klinische Onkologie
Leitfaden für Studenten und Ärzte
Hrsg. unter Aufsicht u. Mitwirkung d. UICC
Lizenzausgabe des Springer-Verlages, Berlin-Heidelberg
1982. 314 S., 31 Abb., 8°, 415 g, >6603< [2725] 762 903 3 (39,—)

Klinkmann, Horst: Therapie der chronischen Niereninsuffizienz im Wandel der Zeiten
(Sitzungsber. d. AdW, Jg 85/11/N)
–, –: Detoxikationsverfahren des Blutes in Forschung und Lehre
(Sitzungsber. d. AdW, Jg 85/12/N)

Klinkowski, Maximilian: Pflanzliche Virologie
Begründet von Maximilian Klinkowski. Hrsg. im Auftrage des Instituts für Phytopathologie, Aschersleben, der AdLW der DDR v. Klaus Schmelzer u. Dieter Spaar
3., wesentlich überarbeitete u. ergänzte Auflage [4275]
Bd1:Einfühurng in die allgemeinen Probleme. Hrsg. v. Dieter Spaar
1980. VII, 646 S., 236 Abb., 1 Titelbild, 2 Falttaf., 41 Tab., gr. 8°,
1800 g, Leinen >5277/1< 762 410 1 110,—

Klose, Gotthard: Physik
(s. Geworkjan)

Klotz, Günther (H): Romane im 20. Jahrhundert
(Literatur u. Gesellschaft, 66)

Klug, Herbert: Bau und Funktion von Zellen.
Eine Einführung in die medizinische Zellbiologie
1980. X, 304 S., 138 Abb., 8°, 550 g, >6558< [1335] 762 758 0 25,—

Kluge, Reinhard (H): Nonlinear Analysis
(Abhandlg. d. AdW, Jg 81/2/N)

Kluwe, Ernst (H): Kultur und Fortschritt in der Blütezeit der griechischen Polis
(Schriften z. Geschichte u. Kultur d. Antike, 24)

Knapp, Hans Dieter: Ralswiek und Rügen
(Schriften z. Ur- u. Frühgeschichte, 38/I)

Knauer, Berthold: Fortschritte auf dem Gebiet der Konstruktionsplaste
(Sitzungsber. d. AdW, Jg 82/14/N)

Kneis, G. (H): Convergence Structures and Applications II
(Abhandlg. d. AdW, Jg 84/2/N)

Knepler, Georg: Sprache und Musik unter dem Aspekt der Ästhetik
(Sitzungsber. d. AdW, Jg 83/1/G)

Knoke, Manfred: Mikroökologie des Menschen
(WTB, Reihe Biologie)

Knorre, Wolfgang A.: Pharmakokinetik
(WTB, Reihe Biologie)

Kobe, Sigismund: Amorphe Ferro- und Ferrimaenetika
(s. Handrich)

Koch, Helmut: Über das Leben und Werk J. P. G. L. Dirichlets
(Sitzungsber. d. AdW, Jg 81/17/N)

		Best.-Nr.	Preis
–, –: Einführung in die klassische Mathematik I (Math. Lehrbücher u. Monographien, I. Abt./38)			
Koch, Robert – Zum 100. Jahrestag der Entdeckung des Tuberkuloseerregers (Sitzungsber. d. AdW, Jg 83/4/N)			
Kochan, Detlef: Entwicklung der Formgebungsverfahren im Maschinenbau (Sitzungsber. d. AdW, Jg 80/18/N)			
Köhn, Jens: Die Kolonen in Italien und den westlichen Provinzen des Römischen Reiches (Schriften z. Geschichte u. Kultur d. Antike, 21)			
König, Dieter: Queues and Point Processes (Math. Lehrbücher u. Monographien, II. Abt./53)			
Königstein, Gebiet – /Sächsische Schweiz (Werte unserer Heimat, 1)			
Köpp, Claus Friedrich: Literaturwissenschaft, Literaturwissenschaftstheorie, Forschungssystematik und Fachsprache 1980. 460 S., 6 Abb., gr. 8°, 950 g, >6482<	[8001]	753 468 3	(42,—)
Köpstein, Helga (H): Besonderheiten der byzantinischen Feudalentwicklung (Berliner Byzantinistische Arbeiten, 50) –, – (H): Studien zum 8. und 9. Jahrhundert in Byzanz (Berliner Byzantinistische Arbeiten, 51) –, – (H): Griechenland – Byzanz – Europa (Berliner Byzantinistische Arbeiten, 52) –, – (H): Die Römer an Rhein und Donau (Veröffentl. d. Zentralinst. f. Alte Geschichte u. Archäologie, 3)			
Kössler, Franz: Umweltbiophysik. Eine Einführung 1984. 310 S., 80 Abb., 36 Tab., 8°, 450 g, >6803<	[1315]	763 309 1	28,—
Kohlen und Erdöl, Genese und Inhaltsstoffe von - - - (Sitzungsber. d. AdW, Jg 81/6/N)			
Kohlenwasserstoffe, Vorkommen und Metabolisierung von – in natürlichen Systemen (Sitzungsber. d. AdW, Jg 80/16/N)			
Kohlmey, Günther – Zum wissenschaftlichen Werk von - - (Sitzungsber. d. AdW, Jg 84/9/G)			
Kolbe, Hans: Wilhelm Raabe. Vom Entwicklungs- zum Desillusionierungsroman 1981. 240 S., 8 Taf., 8°, 420 g, >6608<	>8016]	753 918 5	18,— A 28,—
Kolditz, Lothar: Fluorchemie (Sitzungsber. d. AdW, Jg 82/21/N) –, –: Zum 150. Geburtstag von D. I. Mendelejew (Sitzungsber. d. AdW, Jg 84/5/N)			
Komkov, G. D./ B. U. Levšin / L. K. Semenov: Geschichte der Akademie der Wissenschaften der UdSSR			

Best.-Nr. Preis

(Übersetzung aus dem Russischen; hrsg. u. bearbeitet v. Conrad Grau)
1981. VII, 746 S., 221 Abb., dav. 3 Farbtaf., 5 Tab., gr. 8°, 1590 g, Leinen >6440< [0305] 753 330 6 98,—

2. **Konferenz junger Wissenschaftler der AdW der DDR**
(Abhandlg. d. AdW, Jg 83/2/G)

Kopp, Dietrich unter Mitarbeit v. Klaus Dieter Jäger u. Michael Succow: Naturräumliche Grundlagen der Landnutzung am Beispiel des Tieflandes der DDR
1981. 339 S., 55 Abb., 157 Tab., 8 Falttaf. i. Beilagenmappe, gr. 8°, 1110 g, Leinen >6329< [1375] 762 247 2 (58,—)

Koptisch-gnostische Schriften
(Griech. Christl. Schriftsteller)

Kosim, Jan (H): Dokumente zur Geschichte der deutsch-polnischen Freundschaft 1830 – 1832
(s. Bleiber)

Kosmogonie, Probleme der modernen –
(s. Ambarzumjan)

Kossok, Manfred: Vergleichende Geschichte der neuzeitlichen Revolutionen
(Sitzungsber. d. AdW, Jg 81/2/G)
–, –: Simón Bolívar und das historische Schicksal Spanisch-Amerikas
(Sitzungsber. d. AdW, Jg 83/12/G)
–, –: Karl Marx und der Begriff der Weltgeschichte
(Sitzungsber. d. AdW, Jg 84/4/G)
–, – (H): Walter Markov: Weltgeschichte im Revolutionsquadrat
(Studien zur Revolutionsgeschichte)
2., durchgesehene u. ergänzte Auflage
V 1 1982. XV, 547 S., gr. 8°, 1230 g, Leinen >6501< [0235] 753 493 1 48,—
–, – (H): Revolutionen der Neuzeit 1500 – 1917
(Studien zur Revolutionsgeschichte)
V 1 1982. 604 S., gr. 8°, 1130 g, Leinen >6513< [0235] 753 530 1 48,— A 60,—
–, – / Werner Loch (H): Bauern und bürgerliche Revolution
(Studien zur Revolutionsgeschichte)
V 1 1985. 336 S., 6 Abb., 2 Tab., gr. 8°, 730 g, Leinen >6791< [0235] 754 301 0 48,—
–, – / –, – (H): Die französische Julirevolution von 1830 und Europa
(Studien zur Revolutionsgeschichte)
1985. 293 S., 2 Abb., gr. 8°, 660 g, Leinen >6858< [0235] 754 426 7 30,— A 38,—

Kovács, Gizella/ Siegfried Wollgast (H): Technikphilosophie in Vergangenheit und Gegenwart
1984. 225 S., 8°, 300 g, >6771< [0115] 754 271 2 (18,—)

Kowaljow, M. M.: Nichtlineare diskrete Optimierung
(Mathematische Forschung, 6)

Koziolek, Helmut: Wissenschaftlich-technischer Fortschritt und ökonomische Kreisläufe
(Sitzungsber. d. AdW, Jg 81/5/G)
–, –: Arbeitsproduktivität, Wertbildung und ökonomische Kreisläufe
(Sitzungsber. d. AdW, Jg 84/5/G)

Best.-Nr. Preis

Kraeft, Wolf-Dietrich / Dietrich Kremp / Werner Ebeling / Gerd Röpke: Quantum Statistics of Charged Particle Systems
V 1 1985. IX, 298 S., 63 Abb., 10 Tab., gr. 8°, 725 g, Leinen >6864< [1175] 763 412 3 60,— A 80,—

Krastinš, J. (H): Die Roten Lettischen Schützen
(s. Lettische Schützen)

Krause, Ernst-Georg (H): Cellular and Molecular Aspects of the Regulation of the Heart
(Abhandlg. d. AdW, Jg 84/1/N)

Krause, Fritz / Karl-Heinz Rädler: Mean-Field Magnetohydrodynamics and Dynamo Theory
1980. 271 S., 46 Abb., 5 Tab., 8°, 470 g, >5948< [1195] 761 626 7 (48,—)

Krause, Werner: Grundlinien des ökonomischen Denkens in Deutschland 1848 bis 1945
(Schriften d. Zentralinst. f. Wirtschaftswiss., 4)

Kreher, Konrad: Elektronen und Photonen in Halbleitern und Isolatoren
(WTB, Reihe Mathematik/Physik)

Krein, M. G.: Introduction to the Spectral Theory of Operators in Spaces with an Indefinite Metric
(Mathematische Forschung, 9)

Kreiser, Lothar: Deutung und Bedeutung. Zur Semantik philosophischer Terminologie
1986. 136 S., 8°, 190 g, >6885< [0145] 754 466 2 15,— A 20,—

—, —: Logik-Texte
(s. Berka)

Kreißig, Heinz: Geschichte des Hellenismus
(Taschenbuch Geschichte, 26)

—, — (H): Antike Abhängigkeitsformen in den griechischen Gebieten ohne Polisstruktur und in den römischen Provinzen
(Schriften z. Geschichte u. Kultur d. Antike, 25)

Kremp, Dietrich: Quantum Statistics of Charged Particle Systems
(s. Kraeft)

Kriegsgefahren und Friedenschancen im 20. Jahrhundert
(s. Klein)

Kröber, Günter: Wachstumstendenzen und Entwicklungserfordernisse des Forschungspotentials der DDR
(Sitzungsber. d. AdW, Jg 82/5/G)

—, —: Zur gegenwärtigen Situation bürgerlicher Wissenschaftsforschung
(Sitzungsber. d. AdW, Jg 85/7/G)

—, — (H): Intensivierung der Forschung
(Wissenschaft u. Gesellschaft, 20)

—, — (H): Innovation und Wissenschaft
(Wissenschaft u. Gesellschaft, 23)

Krüger, Bruno (H): Die Germanen
(Veröffentl. d. Zentralinst. f. Alte Geschichte u. Archäologie, 4, I/II)

—, — (H): Produktivkräfte und Produktionsverhältnisse in ur- und frühgeschichtlicher Zeit
(Historiker-Gesellschaft der DDR)

Krüger, Hans-Peter: Werte und Weltmarkt. Zur Bildung und Realisierung internationaler Werte

Best.-Nr. Preis

Mit einem Vorwort v. Gunther Kohlmey
1984. 198 S., 8°, 260 g, >6734< [0305] 754 208 5 (16,—)

Krüger, Horst: Die internationale Arbeiterbewegung und die indische nationale Befreiungsbewegung
Band I: Indische Nationalisten und Weltproletariat. Der nationale Befreiungskampf in Indien und die internationale Arbeiterbewegung vor 1914
1984. 486 S., gr. 8°, 920 g, Leinen >6554/I< [0235] 753 708 3 48,— A 60,—

Band II: Anfänge sozialistischen Denkens in Indien. Der Beginn der Rezeption sozialistischer Ideen in Indien vor 1914
1985. 611 S., gr. 8°, 1170 g, Leinen >6554/II< [0235] 754 284 3 60,— A 70,—

In Vorbereitung:
Band III: Auf dem Wege zum wissenschaftlichen Sozialismus. Indische national-revolutionäre Kräfte im ersten Weltkrieg und während des Aufschwunges der Befreiungsbewegung bis 1922
Band IV: Der Kampf um die antiimperialistische Einheitsfront in Indien von den zwanziger Jahren bis zur Unabhängigkeit

Krug, Herbert: Die Technologie der Brikettierung von Weichbraunkohle im Lichte der Verfahrenstechnik und der besseren Nutzung dieses Energieträgers
(Sitzungsber. d. SAW, math.-nat. Kl., Bd 115/5)

Kubiński, Tadeusz: An Outline of the Logical Theory of Questions
1980. 143 S., 8°, 300 g, Leinen >6532< [0145] 753 610 1 28,—

Kubitscheck, Hans-Dieter: Geschichte Indonesiens
(Taschenbuch Geschichte, 30)
–, –: Südostasien
(Taschenbuch Geschichte, 38)

Kuch, Heinrich (H): Die griechische Tragödie in ihrer gesellschaftlichen Funktion
(Veröffentl. d. Zentralinst. f. Alte Geschichte u. Archäologie, 11)

Kuczynski, Jürgen: Geschichte des Alltags des deutschen Volkes
Studien 1: 1600–1650. Mit einem Abschnitt über Arbeit und Arbeitswerkzeuge v. Wolfgang Jacobeit
3., unveränderte Auflage
1983. 379 S., gr. 8°, 790 g, Leinen >6571/1< [0265] 753 776 1 (25,—)
–, –: **Studien 2:** 1650–1810. Mit einem Abschnitt über Alltag und Übergangsperiode v. Gerhard Heitz
2., unveränderte Auflage
1983. 379 S., gr. 8°, 760 g, Leinen >6571/2< [0265] 753 860 9 (25,—)
–, –: **Studien 3:** 1810–1870
2., unveränderte Auflage
1983. 389 S., gr. 8°, 800 g, Leinen >6571/3< [0265] 753 861 7 (25,—)
–, –: **Studien 4:** 1871–1918
2., unveränderte Auflage
1983. 471 S., gr. 8°, 940 g, Leinen >6571/4< [0265] 753 863 3 (25,—)
–, –: **Studien 5:** 1918–1945
2., unveränderte Auflage
1983. 396 S., gr. 8°, 800 g, Leinen >6571/5< [0265] 753 864 1 (25,—)
–, –: **Nachträgliche Gedanken**
V4 1985. 206 S., gr. 8°, 520 g, Leinen >6571/6< [0255] 754 335 2 18,—

Best.-Nr. Preis

–, –: Gesellschaften im Untergang. Vergleichende Niedergangsgeschichte vom Römischen Reich bis zu den Vereinigten Staaten von Amerika
1984. 216 S., 49 Tab., gr. 8°, 510 g, Leinen >6721< [0265] 754 181 6 (22,—)

–, –: Prolegomena zu einer Geschichte des Alltags des deutschen Volkes
(Sitzungsber. d. AdW, Jg 80/4/G)

–, –: Die Rolle der Volksmassen in der Geschichte
(Sitzungsber. d. AdW, Jg 83/9/G)

–, –: Zum 80. Geburtstag von - -
(Sitzungsber. d. AdW, Jg 85/4/G)

–, –: Abraham Lincoln
(Taschenbuch Geschichte, 40)

Kuczynski, Jürgen – ein universeller marxistisch-leninistischer Gesellschaftswissenschaftler
(Sitzungsber. d. AdW, Jg 80/9/G)

Kuczynski, Robert René: Fertility and Reproduction
(Beiträge z. Demographie, 6)

–, Thomas (H): Wirtschaftsgeschichte und Mathematik
(Forschungen z. Wirtschaftsgesch., 18)

VII. Kühlungsborner Kolloquium: genetic engineering und der Mensch. Veranstaltet von der Gesellschaft für physikalische und mathematische Biologie der DDR und dem Forschungszentrum für Molekularbiologie und Medizin d. AdW d. DDR vom 11. bis 14. November 1979. Hrsg. v. Erhard Geissler u. Werner Scheler
1981. III, 236 S., 28 Abb., 6 Tab., gr. 8°, 385 g, >6595< [1325] 762 863 9 (32,—)

Kühlungsborner Kolloquien künftig in den „Abhandlungen der AdW der DDR“

Kühmstedt, Hans: Pharmazeutische Chemie
(WTB, Reihe Chemie)

Kühne, Klaus: Werkstoff Glas
1984. 287 S., 81 Abb., 15 Tab., dav. 1 als Beilage, 8°, 370 g, >6742< [1254] 763 187 0 (35,—)

Kühnert, Friedmar (H): Antike Abhängigkeitsformen in den griechischen Gebieten ohne Polisstruktur und in den römischen Provinzen
(Schriften z. Geschichte u. Kultur d. Antike, 25)

Küstner, Andreas: Syntax der koordinativen Verknüpfung
(studia grammatica, 24)

Küttler, Wolfgang (H): Das geschichtswissenschaftliche Erbe von Karl Marx
1983. IX, 270 S., gr. 8°, 615 g, Leinen >6723< [0215] 754 183 2 (28,—) (A 38,—)

–, – (H): Gesellschaftstheorie und geschichtswissenschaftliche Erklärung
V 1 1985. 398 S., gr. 8°, 800 g, >6843< [0215] 754 406 4 38,—

Kulow, Hugo (H): Fischkrankheiten
(s. Schäperclaus)

Best.-Nr. Preis

Kulturgeschichte der Antike
(Veröffentl. d. Zentralinst. f. Alte Geschichte u. Archäologie, 6/ I, II)

Kulturpflanze, Die –

ISSN 0075-7209 [1355]

Mitteilungen aus dem Zentralinstitut für Genetik und Kulturpflanzenforschung Gatersleben der AdW der DDR

XXVIII: 1980. 455 S., 78 Abb., 6 Taf., 45 Tab., gr. 8°, 970 g, ›2052/28‹ 762 671 3 88,—
XXIX: 1981. 534 S., 83 Abb., 1 farb. Taf., 1 Falttaf., 61 Tab., gr. 8°, 1100 g, ›2052/29‹ 762 909 2 98,—
XXX: 1982. 352 S., 77 Abb., 15 Tab., gr. 8°, 835 g, ›2052/30‹ 763 052 8 68,—
XXXI: 1983. 364 S., 110 Abb., 15 Tab., gr. 8°, 720 g, ›2052/31‹ 763 144 0 65,—
32: 1984. 310 S., 74 Abb., 16 Tab., 5 Taf., gr. 8°, 1145 g, (87 Abb., 34 Tab. innerhalb des III. Seed Protein Symposiums „Genetics of Seed Proteins", Gatersleben, August 31 – Septembe 2, 1983) ›2052/32‹ 763 247 8 98,— A 120,—
33: 1985. 370 S., 65 Abb., 34 Tab., gr. 8°, 830 g, ›2052/33‹ 763 459 6 70,— A 98,—

Kummer, Bernd: Non-Linear Parametric Optimization
(Math. Lehrbücher u. Monographien, II. Abt./58)

Kunstdenkmäler des Bezirks Magdeburg
(s. Dehio)

Kunstperiode
(Literatur u. Gesellschaft, 75)

Kunze, Jürgen: Modellierung in der Linguistik und automatische Sprachverarbeitung
(Sitzungsber. d. AdW, Jg 80/3/N)
–, – (H): Automatische Analyse des Deutschen
1982. 272 S., 22 Abb., 2 Taf. als Beilage, 2 Tab., 8°, 360 g, ›6605‹ [0815] 753 914 2 (24,—) (A 38,—)

Kurze, Manfred: Einführung in die Petrologie
(s. Pfeiffer)

Kuschel, Frank: Grundlagen der chemischen Kinetik
(WTB, Reihe Chemie)

Kuznecov, B. G.: Philosophie – Mathematik – Physik. Eine Geschichte der Philosophie für Physiker und Mathematiker
(Übersetzung aus dem Russischen; in dt. Spr. mit einer Einleitung hrsg. v. Siegfried Wollgast)
1981. 338 S., 8°, 425 g, ›6467‹ [0105] 753 418 1 (22,—) (A 28,—)

Kyank, Helmut: Artefizielle Insemination
(Sitzungsber. d. AdW, Jg 84/4/N)

Laboor, Ernst: Kalter Krieg oder Entspannung?
(Schriften d. Zentralinst. f. Geschichte, 68)

Best.-Nr. Preis

Lacy, Phillip de (H): Galen on the Doctrines of Hippocrates and Plato
(Corpus Medicorum Graecorum, 21/I–III)

Lärmer, Karl (H): Geschichte der Produktivkräfte in Deutschland
(s. dort)

Läsker, Lothar (H): Intensivierung der Forschung
(Wissenschaft u. Gesellschaft, 20)

Läuter, Jürgen: Mehrdimensionale Varianzanalyse
(s. Ahrens)

–, –: Programmiersprache DIST. Dateneingabe, Datenstrukturierung
1981. VIII, 168 S., 26 Abb., 8°, 200 g, >6594< [1085] 762 862 0 24,—

Laitko, Hubert (H): Intensivierung der Forschung
(Wissenschaft u. Gesellschaft, 20)

Lammert, Ule: Zu Problemen des Städtebaus der 80er Jahre
(Sitzungsber. d. AdW, Jg 82/12/G)

–, –: Architektur im Wechselfeld von Wissenschaft und Kunst
(Sitzungsber. d. AdW, Jg 84/2/G)

Lanckau, Eberhard (H): Complex Analysis
(Math. Lehrbücher u. Monographien, II. Abt./61)

Landau, L. D. / E. M. Lifschitz: Lehrbuch der Theoretischen Physik [1114]
(Übersetzung aus dem Russischen; in dt. Spr. hrsg. v. Paul Ziesche)
– Als Lehrbuch für die Ausbildung an Universitäten u. Hochschulen d. DDR anerkannt –

Band I: Mechanik. Hrsg. v. Paul Ziesche
11., unveränderte Auflage
1984. VIII, 231 S., mit 56 Abb. u. einem biographischen Artikel v. E. M. Lifschitz über L. D. Landau, gr. 8°, 550 g, Leinen >5436/I< 760 201 7 (16,—) (A 22,—)

Band II: Klassische Feldtheorie. Hrsg. v. Hans-Georg Schöpf
9., unveränderte Auflage
1985. XIV, 481 S., 25 Abb., gr. 8°, 900 g, Leinen >5436/II< 760 218 0 26,— A 34,—

Band III: Quantenmechanik. Hrsg. v. Paul Ziesche
7., unter Mitwirkung v. L. P. Pitajewski bearbeitete Auflage
1984. XIV, 644 S., 57 Abb., 11 Tab., gr. 8°, 1320 g, Leinen >5436/III< 762 172 8 (39,—) (A 48,—)

Band IV: W. B. Berestetzki / E. M. Lifschitz/L. P. Pitajewski: Quantenelektrodynamik. Hrsg. v. Adolf Kühnel
5., bearbeitete u. ergänzte Auflage
1986. XV, 612 S., 25 Abb., gr. 8°, 1330 g, Leinen >5436/IV< 762 547 0 38,— A 42,—

Band V: Statistische Physik, Teil 1. Hrsg. v. Richard Lenk
6., v. E. M. Lifschitz u. L. P. Pitajewski ergänzte Auflage
1984. XVII, 517 S., 78 Abb., 3 Tab., gr. 8°, 1000 g, Leinen >5436/V< 762 317 6 (36,—) (A 48,—)

	Best.-Nr.	Preis
Band VI: Hydrodynamik. Hrsg. v. Wolfgang Weller 5., bearbeitete Auflage 1988. >5436/VI<	760 243 9	38,— A 48,—
Band VII: Elastizitätstheorie. Hrsg. v. Hans-Georg Schöpf 5. Auflage 1983. VIII, 183 S., 28 Abb., gr. 8°, 425 g, Leinen >5436/VII<	760 233 2	16,— A 24,—
Band VIII: Elektrodynamik der Kontinua. Hrsg. v. Gerd Lehmann 4., v. E. M. Lifschitz u. L. P. Pitajewski ergänzte u. bearbeitete Auflage 1985. 670 S., 65 Abb., 2 Tab., gr. 8°, 1180 g, Leinen >5436/VIII<	763 127 2	42,— A 48,—
Band IX: E M. Lifschitz / L. P. Pitajewski: Statistische Physik, Teil 2: Theorie des kondensierten Zustandes. Hrsg. v. Helmut Eschrig 2., berichtigte Auflage 1984. XI, 390 S., 18 Abb., gr. 8°, 850 g, Leinen >5436/IX<	762 318 4	28,— A 38,—
Band X: E M. Lifschitz / L. P. Pitajewski: Physikalische Kinetik. Hrsg. v. Gerhard Diener Berichtigter Nachdruck der 1. Auflage 1986. XIV, 480 S., 35 Abb., gr. 8°, 1050 g, Leinen >5436/X<	763 062 4	35,— A 48,—
Landau, L. D. / E. M. Lifschitz: Theoretische Physik kurzgefaßt **Band II:** Quantentheorie (Übersetzung aus dem Russischen; in dt. Spr. hrsg. v. Siegfried Matthies) 2. Auflage 1980. XVIII, 316 S., 21 Abb., gr. 8°, 745 g, Leinen >5879/II<[1114]	761 848 1	(22,—) (A 34,—)

Landau, Zbigniew: Wirtschaftsgeschichte Polens im 19. und 20. Jahrhundert
(Forschungen z. Wirtschaftsgesch., 19)

Lang, Wilgard: Ein Programmsystem für Matrizeneigenwertprobleme
(Numerische Verfahren in Aktion, 2)

Lange, Dieter (H): Antifaschistische Literatur in der Bewährung
(s. dort)

Lange, Elsbeth: Ralswiek und Rügen
(Schriften z. Ur- u. Frühgeschichte, 38/I)

Lange, Lorenz: Reise nach China
(Dokumente d. Wissenschaftsgesch., 5)

Lange, Werner: Stand und Entwicklungstendenzen der Werkstoffwissenschaft
(Sitzungsber. d. AdW, Jg 84/2/N)

Langen, P.: Die Regulation der Zellproliferation durch Wachstumsfaktoren und Chaleone
(Sitzungsber. d. AdW, Jg 82/10/N)

–, –: Die Bedeutung Otto Warburgs für die Entwicklung der Biochemie, Zellbiologie und Medizin
(Sitzungsber. d. AdW, Jg 85/3/N)

		Best.-Nr.	Preis
Langer, H.: Introduction to the Spectral Theory of Operators in Spaces with an Indefinite Metric (Mathematische Forschung, 9)			
Langer, Hans-Dieter: Festkörperelektrolytkondensatoren 1982. IV, 199 S., 57 Abb., 18 Tab., 8°, 250 g, >6669<	[3535]	763 038 4	25,—
Lanius, Karl: Die Physik und ihre Tendenzen (Sitzungsber. d. AdW, Jg 80/13/N)			
–, –: Physik der Elementarteilchen (WTB, Reihe Mathematik/Physik)			
Laser, Rudolf: Die römischen und frühbyzantinischen Fundmünzen auf dem Gebiet der DDR (Schriften z. Ur- u. Frühgeschichte, 28)			
Lassmann, Wolfgang: Ökonomie und Optimierung (s. Kantorovič)			
Laube, Adolf (H): Flugschriften der frühen Reformationsbewegung (s. dort)			
–, – (H): Martin Luther – Leistung und Erbe (s. Brendler)			
Lausitzer Bergland um Pulsnitz und Bischofswerda (Werte unserer Heimat, 40)			
Lauterbach, Robert (H): Physik des Planeten Erde. Physik des Erdkörpers, der Hydrosphäre und der Atmosphäre 2., völlig neu bearbeitete Auflage 1985. 286 S., 75 Abb., 13 Tab., gr. 8°, 730 g, Leinen >6121<	[1435]	761 859 6	(48,—)
Laux, Günter (H): Lexikon der Kybernetik (s. dort)			
Lazar, Ján: Eigentum in der bürgerlichen Rechtstheorie (Beiträge z. Kritik d. bürgerl. Ideologie u. d. Revisionismus, 7)			
Lebart, Ludovic / Alain Morineau / Jean-Pierre Fénelon: Statistische Datenanalyse. Methoden und Programme (Übersetzung aus dem Französischen; in dt. Spr. hrsg. v. Olaf Bunke) 1984. 187 S., 27 Abb., 15 Tab., 8°, 240 g, >6777<	[1074]	763 256 6	(19,50)
Legendi, Tamás (H): Parcella '84 (Mathematische Forschung, 25)			
Lehmann, Angela: Verhältnisse der Lufttemperatur im Mittelgebirge der DDR (Abhandlg. d. MD, 131)			
Lehmann, Gerd / Paul Ziesche: Elektronische Eigenschaften von Metallen 1984. X, 236 S., 61 Abb., 6 Tab., 8°, 280 g, >6778<	[1185]	763 257 4	25,—
–, –: Tendenzen der Festkörpertheorie und ihre Bedeutung für die Werkstoffwissenschaft (Sitzungsber. d. AdW, Jg 81/11/N)			
–, – (H): Ergebnisse in der Elektronentheorie der Metalle (s. dort)			

	Best.-Nr.	Preis
Lehmann, Hermann / Hans-Joachim Ulbrich: Lebensweise im Lichte bürgerlicher Soziologie		
1983. 88 S., 8°, 120 g, >6655< [0185]	754 030 3	**(7,50)**
Lehmann, N. Joachim: Sprachlich gestützte und geleitete EDV-Projektierung		
(Sitzungsber. d. AdW, Jg 80/19/N)		
–, –: Die Analytische Maschine		
(Sitzungsber. d. SAW, math.-nat. Kl., Bd 118/4)		
Lehmann, W.: Die Regulation der Zellproliferation durch Wachstumsfaktoren und Chaleone		
(Sitzungsber. d. AdW, Jg 82/10/N)		
Lehnert, Martin: Substandard English		
(Sitzungsber. d. AdW, Jg 80/11/G)		
Leibnitz, Eberhard – zum 75. Geburtstag		
(Sitzungsber. d. AdW, Jg 85/10/N)		
Leibniz, Gottfried Wilhelm – Sämtliche Schriften und Briefe [0116]		
Hrsg. v. d. Akademie der Wissenschaften der DDR in Zusammenarbeit mit dem Leibniz-Archiv der Niedersächsischen Landesbibliothek Hannover und der Leibniz-Forschungsstelle der Westfälischen Wilhelms-Universität Münster		
Reihe I: Allgemeiner, politischer und historischer Briefwechsel		
11. Band Januar bis Oktober 1695. Bearbeitet v. Wolfgang Bungies, Albert Heinekamp u. Franz Schupp		
1982. LXV, 895 S., 4°, 1970 g, Leinen >3001/I/11<	753 740 3	**170,—** **A 198,—**
Reihe III: Mathematischer, naturwissenschaftlicher und technischer Briefwechsel		
2. Band 1676 bis 1679. Bearbeitet v. Heinz-Jürgen Heß		
1987. >3001/III/2<	754 035 4	
Reihe IV: Politische Schriften		
1. Band 1667 bis 1676. Bearbeitet v. Paul Ritter Redaktionelle Bearbeitung: Margot Faak 3., durchgesehene u. ergänzte Auflage		
1983. XXXVIII, 783 S., 4°, 1400 g, Leinen >3001/IV/1<	754 250 1	**180,—** **A 198,—**
2. Band 1677 bis 1687. Bearbeitet v. Paul Ritter u. Lotte Knabe Redaktionelle Bearbeitung: Margot Faak		
1984. XXVI, 686 S., 4°, 1490 g, Leinen >3001/IV/2<	754 252 8	**180,—** **A 198,—**
3. Band 1677 bis 1690. Bearbeitet v. Lotte Knabe in Zusammenarbeit mit Margot Faak		
1985. XXXVIII, 1007 S., 2 Abb., 4°, 1990 g, Leinen >3001/IV/3<	754 291 5	**190,—** **A 230,—**
Reihe VI: Philosophische Schriften		
3. Band 1672 bis 1676. Bearbeitet v. Heinrich Schepers, Werner Schneiders u. Willy Kabitz in Zusammenarbeit mit Gerhard Biller, Ursula Franke, Gustav Nils Öffenberger, Heinrich Pfannkuch u. Martin Schneider		
1982. XXXI, 750 S., 4°, 1600 g, Leinen >3001/VI/3<	753 952 1	**150,—** **A 198,—**
Reihe VII: Mathematische, naturwissenschaftliche und technische Schriften		
1. Band Mathematische Schriften 1672 bis 1676		

	Best.-Nr.	Preis
1. Teil. Bearbeitet v. Eberhard Knobloch u. Walter S. Contro 1987. >3001/VII/1<	754 096 0	
Leistungssteigerung der Kombinate und ökonomische Strategie (Abhandlg. d. AdW, Jg 84/2/W)		
Leiterer, Jürgen: Theory of Functions on Complex Manifolds (Math. Lehrbücher u. Monographien, II. Abt./60)		
Lekschas, John: Zur Staatslehre Wilhelm von Humboldts (Sitzungsber. d. AdW, Jg 80/8/G) –, –: Zur Vorbeugung der Kriminalität Minderjähriger (Sitzungsber. d. AdW, Jg 84/1/G)		
Leonhard, Karl: Aufteilung der endogenen Psychosen und ihre differenzierte Ätiologie 6., bearbeitete Auflage 1986. 366 S., 21 Tab., gr. 8°, 765 g, Lederin >5245< [2185]	762 640 6	42,—
Leont'ev, A. N. / A. A. Leont'ev: Grundfragen einer Theorie der sprachlichen Tätigkeit (Sprache u. Gesellschaft, 13)		
Leopold, Gerhard/Ernst Schubert: Der Dom zu Halberstadt bis zum gotischen Neubau V 3 1984. 119 S., 40 Abb. i. Text, 80 Abb. auf 48 Taf., 4 Ausschlagtaf., dav. 1 farb., 4°, 810 g, Leinen >6657< [8104]	754 007 1	70,—
Lerch, Gerhard: Pflanzenökologie (WTB, Reihe Biologie)		
Lettische Schützen, Die Roten - - 1917 – 1920 Autorenkollektiv unter Leitung v. A. Drīzulis u. J. Krastiņš (Übersetzung aus dem Russischen; hrsg. v. Conrad Grau u. Günther Rosenfeld) 1985. 312 S., 28 Abb., 86 Taf., gr. 8°, 760 g, >6857< [0255]	754 425 9	28,—
Lettische Volksmärchen (Volksmärchen, 11)		
Leubuscher, Rudolf (H): Die medicinische Reform (Dokumente d. Wissenschaftsgesch., 2)		
Levšin, B. U.: Geschichte der Akademie der Wissenschaften der UdSSR (s. Komkov)		
Lewin, Louis: Durch die USA und Canada im Jahre 1887. Ein Tagebuch Hrsg. v. Bo Holmstedt u. Karlheinz Lohs 1985. XX, 212 S., 65 Abb., 1 Frontispiz, 8°, 335 g, Leinen >6867< [5379]	763 419 0	(28,—)
Lexikon der Kybernetik [1097] (Übersetzung aus dem Russischen)		

		Best.-Nr.	Preis
Im Auftrag des Zentralinstituts für Kybernetik und Informationsprozesse der AdW der DDR in dt. Spr. hrsg. v. Günter Laux			
Band 1: A—E			
1980. 755 S., 120 Abb., 19 Tab., 1 Falttab., 8°, 1080 g, Lederin >6297/1<		762 192 0	**70,—**
Band 2: F—L			
1981. 642 S., 135 Abb., 16 Tab., 8°, 910 g, Lederin >6297/2<		762 193 9	**60,—**
Band 3: M—R			
1981. 704 S., 123 Abb., 12 Tab., 8°, 960 g, Lederin >6297/3<		762 601 9	**65,—**
Band 4: S—Z			
1982. 589 S., 97 Abb., 16 Tab., 8°, 850 g, Lederin >6297/4<		762 602 7	**55,—**
Lexikon der Kybernetik A—Z. Ergänzungsband			
Hrsg. v. Günter Laux			
1985. 607 S., mit Abb., 8°, 980 g, Lederin >6297/E<	[1097]	763 407 8	**60,—**
Lexikon der Optimierung			
Von einem Autorenkollektiv unter Leitung v. Alfred Göpfert			
1986. >6919<		763 534 5	**38,—**
			A 48,—
Lexikon der Stochastik			
(s. Müller, P. Heinz)			
Ley, Hermann: Vom Bewußtsein zum Sein. Vergleich der Geschichtsphilosophie von Hegel und Marx			
1982. 239 S., 8°, 315 g, >6665<	[0115]	754 025 8	**(18,—)**
			(A 22,—)
Liebe, Siegfried: Proportionen des Zeitaufwandes der sozialistischen Gesellschaft im Gesamtprozeß ihrer Reproduktion in der DDR			
(Forschungsber. d. Zentralinst. f. Wirtschaftswiss., 37)			
Lieberwirth, Rolf: Eike von Repchow und der Sachsenspiegel			
(Sitzungsber. d. SAW, phil.-hist. Kl., Bd 122/4)			
Lienig, Dieter: Wasserinhaltsstoffe. Bedeutung und Erfassung			
2., bearbeitete Auflage			
1983. 152 S., 2 Abb., 21 Tab., 8°, 180 g, >6520<	[1234]	762 364 3	**(24,—)**
			(A 25,—)
Liewers, Peter: Rauschdiagnostik			
(Beiträge z. Forschungstechnologie, 10)			
Lifschitz, E. M.: Lehrbuch der Theoretischen Physik			
(s. Landau)			
Limnologica	[1305]		
ISSN 0075-9511			
Hrsg. v. Zentralinstitut für Mikrobiologie und experimentelle Therapie der AdW der DDR, Forschungszentrum für Molekularbiologie und Medizin, Abteilung Limnologica			
Band XII			
Heft 1 – 1980. 187 S., 57 Abb., 48 Tab., gr. 8°, 320 g, >2111/12/1<		762 647 3	**36,—**
Heft 2 – 1980. 160 S., 77 Abb., 24 Tab., gr. 8°, 280 g, >2111/12/2<		762 648 1	**32,—**
Band XIII			
Heft 1 – 1981. 248 S., 122 Abb., 1 Taf., 70 Tab., gr. 8°, 400 g, >2111/13/1<		762 650 2	**58,—**

		Best.-Nr.	Preis
Heft 2 – 1981. VIII, 296 S., 94 Abb., 1 farb. Falttaf., gr. 8°, 510 g, >2111/13/2<		762 867 1	78,—
Band XIV			
Heft 1 – 1982. 215 S., 33 Abb., 45 Tab., gr. 8°, 350 g, >2111/14/1<		762 955 1	56,—
Heft 2 – 1982. VI, 215 S., 101 Abb., 48 Tab., gr. 8°, 350 g, >2111/14/2<		762 957 8	56,—
Band XV			
Heft 1 – 1984. 228 S., 110 Abb., gr. 8°, 370 g, >2111/15/1<		763 142 4	60,—
Heft 2 – 1984. 386 S., 279 Abb., 70 Tab., gr. 8°, 670 g, >2111/15/2< (Proceedings of the 7th Symposium of the Baltic Marine Biologists, Rostock (GDR), August 31 – September 4, 1981)		763 143 2	96,—
Band XVI			
Heft 1 – 1984. 232 S., 141 Abb., 93 Tab., gr. 8°, 425 g, >2111/16/1<		763 278 5	60,— A 75,—
Heft 2 – 1985. VI, 145 S., 36 Abb., 43 Tab., gr. 8°, 260 g, >2111/16/2<		763 279 3	38,— A 48,—
Band XVII			
Heft 1 – 1986. 194 S., 59 Abb., 30 Tab., gr. 8°, 335 g, >2111/17/1<		763 516 9	50,— A 60,—

Lindau, Sabine: Untersuchungen zur Synthese und Anwendung bipolarer Ionenaustauscherharze
(Sitzungsber. d. SAW, math.-nat. Kl., Bd 114/5)

Lindner, Gerhart: Grundlagen und Anwendung der Phonetik
(Sammlung AV, Sprache)

Linneke, Peter (H): Eiweisse. Pathobiochemie – Klinische Bedeutung – Labordiagnostik 1983. 269 S., 28 Abb., 58 Tab., gr. 8°, 580 g, >6716<	[2075]	763 125 6	45,—
Linß, Günter (H): Arterielle Hypertonie. Nichtinvasive kardiovaskuläre Funktionsdiagnostik. Methodik, Ergebnisse, Schlußfolgerungen für die Praxis 1985. 228 S., 139 Abb., 66 Tab., gr. 8°, 540 g, >6870<	[2025]	763 431 8	38,—

Lintur, P. V. (H): Ukrainische Volksmärchen
(Volksmärchen, 7)

List, Friedrich: Das nationale System der politischen Ökonomie
(Ökonomische Studientexte, 9)

Litauische Volksmärchen
(Volksmärchen, 12)

Literatur in der DDR
(s. Jacob)

Literatur und Gesellschaft

ISSN 0232-315X

Hrsg. v. Zentralinstitut für Literaturgeschichte der AdW der DDR

32 Heinz Hamm: Der Theoretiker Goethe. Grundpositionen seiner Weltanschauung, Philosophie und Kunsttheorie 2. Auflage 1980. 267 S., 8°, 290 g, >2150/32<	[8025]	752 640 5	(8,50) (A 15,—)

55 Erhard Hexelschneider / Wladimir J. Borstschukow: Sowjetliteratur in bürgerlicher Sicht. Kritik der Kritik

Nr.	Titel		Best.-Nr.	Preis
	1980. 190 S., 8°, 180 g, >2150/55<	[8030]	753 209 8	**(6,50)** **(A 15,—)**
60	Gottfried Fischborn: Stückeschreiben. Claus Hammel, Heiner Müller, Armin Stolper 1981. 238 S., 8°, 250 g, >2150/60<	[8013]	753 409 3	**(7,50)** **(A 18,—)**
66	Günter Klotz (H): Romane im 20. Jahrhundert: USA, England, Frankreich, BRD 1980. 200 S., 8°, 190 g, >2150/66<	[8051]	753 615 2	**(7,—)** **(A 15,—)**
67	Autorenkollektiv unter Leitung von Ingeborg Münz-Koenen: Literarisches Leben in der DDR 1945 bis 1960. Literaturkonzepte und Leseprogramme 2., unveränderte Auflage 1981. 348 S., 8°, 360 g, >2150/67<	[8011]	753 645 1	**11,—** **A 19,80**
70	Sabine Kebir: Die Kulturkonzeption Antonio Gramscis. Auf dem Wege zur antifaschistischen Volksfront 1980. 214 S., 8°, 210 g, >2150/70<	[8051]	753 729 4	**(7,50)** **(A 15,—)**
71	Wolfgang Wicht: Virginia Woolf, James Joyce, T. S. Eliot. Kunstkonzeptionen und Künstlergestalten 1981. 311 S., 8°, 330 g, >2150/71<	[8051]	753 772 9	**(9,50)** **(A 15,—)**
72	Lionel Richard: Deutscher Faschismus und Kultur. Aus der Sicht eines Franzosen (Übersetzung aus dem Französischen; deutschsprachige Fassung autorisiert v. Lionel Richard) 1982. 353 S., 8°, 380 g, >2150/72<	[8023]	753 773 7	**(12,50)** **(A 18,—)**
73	Miklós Szabolcsi: Attila József. Leben und Werk 1981. 200 S., 8°, 200 g, >2150/73<	[8021]	753 774 5	**(6,50)** **(A 15,—)**
74	Rainer Rosenberg: Zehn Kapitel zur Geschichte der Germanistik. Literaturgeschichtsschreibung 1981. 275 S., 8°, 285 g, >2150/74<	[8021]	753 942 5	**10,—** **A 18,—**
75	Autorenkollektiv unter Leitung v. Peter Weber: Kunstperiode. Studien zur deutschen Literatur des ausgehenden 18. Jahrhunderts 1982. 255 S., 8°, 270 g, >2150/75<	[8021]	753 943 3	**(9,—)** **(A 15,—)**
76	Wolfgang Heise: Realistik und Utopie. Aufsätze zur deutschen Literatur zwischen Lessing und Heine 1982. 317 S., 8°, 325 g, >2150/76<	[8025]	753 991 9	**(10,50)** **(A 18,—)**
77	Günter Hartung: Literatur und Ästhetik des deutschen Faschismus. Drei Studien 1984. 314 S., 8°, 330 g, >2150/77<	[8021]	754 049 3	**(11,—)** **(A 18,—)**
78	Utz Riese: Zwischen Verinnerlichung und Protest. McCullers-Salinger-Malamud-Bellow-Capote			

Nr.	Titel		Best.-Nr.	Preis
	1982. 343 S., 8°, 350 g, >2150/78<	[8061]	754 057 3	14,50 A 18,—
80	Befunde und Entwürfe. Zur Entwicklung der ungarischen marxistischen Literaturkritik und Literaturtheorie (1900 – 1945) Hrsg., eingeleitet u. kommentiert v. László Illés, Farkas József, Miklós Szabolcsi 1984. 457 S., 8°, 470 g, >2150/80<	[8041]	754 060 2	(15,—) (A 18,—)
81	Autorenkollektiv unter Leitung v. Dietrich Mühlberg u. Rainer Rosenberg: Literatur und proletarische Kultur. Beiträge zur Kulturgeschichte der deutschen Arbeiterklasse im 19. Jahrhundert 1983. 396 S., 8°, 315 g, >2150/81<	[0284]	754 136 5	(14,50) (A 18,—)
82	Brigitte Burmeister: Streit um den Nouveau Roman. Eine andere Literatur und ihre Leser 1983. 232 S., 8°, 245 g, >2150/82<	[8051]	754 137 3	(8,50) (A 15,—)
83	Rolf Geißler: Romantheorie in der Auflärung. Thesen und Texte zum Roman des 18. Jahrhunderts in Frankreich 1984. 339 S., 8°, 370 g, >2150/83<	[8051]	754 184 0	14,— A 18,—
84	Friederike Hajek: Selbstzeugnisse der Afroamerikaner. Black Liberation Movement und Autobiographie 1984. 198 S., 8°, 230 g, >2150/84<	[8051]	754 326 4	8,— A 15,—
85	Gudrun Klatt: Vom Umgang mit der Moderne. Ästhetische Konzepte der dreißiger Jahre. Lifschitz, Lukács, Lunatscharski, Bloch, Benjamin 2., unveränderte Auflage 1985. 273 S., 8°, 300 g, >2150/85<	[8020]	754 327 2	9,50 A 15,—
86	Anton Hiersche: Sowjetische Dorfprosa. Geschichte und Problematik 1985. 260 S., 8°, 280 g, >2150/86<	[8033]	754 500 8	(8,50) (A 15,—)
89	Marxistische Literaturkritik aus Großbritannien. Auswahl und Zusammenstellung v. Raymond Southall (Übersetzung aus dem Englischen; eingeleitet u. hrsg. v. Karl-Heinz Magister) 1986. 335 S., 8°, 340 g, >2150/89<	[8050]	754 609 4	12,— A 18,—

Literaturgeschichtsschreibung, Geschichte und Funktion der –
(Sitzungsber. d. AdW, Jg 82/2/G)

Livingstone, Elizabeth A. (H): Studia Evangelica
(Texte u. Untersuchungen z. Geschichte d. altchristl. Literatur)

–, – (H): Studia Patristica
(Texte u. Untersuchungen z. Geschichte d. altchristl. Literatur)

Loch, Werner (H): Die französische Julirevolution von 1830 und Europa
(s. Kossok)

–, – (H): Bauern und bürgerliche Revolution
(s. Kossok)

Locke, Manfred: Grundlagen einer Theorie allgemeiner dynamischer Systeme

1984. 235 S., 30 Abb., 1 Tab., 8°, 300 g, >6811<	[1095]	763 325 1	30,—

Best.-Nr. Preis

Loew, Roswitha / Bella Tschistowa (H): Majakowski in Deutschland. Texte zur Rezeption 1919 – 1930. Mit einer Studie v. Bella Tschistowa
1986. 190 S., 15 Abb., 8°, 320 g, >6893< [8037] 754 499 6 18,—

Löffler, Helmut: Information – Signal – Nachrichtenverkehr
(Elektron. Rechnen u. Regeln, 15)
–, –: Rechnerverbundsysteme
(Informatik – Kybernetik – Rechentechnik, 10)

Löfwander, Torild: Die sozialökonomischen Verhältnisse der bäuerlichen Bevölkerung in der Republik Mali
(Veröffentl. d. Museums f. Völkerkunde z. Leipzig, 34)

Lösche, Artur: Molekülphysik
(WTB, Reihe Mathematik/Physik)

Lötzsch, Ronald (H): Deutsch-Russisches Wörterbuch
(s. dort)

Lohr, Ehrenfried: Mikroelektronik und Gesellschaft
(s. Hütter)

Lohs, Karlheinz: Max Steenbeck – Sein Wirken für Frieden und Abrüstung
(Sitzungsber. d. AdW, Jg 83/13/N)
–, – (H): Frieden ohne Alternative
(s. Meißner)
–, – (H): Wissenschaft und Frieden
(s. Meißner)

Lommatzsch, K. P. (H): Intraocular Tumors
(Fortschritte d. Onkologie, 9)

Lorenz, Klaus: Dynamische Grundoperationen der Verfahrenstechnik
(Grundlagen d. Verfahrenstechnik u. chem. Technologie, 13)

Loth, Heinrich (H): Philosophie der Eroberer und koloniale Wirklichkeit
(Studien über Asien, Afrika u. Lateinamerika, 21)

Lube, Gert: Singularly Perturbed Differential Equations
(Mathematische Forschung, 13)

Luck, Georg (H): Lukan – Der Bürgerkrieg
(Schriften u. Quellen d. Alten Welt, 34)

Ludwig, Udo: Komplexe Effektivitätsbewertung durch Aufwand-Nutzen-Analyse
(Forschungsber. d. Zentralinst. f. Wirtschaftswiss., 35)

Lützner, Harald: Sedimentation der variszischen Molasse im Thüringer Wald
(Schriftenreihe f. Geolog. Wissenschaften, 17)

Lukács, Georg: Beiträge zur Kritik der bürgerlichen Ideologie
Hrsg. v. Jörg Schreiter u. László Szíklai
1986. 418 S., kl. 8°, 350 g, >6912< [0166] 754 543 8 28,—
A 38,—

Best.-Nr. Preis

Lukan – Der Bürgerkrieg
(Schriften u. Quellen d. Alten Welt, 34)

Luther, Martin – in der deutschen bürgerlichen Philosophie. 1517 bis 1845. Eine Textsammlung
Hrsg. v. Werner Schuffenhauer u. Klaus Steiner
1983. XX, 575 S., 53 Abb., gr. 8°, 1120 g, Leinen >6712< [0116] 754 148 8 (58,—)
(A 68,—)

–, – Kolloquium anläßlich der 500. Wiederkehr seines Geburtstages
(Sitzungsber. d. AdW, Jg 83/11/G)

–, – Leben . Werk . Wirkung
(s. Vogler)

–, – Leistung und Erbe
(s. Brendler)

Luther, Peter: Lektin und Toxin der Mistel. Aberglaube und moderne Forschung
1981. 132 S., 23 Abb., 31 Tab., 8°, 190 g, >6624< [1354, 2064] 762 965 8 (20,—)

Lyr, Horst (H): Systemische Fungizide und Antifungale Verbindungen
(Abhandlg. d. AdW, Jg 82/1/N)

Maarse, H. Isolation, separation and identification of volatile compounds in aroma research
(s. Rothe, Handbuch d. Aromaforschung, 5)

März, Robert: Gewöll- und Rupfungskunde
Hrsg. v. Konrad Banz
3., bearbeitete Auflage
1986. >5655< [1365] 763 429 7 48,—
A 60,—

Maeß, Gerhard: Vorlesungen über numerische Mathematik I
(Math. Lehrbücher u. Monographien, I. Abt./36)

Mätzel, Klaus: Formelmanipulation mit dem Computer
(Informatik – Kybernetik – Rechentechnik, 11)

Magister, Karl-Heinz (H): Marxistische Literaturkritik aus Großbritannien
(Literatur u. Gesellschaft, 89)

Maier, Harry: Innovation and Efficiency
(s. Haustein)

–, –: Innovation Glossary
(s. Haustein)

–, –: Flexible Automatisierung
(s. Haustein)

–, – (H): Innovation und Wissenschaft
(Wissenschaft u. Gesellschaft, 23)

–, – (H): Ökonomische Effektivität der gesellschaftlichen Produktion im entwickelten Sozialismus
(s. Braun)

Maier, Jean-Louis (H): Le Dossier du Donatisme
(Texte u. Untersuchungen z. Geschichte d. altchristl. Literatur)

Best.-Nr. Preis

Majakowski in Deutschland
(s. Loew)

Malorny, Heinz: Tradition des Konservatismus
(Beiträge z. Kritik d. bürgerl. Ideologie u. d. Revisionismus, 9)

Maltoni, Caesare (H): The Control of Tumour Growth and its Biological Bases
(Fortschritte d. Onkologie, 10)

Małuszyński, Jan: Formale Beschreibung von Programmiersprachen
(Informatik – Kybernetik – Rechentechnik, 6)

Mammach, Klaus: Der Volkssturm
(Taschenbuch Geschichte, 33)
–, –: Widerstand 1933 – 1939
(Taschenbuch Geschichte, 36/1)

Mănescu, Manea: Ökonomische Kybernetik und Anwendung in der Volkswirtschaft
(Übersetzung aus dem Rumänischen; in dt. Spr. hrsg. v. Hartmut Schultze)
1983. 178 S., 35 Abb., 6 Tab., gr. 8°, 415 g, Lederin >6583<
[0395] 762 819 6 38,—

Mannsfeld, Karl: Landschaftsanalyse und Ableitung von Naturraumpotentialen
(Abhandlg. d. SAW, math.-nat. Kl., Bd 55/3)
–, –: Beiträge zum Problemkreis des Landschaftswandels
(Sitzungsber. d. SAW, math.-nat. Kl., Bd 117/4)

Mansfeld, Rudolf – Verzeichnis landwirtschaftlicher und gärtnerischer Kulturpflanzen
(s. Schultze-Motel)

Mansfelder Land
(Werte unserer Heimat, 38)

Manteuffel, R. (H): Regulation of Protein Biosynthesis and Degradation during Embryogenesis and Germination of Plant Seeds
(Abhandlg. d. AdW, Jg 81/5/N)

Marcellinus, Ammianus – Römische Geschichte
(Schriften u. Quellen d. Alten Welt, 21/1, 2)

Markov, Walter: Weltgeschichte im Revolutionsquadrat
(s. Kossok)

Markwardt, Fritz: Neue Aspekte der fibrinolytischen Therapie
(Sitzungsber. d. AdW, Jg 81/12/N)

Martin, Dieter: Organische Synthesen mit Cyansäureestern
(Neuere Forschungsergebnisse aus den chemischen Wissenschaften, 1)

Marx, Karl – Das geschichtswissenschaftliche Erbe von – –
(s. Küttler)

Best.-Nr. Preis

Marzahn, Joachim: Assyrische Königsinschriften auf Ziegeln aus Assur
(Vorderasiatische Schriftdenkmäler, VII)

Materiell-technische Basis – sozialökonomische Kriterien
(Schriften d. Zentralinst. f. Wirtschaftswiss., 18)

Mathé, Gerhard: Einführung in die Petrologie
(s. Pfeiffer)

Mathematical Research — Mathematische Forschung

ISSN 0138-3019

Wissenschaftliche Beiträge. Hrsg. v. Institut für Mathematik der AdW der DDR

Nr.	Titel		Best.-Nr.	Preis
3	Andreas Baudisch / Detlef Seese / Hans-Peter Tuschik / Martin Weese: Decidability and Generalized Quantifiers 1980. XII, 235 S., 16 Abb., gr. 8°, 400 g, >2182/3<	[1025]	762 808 1	**31,—**
4	Lothar Jentsch / Johannes Maul: Zur Elastizitäts- und Thermoelastizitätstheorie. Potentialtheoretische Methoden in Anwendung auf verschiedene Modelle 1980. 157 S., gr. 8°, 280 g, >2182/4<	[1035, 1125]	762 810 2	**20,—**
5	Systems Analysis and Simulation 1980. Proceedings of the International Symposium held at Berlin (GDR), September 1 – 5, 1980 Ed. by Achim Sydow 1980. 496 S., 9 Abb., gr. 8°, 800 g, >2182/5<	[1095]	762 811 0	**(62,—)** **(A 96,—)**
6	Eberhard Girlich / M. M. Kowaljow: Nichtlineare diskrete Optimierung 1981. 218 S., gr. 8°, 370 g, >2182/6<	[1085]	762 925 2	**28,—**
7	Jürgen Dassow: Completeness Problems in the Structural Theory of Automata 1981. 148 S., gr. 8°, 250 g, >2182/7<	[1025]	762 951 9	**20,—**
8	Günther Wildenhain: Darstellung von Lösungen linearer elliptischer Differentialgleichungen 1981. 92 S., 2 Abb., gr. 8°, 170 g, >2182/8<	[1065]	763 003 4	**12,—**
9	Iohvidov, I. S. / M. G. Krein / H. Langer: Introduction to the Spectral Theory of Operators in Spaces with an Indefinite Metric 1982. 120 S., gr. 8°, 190 g, >2182/9<	[1035]	763 041 3	**(15,—)**
10	Michael Gössel: Nonlinear Time- discrete Systems. A General Approach by Nonlinear Superposition 1982. 115 S., 35 Abb., 2 Tab., gr. 8°, 180 g, >2182/10<	[1085]	763 076 3	**(15,—)**
11	Klaus Denecke: Preprimal Algebras 1982. 162 S., gr. 8°, 270 g, >2182/11<	[1025]	763 103 7	**22,—**
12	Horst Michel (H): Ergodic Theory and Related Topics. Proceedings of the Conference held in Vitte/Hiddensee (GDR), October 19 – 23, 1981 1982. 232 S., 12 Abb., gr. 8°, 380 g, >2182/12<	[1075]	763 138 7	**30,—**

			Best.-Nr.	Preis
13	Herbert Goering / Andreas Felgenhauer / Gert Lube / Hans-Görg Roos / Lutz Tobiska: Singularly Perturbed Differential Equations 1983. 176 S., 9 Abb., gr. 8°, 290 g, >2182/13<	[1065]	763 163 5	22,— A 28,—
14	Manfred Peschel/Werner Mende: Leben wir in einer Volterra-Welt? Ein ökologischer Zugang zur angewandten Systemanalyse 1983. 233 S., 52 Abb., gr. 8°, 400 g, >2182/14<	[1095]	763 223 2	(30,—)
15	Hans Michael Dietz / Volker Nollau: Markov Decision Problems with Countable State Spaces. Optimality Criteria – Algorithms – Clustering 1983. 174 S., 1 Tab., gr. 8°, 300 g, >2182/15<	[1075]	763 224 0	22,—
16	Ryszard Zieliński / Peter Neumann: Stochastische Verfahren zur Suche nach dem Minimum einer Funktion 1983. 136 S., 5 Abb., 3 Tab., gr. 8°, 240 g, >2182/16<	[1075, 1085]	763 258 2	18,—
17	Albrecht Böttcher/Bernd Silbermann: Invertibility and Asymptotics of Toeplitz Matrices 1983. 200 S., gr. 8°, 380 g, >2182/17<	[1075]	763 282 2	25,—
18	Horst Reichel: Structural Induction on Partial Algebras. Introduction to Theory and Application of Partial Algebras. Part II 1984. 205 S., gr. 8°, 355 g, >2182/18<	[1025]	763 363 0	26,—
19 V 1	Georg Heinig / Karla Rost: Algebraic Methods for Toeplitz-like Matrices and Operators 1984. 212 S., gr. 8°, 360 g, >2182/19<	[1065]	763 364 9	28,—
20	Gerd Wechsung (H): Frege-Conference 1984. Proceedings of the International Conference held at Schwerin (GDR), September 10 – 14, 1984 1984. 408 S., gr. 8°, 660 g, >2182/20<	[1095]	763 365 7	51,—
21	Christian Großmann / Thomas Riedrich / Hartmut Schönheinz (H): Numerical Analysis of Selected Semilinear Differential Equations 1984. 203 S., 20 Abb., 6 Tab., gr. 8°, 335 g, >2182/21<	[1065]	763 366 5	26,—
22 V 1	Johannes Elschner: Singular Ordinary Differential Operators and Pseudodifferential Equations 1985. 200 S., gr. 8°, 340 g, >2182/22<	[1035]	763 388 4	26,—
23	Werner Ebeling / Manfred Peschel (H): Lotka-Volterra-Approach to Cooperation and Competition in Dynamic Systems. Proceedings of the 5th Meeting of UNESCO's Working Group on System Theory held on the Wartburg, Eisenach (GDR), March 5 – 9, 1984 1985. 271 S., 94 Abb., 3 Tab., gr. 8°, 440 g, >2182/23<	[1095]	763 415 8	34,—
24	Josef Novák / Werner Gähler / Horst Herrlich / Jan Mikusiński (H): Convergence Structures 1984. Proceedings of the International Conference on Convergence Structures and Applications held in Bechyně (Czechoslovakia), September 24 – 28, 1984 1985. 254 S., gr. 8°, 470 g, >2182/24<	[1035]	763 462 5	32,—
25	Wolfgang Händler / Tamás Legendi / Gottfried Wolf (H): Parcella '84. Proceedings of the II. International Workshop on Parallel Processing by Cellular Automata and Arrays held in Berlin(GDR), September 25 – 27, 1984 1985. 239 S., gr. 8°, 400 g, >2182/25<	[1095]	763 471 3	30,—

Nr.	Titel		Best.-Nr.	Preis
26	Jürgen Guddat / Francisco Guerra Vasquez / Klaus Tammer / Klaus Wendler: Multiobjective and Stochastic Optimization Based on Parametric Optimization 1985. 175 S., 17 Abb., 39 Tab., gr. 8°, 360 g, >2182/26<	[1085]	763 472 1	22,—
27	Achim Sydow / Manfred Thomas / Robert Vichnevetsky (H): Systems Analysis and Simulation 1985. I: Theory and Foundations. Proceedings of the International Symposium held in Berlin (GDR), August 26 – 31, 1985			
V 1	1985. 495 S., 123 Abb., 17 Tab., gr. 8°, 850 g, >2182/27<		763 474 8	62,— A 96,—
28	dto. II: Applications 1985. 495 S., 160 Abb., 15 Tab., gr. 8°, 790 g, >2182/28<	[1095]	763 475 6	(62,—) (A 96,—)
30	Steffen Bocklisch / Sergei Orlovski / Manfred Peschel / Yasushi Nishiwaki (H): Fuzzy Sets Applications, Methodological Approaches, and Results. Proceedings of the International Workshop on Fuzzy Sets Applications cosponsored by IIASA and convened in cooperation with IAEA held on the Wartburg, Eisenach (GDR), March 3 – 8, 1985 1986. 233 S., gr. 8°, 385 g, >2182/30<	[1095]	763 477 2	30,—
31	Wolfgang Bibel / Klaus P. Jantke (H): Mathematical Methods of Specifications and Synthesis of Software Systems '85. Proceedings of the International Spring School, held in Wendisch-Rietz (GDR), April 22 – 26, 1985 1986. 245 S., 14 Abb., gr. 8°, 415 g, >2182/31<	[1095]	763 589 8	(32,—)
32	Peter Burmeister: A Model Theoretic Oriented Approach to Partial Algebras. Introduction to Theory and Application of Partial Algebras – Part I 1986. 319 S., gr. 8°, 510 g, >2182/32<	[1025]	763 597 8	40,—

Mathematische Lehrbücher und Monographien
Hrsg. v. Institut für Mathematik der AdW der DDR

I. Abteilung: Mathematische Lehrbücher

ISSN 0076-5422

Nr.	Titel		Best.-Nr.	Preis
IV	N. I. Achieser / I. M. Glasmann: Theorie der linearen Operatoren im Hilbert-Raum (Übersetzung aus dem Russischen; in dt. Spr. hrsg. v. Hellmut Baumgärtel) 8., erweiterte Auflage 1981. 496 S., gr. 8°, 950 g, Leinen >5095<	[1034]	762 743 3	47,—
VI	I. P. Natanson: Theorie der Funktionen einer reellen Veränderlichen (Übersetzung aus dem Russischen; in dt. Spr. hrsg. v. Karl Bögel) 5. Auflage 1981. XII, 590 S., 9 Abb., gr. 8°, 1170 g, Leinen >5114<	[1034]	760 095 1	(39,—)
22	E. S. Wentzel / I. A. Owtscharow: Aufgabensammlung zur Wahrscheinlichkeitsrechnung (Übersetzung aus dem Russischen; in dt. Spr. hrsg. v. Peter Franken) 3., berichtigte Auflage 1982. VI, 354 S., 132 Abb., 2 Tab., gr. 8°, 740 g, Leinen >5858<	[1074]	761 534 4	32,— A 48,—

Nr.	Titel	Best.-Nr.	Preis
31	Autorenkollektiv unter Leitung von S. W. Jablonski u. O. B. Lupanow: Diskrete Mathematik und mathematische Fragen der Kybernetik (Übersetzung aus dem Russischen; in dt. Spr. hrsg. v. G. Burosch u. H. Kiesewetter)		
V 1	1980. 287 S., 41 Abb., 25 Tab., gr. 8°, 600 g, Leinen >6401/1< [1034]	762 402 1	45,—
33	Günther Eisenreich: Lineare Algebra und analytische Geometrie 1980. 312 S., 107 Abb., 2 Tab., gr. 8°, 670 g, Leinen >6435< [1024]	762 455 8	48,—
34	G. P. Tolstow: Maß und Integral (Übersetzung aus dem Russischen; in dt. Spr. hrsg. v. Rolf Kühne) 1981. 296 S., 230 Abb., gr. 8°, 695 g, Leinen >6568< [1034]	762 779 1	(28,—)
35	Jiři Anděl: Statistische Analyse von Zeitreihen Vom Autor autorisierte u. ergänzte Übersetzung aus dem Tschechischen 1984. 276 S., 12 Abb., 13 Tab., gr. 8°, 625 g, Leinen >6779< [1074]	763 259 0	48,—
36	Gerhard Maeß: Vorlesungen über numerische Mathematik I. Lineare Algebra		
V 1	1984. 231 S., 23 Abb., 19 Tab., gr. 8°, 565 g, Leinen >6801/1< [1084]	763 304 0	28,—
38	Helmut Koch: Einführung in die klassische Mathematik I 1986. 326 S., 25 Abb., gr. 8°, 730 g, Leinen>6903/1< [1005]	763 478 0	48,—

II. Abteilung: Mathematische Monographien

ISSN 0076-5430

Nr.	Titel	Best.-Nr.	Preis
I	Helmut Hasse: Über die Klassenzahl abelscher Zahlkörper. Mit einer Einleitung zur Reprintausgabe v. Jacques Martinet		
V 1	1985. IX, 190 S., gr. 8°, 605 g, Leinen >5062< [1055]	763 370 2	42,—
XVI	A. S. Petrow: Einstein-Räume (Übersetzung aus dem Russischen; in dt. Spr. hrsg. v. Hans-Jürgen Treder) Unveränderter Nachdruck der 1. Auflage 1985. X, 394 S., gr. 8°, 790 g, Leinen >5478< [1065]	763 487 9	(54,—)
44	K. M. S. Humak: Statistische Methoden der Modellbildung **Band II:** Nichtlineare Regression, robuste Verfahren in linearen Modellen, Modelle mit Fehlern in den Variablen 1983. 360 S., 10 Abb., gr. 8°, 720 g, Leinen >6130/2< [1075]	761 872 1	58,— A 88,—
45	dto. **Band III:** Statistische Inferenz für Kovarianzparameter 1984. 344 S., gr. 8°, 770 g, Leinen >6130/3< [1075]	761 874 8	58,— A 88,—
48	Hans Bandemer/Wolfgang Näther: Theorie und Anwendung der optimalen Versuchsplanung **II:** Handbuch zur Anwendung 1980. XII, 590 S., 26 Abb., 1 Tab., gr. 8°, 1140 g, Leinen >6215/2< [1075]	762 319 2	86,—
49	Richard E. Barlow /Frank Proschan: Statistische Theorie der Zuverlässigkeit. Wahrscheinlichkeitstheoretische Modelle (Übersetzung aus dem Englischen; in dt. Spr. hrsg. v. Peter Franken) 2., unveränderte Auflage		

			Best.-Nr.	Preis
V 3	1981. X, 250 S., 58 Abb., 10 Tab., gr. 8°, 570 g, Leinen >6438<	[1075]	762 232 5	48,—
52	S. G. Michlin / Siegfried Prößdorf: Singuläre Integraloperatoren 1980. XII, 514 S., 11 Abb., gr. 8°, 980 g, Leinen >6524<	[1065]	762 653 7	(96,—)
53	Peter Franken / Dieter König / Ursula Arndt / Volker Schmidt: Queues and Point Processes			
V 1	1981. 208 S., 2 Abb., gr. 8°, 520 g, Leinen >6569<	[1075]	762 780 4	42,—
54	I. W. Gelman / W. G. Mazja: Abschätzungen für Differentialoperatoren im Halbraum (Übersetzung aus dem Russischen; in dt. Spr. hrsg. v. Günther Wildenhain) 1981. 221 S., gr. 8°, 520 g, Leinen >6581<	[1065]	762 814 5	(45,—)
55	Stephan Rempel/Bert-Wolfgang Schulze: Index Theory of Elliptic Boundary Problems			
V 1	1982. 393 S., 1 Abb., gr. 8°, 850 g, Leinen >6502<	[1065]	762 597 2	75,— A 98,—
56	Autorenkollektiv unter Leitung v. B. W. Gnedenko u. D. König: Handbuch der Bedienungstheorie I: Grundlagen und Methoden 1983. 519 S., 16 Abb., 25 Tab., gr. 8°, 1000 g, Leinen >6369/1<	[1075]	762 337 9	85,— A 98,—
57	dto. II: Formeln und andere Ergebnisse 1984. 607 S., 13 Abb., 17 Tab., gr. 8°, 1150 g, Leinen >6369/2<	[1075]	762 765 2	98,—
58	Bernd Bank / Jürgen Guddat / Diethard Klatte / Bernd Kummer / Klaus Tammer: Non-Linear Parametric Optimization			
V 1	1982. 228 S., 5 Abb., gr. 8°, 540 g, Leinen >6636<	[1085]	762 987 7	45,— A 68,—
59	Hellmut Baumgärtel/Manfred Wollenberg: Mathematical Scattering Theory			
V 1	1983. 452 S., gr. 8°, 860 g, Leinen >6660<	[1065]	763 024 5	80,— A 98,—
60	Gennadi M. Henkin/Jürgen Leiterer: Theory of Functions on Complex Manifolds			
V 1	1984. 226 S., gr. 8°, 520 g, Leinen >6672<	[1035]	763 048 0	42,—
61	Eberhard Lanckau / Wolfgang Tutschke (H): Complex Analysis. Methods, Trends, and Applications			
V 1	1983. 389 S., 28 Abb., gr. 8°, 775 g, Leinen >6699<	[1035]	763 109 6	68,— A 78,—
62	P. Heinz Müller / Volker Nollau (H): Steuerung stochastischer Prozesse 1984. 288 S., 1 Abb., gr. 8°, 620 g, Leinen >6461<	[1075]	762 522 7	48,— A 68,—
63	Jürgen vom Scheidt/Walter Purkert: Random Eigenvalue Problems			
V 1	1983. 271 S., 50 Abb., 24 Tab., gr. 8°, 590 g, Leinen >6747<	[1075]	763 205 6	48,—
64	Hellmut Baumgärtel: Analytic Perturbation. Theory for Matrices and Operators			
V 1	1984. 427 S., 8 Abb., gr. 8°, 840 g, Leinen >6823<	[1065]	763 352 6	80,—

Best.-Nr. Preis

65 S. G. Michlin: Fehler in numerischen Prozessen
(Übersetzung aus dem Russischen; in dt. Spr. hrsg. v. Siegfried Prößdorf)
1985. 244 S., 5 Abb., 14 Tab., gr. 8°, 555 g, Leinen >6832< [1065] 763 356 9 45,—
A 60,—

66 Günter Schmidt / Aleš Tondl: Non-Linear Vibrations
V1 1985. 421 S., gr. 8°, 950 g, Leinen >6849< [1125] 763 396 4 75,—

67 Hans-Joachim Rossberg / Bernd Jesiak/Gerhard Siegel: Analytic Methods of Probability Theory
1985. 311 S., gr. 8°, 675 g, Leinen >6868< [1075] 763 420 3 48,—
A 58,—

Mauersberger, Peter: Irreversibilität in der Hydrologie
(Sitzungsber. d. AdW, Jg 82/4/N)
–, –: Möglichkeiten und Grenzen der Prognose von Veränderungen aquatischer Ökosysteme bei veränderter Inanspruchnahme
(Sitzungsber. d. AdW, Jg 83/1/N)

Maul, Johannes: Zur Elastizitäts- und Thermoelastizitätstheorie
(Mathematische Forschung, 4)

Maximaldosen und Rezeptpflicht von Arzneimitteln
(Kommentare z. Arzneibuch, 7)

Mazja, W. G.: Abschätzungen für Differentialoperatoren im Halbraum
(Math. Lehrbücher u. Monographien, II. Abt./54)

Mecke, Joseph: Stochastische Geometrie
(WTB, Reihe Mathematik/Physik)

Mecklenburgisches Wörterbuch [0817]

Von Wossidlo-Teuchert

Hrsg. v. d. SAW zu Leipzig aus den Sammlungen Richard Wossidlos und aus den Ergänzungen und nach der Anlage Hermann Teucherts

59.–60. Lieferung
1981. 128 S., 4°, 310 g, >3016/49–50< 753 378 7 (20,—)
(A 36,—)

61. Lieferung
1982. 64 S., 3 Abb., 4°, 170 g, >3016/51< 753 982 0 (10,—)
(A 18,—)

62. Lieferung
1983. 64 S., 4°, 170 g, >3016/52< 754 180 8 (10,—)
(A 18,—)

63. Lieferung
1984. 64 S., 4°, 170 g, >3016/53< 754 288 6 (10,—)
(A 31,—)

64. Lieferung
1985. 64 S., 4°, 170 g, >3016/54< 754 423 2 10,—
A 18,—

65. Lieferung
1986. 64 S., 4°, 170 g, >3016/55< 754 598 0 10,—
A 18,—

Mehlhorn, Gerlinde / Hans-Georg Mehlhorn: Begabung – Schöpfertum – Persönlichkeit. Zur Psychologie und Soziologie des Schöpfertums
1985. XVI, 320 S., 6 Abb., 58 Tab., 8°, 420 g, >6800< [5895] 754 312 5 (22,—)

		Best.-Nr.	Preis
Mehlhorn, Hans-Georg: Begabung – Schöpfertum – Persönlichkeit (s. Mehlhorn, Gerlinde)			
Meinert, Hasso: Fluorchemie (WTB, Reihe Chemie)			
Meißner, Herbert: Neue Tendenzen bürgerlicher Sozialismuskritik und unsere Antikritik (Sitzungsber. d. AdW, Jg 82/11/G)			
–, – / Karlheinz Lohs (H): Wissenschaft und Frieden 1982. 189 S., 10 Tab., 8°, 210 g, >6713<	[0105]	754 154 1	(12,50)
–, – / –, – (H): Frieden ohne Alternative. Wissenschaftler zu Fragen von Frieden, Wissenschaft und Abrüstung 1985. 240 S., 12 Tab., 8°, 250 g, >6896<	[0105]	754 504 0	(15,—)
Meister, Roland: Studie zur Souveränität (Staats- u. rechtstheoret. Studien, 11)			
Mende, Fritz: Heinrich Heine – Chronik seines Lebens und Werkes Hrsg. v. d. Nationalen Forschungs- u. Gedenkstätten der klassischen deutschen Literatur in Weimar 2., bearbeitete u. erweiterte Auflage V 1 1981. XII, 434 S., gr. 8°, 860 g, Leinen >5747<	[8026]	753 728 6	17,—
–, –: Heinrich Heine. Studien zu seinem Leben und Werk 1983. 243 S., gr. 8°, 400 g, >6667<	[8023]	754 036 2	28,—
Mende, Werner: Leben wir in einer Volterra-Welt? (Mathematische Forschung, 14)			
–, –: The Predator-Prey Model (s. Peschel)			
Mendieta, Emmanuel Amand de: Basile de Césarée (Texte u. Untersuchungen z. Geschichte d. altchristl. Literatur)			
Merker, Nicolao: An den Ursprüngen der deutschen Ideologie. Revolution und Utopie im Jakobinismus (Übersetzung aus dem Italienischen; in dt. Spr. hrsg. v. Manfred Buhr) 1984. XI, 163 S., 8°, 165 g, >6797<	[0115]	754 309 6	18,—

Meroitica

ISSN 0138-3663

Schriften zur altsudanesischen Geschichte und Archäologie [0225]

		Best.-Nr.	Preis
4	Peter L., Shinnie / Rebecca J. Bradley: The Capital of Kush I. Meroe Excavations 1965–1972 1980. XVIII, 318 S., 141 Abb., dav. 47 auf 46 Taf. u. 13 in Beilagenmappe, gr. 8°, 920 g, >2155/4<	753 665 4	(78,—)
6	Nicholas B. Millet / Allyn L. Kelley (H): Meroitic Studies. Proceedings of the Third International Meroitic Conference – Toronto 1977 1982. 347 S., 66 Abb., 15 Tab., 28 Taf., 1 Ausschlagtaf., gr. 8°, 655 g, >2155/6<	753 919 3	68,—
7	Fritz Hintze (H): Meroitistische Forschungen 1980. Akten der 4. Internationalen Tagung für meroitistische Forschungen vom 24. bis		

Best.-Nr. Preis

29. November 1980 in Berlin
1984. 621 S., 71 Abb., 32 Tab., 16 Taf., gr. 8°, 1140 g, >2155/7< 754 097 9 120,—

8 Adelheid Burkhardt: Ägypter und Meroiten im Dodekaschoinos. Untersuchungen zur Typologie und Bedeutung der demotischen Graffiti
1985. 137 S., gr. 8°, 240 g, >2155/8< 754 357 1 28,—

Meroitic Studies
(Meroitica, 6)

Meroitistische Forschungen
(Meroitica, 7)

Meske, Werner (H): Das Kaderpotential der Wissenschaft im Sozialismus
(Wissenschaft u. Gesellschaft, 21)

Messerschmidt, Ulrich: Untersuchungen zur Versetzungskinetik und -dynamik bei der plastischen Verformung
(Sitzungsber. d. AdW, Jg 80/11/N)

Meteorologie der Grenzschicht, Untersuchungen zur - - - und zur Analyse klimatologischer Zeitreihen
(Abhandlg. d. MD, 128)

Meteor-Satelliten, Spektrale Strahldichtemessungen des Systems Erde-Atmosphäre von - -
(Abhandlg. d. MD, 130)

Metz, Joachim: Abstrakte Rechnermodelle
1980. 144 S., 31 Abb., 22 Tab., 8°, 240 g, >6263< [1095] 762 654 5 (18,—) (A 28,—)

Meyer, Klaus: Schichtbildungsprozesse an Metalloberflächen
(Sitzungsber. d. AdW, Jg 81/8/N)

Michalowsky, Lothar: Ferritwerkstoffe. Bauelemente für die Elektrotechnik und Elektronik
1985. 320 S., 127 Abb., 60 Tab., 8°, 495 g, >6688< [3535] 763 090 7 (40,—)

Michel, Dieter: Grundlagen und Methoden der Kernmagnetischen Resonanz
(WTB, Reihe Mathematik/Physik)

Michel, Horst (H): Ergodic Theory and Related Topics
(Mathematische Forschung, 12)

Michlin, S. G.: Singuläre Integraloperatoren
(Math. Lehrbücher u. Monographien, II. Abt./52)
–, –: Fehler in numerischen Prozessen
(Math. Lehrbücher u. Monographien, II. Abt./65)

Mikroelektronik – Stand und Entwicklung
(s. Eckhardt)

Mikroelektronik und Gesellschaft
(s. Hütter)

Mikusiński, Jan (H): Convergence Structures 1984
(Mathematische Forschung, 24)

Best.-Nr. Preis

Mikut, R.: Sekundärrohstoffeinsatz
(Sitzungsber. d. AdW, Jg 82/8/N)

Militzer, Heinz / Franz Weber (H): Angewandte Geophysik
Gemeinschaftspublikation mit dem Springer-Verlag, Wien-New York
Band 1: Gravimetrie und Magnetik
V 1 1984. 353 S., 226 Abb., 35 Tab., gr. 8°, 710 g, Leinen
>6745/1< [1445] 763 191 8 58,—
Band 2: Geoelektrik, Geothermik, Radiometrie und Aerogeophysik
V 1 1985. 371 S., 208 Abb., 44 Tab., gr. 8°, 820 g, Leinen >6745/2[1445] 763 357 7 58,—

Milleck, Jürgen: Immunologische Abwehr und Krebs
(Fortschritte d. Onkologie, 11)

Millet, Nicholas B. (H): Meroitic Studies
(Meroitica, 6)

Mitchell, Terence Frederick: Soziolinguistische und stilistische Aspekte des gesprochenen Arabisch der Gebildeten in Ägypten und der Levante
(Sitzungsber. d. SAW, phil.-hist. Kl., Bd 123/6)

Mitin, M. B.: Philosophie und sozialer Fortschritt
(Beiträge z. Kritik d. bürgerl. Ideologie u. d. Revisionismus, 10)

Mittenzwei, Ingrid (H): Preußen in der deutschen Geschichte vor 1789
(Studienbibliothek DDR-Geschichtswissenschaft, 2)

Mittenzwei, Werner: Wie geht das zeitgenössische Theater mit klassischen Stücken um
(Sitzungsber. d. AdW, Jg 84/13/G)

Modellierung von Phasengleichgewichten als Grundlage von Stofftrennprozessen
(Grundlagen d. Verfahrenstechnik u. chem. Technologie, 10)

Moderne Biowissenschaften

5 Hans-Heinrich Schmidt / Horst Heine unter Mitarbeit v. Helga Mach: Arterielle Durchblutungsstörungen, Aortenbogensyndrom und ischämische Herzkrankheit – Bedeutung von Alter, Geschlecht, Risikofaktoren und Schweregrad der Arteriosklerose für ihren Verlauf
1980. 212 S., 38 Abb., 89 Tab., gr. 8°, 590 g, Leinen >2148/5< [2115] 761 791 3 (32,—)

12 Ulrich Wobus (H): Isolierung, Fraktionierung und Hybridisierung von Nukleinsäuren. Eine Einführung und methodische Anleitung. Mit Beiträgen von einem Autorenkollektiv
1981. 229 S., 33 Abb., 5 Tab., gr. 8°, 520 g, Leinen
>2148/12< [1325] 761 931 0 (32,—)

15 Lothar Heinemann / Horst Heine / Gisela Heinemann: Extrakranielle zerebrale Arteriosklerose. Prognose und Funktionsbeurteilung
1980. 203 S., 59 Abb., 38 Tab., gr. 8°, 500 g, Leinen
>2148/15< [2115] 761 989 8 28,—

Reihe erscheint nicht weiter

Möbius, Friedrich: Caspar David Friedrichs Gemälde „Abtei im Eichwald" und die frühe Wirkungsgeschichte der Ruine Eldena bei Greifswald

Best.-Nr. Preis

(Abhandlg. d. SAW, phil.-hist. Kl., Bd 68/2)
–, –: Buticum in Centula
(Abhandlg. d. SAW, phil.-hist. Kl., Bd 71/1)

Molecular Genetic Information Systems
(s. Bellmann)

Mollnau, Karl A. (H): Probleme einer Rechtsbildungstheorie
(Staats- u. rechtstheoret. Studien, 13)
–, – (H): Probleme einer Strukturtheorie des Rechts
(Staats- u. rechtstheoret. Studien, 15)

Moravcsik, Gyula: Byzantinoturcica I/II
(Berliner Byzantinistische Arbeiten, 10, 11)

Morgenroth, Wolfgang (H): Sanskrit and World Culture
(Schriften z. Geschichte u. Kultur d. Alten Orients, 18)

Morgner, Winfried: Zur Anwendung der akustischen Emissionsanalyse in der Festkörperphysik
(Sitzungsber. d. AdW, Jg 81/10/N)

Morineau, Alain: Statistische Datenanalyse
(s. Lebart)

Moritz, Helmut: Geodäsie und Erdrotation
(Sitzungsber. d. AdW, Jg 85/7/N)

Moritz von Sachsen, Politische Korrespondenz des Herzogs und Kurfürsten - - -
Hrsg. v. Erich Brandenburg
Reprint – **1. Band** (bis zum Ende des Jahres 1543)
1982. XXIV, 761 S., gr. 8°, 1380 g, Halbleinen >6389/1< [0266] 753 149 0 98,—
Reprint – **2. Band** (bis zum Ende des Jahres 1546)
1983. XVIII, 1063 S., gr. 8°, 1830 g, Halbleinen >6389/2< [0266] 753 150 3 98,—

Motsch, Wolfgang (H): Untersuchungen zur Semantik
(studia grammatica, 22)
–, – (H): Satz, Text, Sprecherhandlung
(studia grammatica, 25)
–, – (H): Richtungen der modernen Semantikforschung
(Sammlung AV, Sprache)
–, – (H): Grundzüge einer deutschen Grammatik
(s. dort)

Mottek, Hans: Die Krisen und die Entwicklung des Kapitalismus
1982. 164 S., gr. 8°, 215 g, >6600< [0305] 753 885 2 (16,50)
–, –: Zu den Entwicklungsgesetzmäßigkeiten des kapitalistischen Geldsystems
(Sitzungsber. d. AdW, Jg 81/7/G)
–, –: Die 70er Jahre
(Sitzungsber. d. AdW, Jg 84/14/G)

Mottelson, Ben R.: Struktur der Atomkerne
(s. Bohr)

Mschwenieradse, W. W.: Spätbürgerliches politisches Denken und Politologie
(Zur Kritik d. bürgerl. Ideologie, 105)

Best.-Nr. Preis

Mücket, Günter: Aufbau einer analogen Verarbeitungseinheit zur Erfassung des turbulenten Energieaustausches
(Veröffentl. d. MD, 25)

Mücket, Jan Peter: Große kosmische Systeme
(Veröffentl. d. Forschungsbereichs Geo- u. Kosmoswiss., 10)

Mühlberg, Dietrich (H): Literatur und proletarische Kultur
(Literatur u. Gesellschaft, 81)

Mühlenberg, E. (H): Probleme der Informatik in Medizin und Biologie
(Abhandlg. d. AdW, Jg 81/4/N)

Müller, Georg: Die Bedeutung der vitalen und postmortalen organischen Bodensubstanzen
(Sitzungsber. d. AdW, Jg 83/5/N)

Müller, Gert: Leitfäden der Polymercharakterisierung
(s. Schröder)

Müller, Hans: Metallcluster
(Sitzungsber. d. AdW, Jg 82/12/N)

Müller, Joachim: „Weltseele" – eine lyrisch-philosophische Triade Goethes
(Abhandlg. d. SAW, phil.-hist. Kl., Bd 70/3)
–, –: Die dramatische Funktion von Mephistos Monolog in Goethes „Faust" I: „Verachte nur Vernunft und Wissenschaft ..."
(V. 1851 – 1867)
(Sitzungsber. d. SAW, phil.-hist. Kl., Bd 121/3)
–, –: Der vierte Akt im Zweiten Teil von Goethes Faust
(Sitzungsber. d. SAW, phil.-hist. Kl., Bd 122/1)
–, –: Das Alte und das Neue
(Sitzungsber. d. SAW, phil.-hist. Kl., Bd 124/5)

Müller, Karl-Heinz: Zuverlässigkeit und Funktionseffektivität komplizierter technischer Systeme
(Beiträge z. Forschungstechnologie, 12)

Müller, Klaus D. W.: Politische Ökonomie der Linksradikalen. Eine kritische Analyse aus marxistisch-leninistischer Sicht
2., durchgesehene Auflage
1984. 150 S., 8°, 400 g, >6638< [0315] 753 983 9 9,50

Müller, K. R. (H): Chemical Waste – Handling and Treatment
Lizenzausgabe des Springer-Verlages, Berlin-Heidelberg
V 2 1986. 360 S., 64 Abb., 56 Tab., gr. 8°, 690 g, >6873< [1205, 4575] 763 435 0 198,—

Müller, P. Heinz (H): Lexikon der Stochastik. Wahrscheinlichkeitsrechnung und Mathematische Statistik
4. Auflage
1983. XII, 445 S., 1 Falttaf., 2 Tab., 8°, 750 g, Lederin >5771< [1077] 762 181 6 (29,—)
–, – (H): Steuerung stochastischer Prozesse
(Math. Lehrbücher u. Monographien, II. Abt./62)

Müller, Reimar: Sozialutopisches Denken in der griechischen Antike
(Sitzungsber. d. AdW, Jg 82/3/G)
–, –: Die Konzeption des Fortschritts im antiken Geschichtsdenken
(Sitzungsber. d. AdW, Jg 83/5/G)
–, –: Gesellschaftsvertragstheorien von der Antike bis zur Gegenwart
(Sitzungsber. d. AdW, Jg 85/2/G)

Best.-Nr. Preis

–, – (H): Griechenland – Byzanz – Europa
(Berliner Byzantinistische Arbeiten, 52)
–, – (H): Aristoteles als Wissenschaftstheoretiker
(Schriften z. Geschichte u. Kultur d. Antike, 22)
–, – (H): Kulturgeschichte der Antike
(Veröffentl. d. Zentralinst. f. Alte Geschichte u. Archäologie, 6)

Müller-Mertens, Eckhard: Die Reichsstruktur im Spierel der Herrschaftspraxis Ottos des Großen
(Forschungen z. mittelalterl. Geschichte, 26)
–, – (H): Feudalismus
(Studienbibliothek DDR-Geschichtswissenschaft, 4)

Müntz, K. (H): Regulation of Protein Biosynthesis and Degradation during Embryogenesis and Germination of Plant Seeds
(Abhandlg. d. AdW, Jg 81/5/N)

Münz-Koenen, Ingeborg (H): Literarisches Leben in der DDR 1945 bis 1960
(Literatur u. Gesellschaft, 67)

Münze, Rudolf: Stand und Entwicklung der Aufarbeitung radioaktiven Materials
(Sitzungsber. d. AdW, Jg 81/4/N)

Naas, Josef / Hermann Ludwig Schmid (H): Mathematisches Wörterbuch mit Einbeziehung der Theoretischen Physik
Im Auftrage des Instituts für Mathematik der AdW der DDR bearb. u. hrsg. unter Mitwirkung zahlreicher Fachgelehrter. In Arbeitsgemeinschaft mit B. G. Teubner Verlagsgesellschaft, Leipzig und Stuttgart
8. Auflage
Band I: A – K
1984. XVI, 1044 S., 4°,
Band II: L – Z
1984. VIII, 952 S., 4°, zus. 4850 g, Lederin ›5319/I – II‹ [1007] 761 703 2 (450,—)

Nachrichtentheorie, Statistische – und ihre Anwendungen
(Abhandl. d. AdW, Jg 81/6/N)

Näther, Wolfgang: Theorie und Anwendung der optimalen Versuchsplanung
(Math. Lehrbücher u. Monographien, II. Abt./48)

Natanson, I. P.: Theorie der Funktionen einer reellen Veränderlichen
(Math. Lehrbücher u. Monographien, I. Abt./VI)

Natural Language
(s. Bolc)

Natural Language, Representation and Processing of - -
(s. Bolc)

Neef, Ernst: Der Verlust der Anschaulichkeit in der Geographie und das Problem der Kulturlandschaft
(Sitzungsber. d. SAW, math.-nat. Kl., Bd 115/6)

Negmatov, S. S.: Principles of Polymer Composites
(s. Berlin)

Best.-Nr. Preis

Negwer, Martin: Organic-Chemical Drugs and their Synonyms
6., bearbeitete Auflage
1986. >5300< [2067] 763 373 7 295,—
A 320,—

Nehrkorn, Klaus: Formelmanipulation mit dem Computer
(Informatik – Kybernetik – Rechentechnik, 11)

Nerius, Dieter (H): Theoretische Probleme der deutschen Orthographie
(Sprache u. Gesellschaft, 16)

Neuber, Heinz: Kerbspannungslehre. Theorie der Spannungskonzentration. Genaue Berechnung der Festigkeit
Lizenzausgabe des Springer-Verlages, Berlin-Heidelberg
1985. 326 S., 214 Abb., gr. 8°, 760 g, >6899< [3025] 763 466 8 (198,—)

Neubert, Albrecht: Soziolinguistische Aspekte der Theorie des Sprachwandels
(Sitzungsber. d. AdW, Jg 82/10/G)
–, –: Zu einigen aktuellen Problemen der lexikalischen Semantik
(Sitzungsber. d. SAW, phil.-hist. Kl., Bd 121/6)
–, –: Diskurs über den Diskurs
(Sitzungsber. d. SAW, phil.-hist. Kl., Bd 124/2)

Neue Ergebnisse auf dem Gebiet der gerichtlichen Medizin. Otto Prokop zum 60. Geburtstag
(Sitzungsber. d. AdW, Jg 82/18/N)

Neuere Forschungsergebnisse aus den chemischen Wissenschaften

ISSN 0232-1610

Hrsg. im Auftrag d. Forschungsbereichs Chemie der AdW der DDR
1 Dieter Martin / Radu Bacaloglu: Organische Synthesen mit Cyansäureestern
1980. 228 S., 3Abb., 31 Tab., gr. 8°, 370 g, Leinen >6538< [1275, 1235] 762 684 4 (48,—)
2 Hans-Jörg Jacobasch: Oberflächenchemie faserbildender Polymerer
1984. 186 S., 84 Abb., 49 Tab., gr. 8°, 290 g, >6640< [1275, 1215] 762 996 5 36,—
A 48,—

Reihe erscheint nicht weiter

Neugebauer, Gernot: Relativistische Thermodynamik
(WTB, Reihe Mathematik/Physik)

Neumann, Dietrich (H): Physiologie der Obstgehölze
(s. Friedrich)

Neumann, Gerd: Die ökonomischen Entwicklungsbedingungen des RGW
(Forschungen z. Wirtschaftsgesch., 13)

Neumann, Hans: Elektrische und elektronische Meßtechnik
(WTB, Reihe Mathematik/Physik)
–, –: Temperaturmessung
(WTB, Reihe Mathematik/Physik)

Neumann, Isolde: Die Familiennamen der Stadtbewohner in den Kreisen Oschatz, Riesa und Großenhain bis 1600
(Deutsch-Slawische Forschungen z. Namenkunde u. Siedlungsgesch., 33)

Best.-Nr. Preis

Neumann, Peter: Stochastische Verfahren zur Suche nach dem Minimum einer Funktion
(Mathematische Forschung, 16)

Neumann, Werner: Über das funktionale Wechselverhältnis von Vokalität und Instrumentalität als kompositionstechnisches Grundphänomen
(Sitzungsber. d. SAW, phil.-hist. Kl., Bd 123/3)
–, – (H): Reden in der Akademie
(s. Grimm)
–, – (H): Sprachwissenschaftliche Germanistik
(s. dort)

Neumann, Wolfgang: Bildinterpretation in der Hochauflösungs-Elektronenmikroskopie
(Beiträge z. Forschungstechnologie, 11)

Neuner, Gerhart: Sozialer Lebensprozeß und Erziehung
(Sitzungsber. d. AdW, Jg 80/2/G)
–, –: Entwicklungsprobleme sozialistischer Allgemeinbildung
(Sitzungsber. d. AdW, Jg 85/9/G)

Neutronen zur Lösung von Problemen in Wissenschaft und Praxis
(Sitzungsber. d. AdW, Jg 82/7/N)

New York 1935/37. Reden und Dokumente der Schriftstellerkongresse
Hrsg. u .eingeleitet v. Eberhard Brüning
1984. 490 S., 20 Abb., 8°, 750 g, Leinen >6686< [8007] 754 107 4 (32,—)
(A 48,—)

Nick, Harry: Wissenschaftlich-technische Revolution – historischer Platz, Entwicklungsetappen, soziales Wesen
1983. 120 S., 1 Tab., 8°, 55 g, >6673< [0155] 754 069 6 (9,—)

Nier, Michael: Mikroelektronik und Gesellschaft
(s. Hütter)

Nikitin, Evgeni E.: Theorie chemischer Elementarprozesse
(WTB, Reihe Chemie)

Nishiwaki, Yasushi (H): Fuzzy Sets Applications
(Mathematische Forschung, 30)

Nitschkoff, Stefan: Blutdruckvariabilität der Hyper- und Hypotonie. Eine Selbstmessungsstudie
1981. IX, 166 S., 59 Abb., 24 Tab., gr. 8°, 475 g, Leinen
>6596< [2075] 762 865 5 25,—
–, – (H): Arterielle Hypertonie
(s. Baumann)

Nitschmann, Joachim: Entwicklung bei Mensch und Tier
(WTB, Reihe Biologie)

Njammasch, Marlene: Untersuchung zur Genesis des Feudalismus in Indien
(Schriften z. Geschichte u. Kultur d. Alten Orients, 17)

Noack, Karl-Heinz (H): Preußen in der deutschen Geschichte vor 1789
(Studienbibliothek DDR-Geschichtswissenschaft, 2)
–, – (H): Preußen in der deutschen Geschichte nach 1789
(Studienbibliothek DDR-Geschichtswissenschaft, 3)

Nollau, Volker: Semi-Markovsche Prozesse
(WTB, Reihe Mathematik/Physik)

Best.-Nr. Preis

–, –: Markov Decision Problems with Countable State Spaces
(Mathematische Forschung, 15)

–, – (H): Steuerung stochastischer Prozesse
(Math. Lehrbücher u. Monographien, II. Abt./62)

Nomaden, Die – in Geschichte und Gegenwart
(Veröffentl. d. Museums f. Völkerkunde z. Leipzig, 33)

Novák, J. (H): Convergence Structures 1984
(Mathematische Forschung, 24)

Nowak, Siegfried: Pyrolyse von Kohlenwasserstoffen
(Sitzungsber. d. AdW, Jg 80/12/N)

Nuhn, Peter: Chemie der Naturstoffe. Bioorganische Chemie
1981. 660 S., 117 Abb., 3 Falttaf., 103 Tab., 2 Skizzen, gr. 8°,
1230 g, Leinen ›6345‹ [1274] 762 285 1 (98,—)

–, –: Molekulare Wirkungsmechanismen von Pharmaka
(WTB, Reihe Biologie)

Numerische Verfahren in Aktion

Hrsg. v. Volker Friedrich / Horst Hollatz / Hubert Schwetlick

Band 1: Moduln für lineare Gleichungssysteme
Hrsg. v. Horst Hollatz unter Mitarbeit v. D. Richter u. W. Burmeister
1980. 156 S., 4 Abb., 3 Tab., gr. 8°, 250 g, ›6580/1‹ [1065] 762 813 7 (25,—)

Band 2: Ein Programmsystem für Matrizeneigenwertprobleme
Von Wilgard Lang mit Anhängen v. B. Döhler, A. Meyer, L. Skurt, J. P. Sommer
1982. 161 S., 4 Abb., 4 Tab., gr. 8°, 235 g, ›6580/2‹ [1065] 763 008 5 (25,—)

Reihe erscheint nicht weiter

Nussbaum, Helga / Lotte Zumpe (H): Wirtschaft und Staat in Deutschland. Eine Wirtschaftsgeschichte des staatsmonopolistischen Kapitalismus in Deutschland vom Ende des 19. Jh. bis 1945
in drei Bänden
Band 3: – Lotte Zumpe: Wirtschaft und Staat in Deutschland 1933 bis 1945. Mit einem Kapitel über Außenhandel und Okkupationswirtschaftspolitik 1939 – 1945 v. Berthold Puchert
1980. VII, 552 S., 3 Abb., 127 Tab., 1 Falttaf., gr. 8°, 1080 g, Leinen
›6403/3‹ [0265] 753 221 5 (35,—)

Nyholm, Kurt (H): Albrechts Jüngerer Titurel,
(Dt. Texte d. Mittelalters, LXXIII)

Nykänen, Lalli: Aroma of beer, wine and Distilled Alcoholic Beverages
(s. Rothe, Handbuch d. Aromaforschung, 4)

Ochotina, N. V. (H): Studien zur nationalsprachlichen Entwicklung in Afrika
(Studien über Asien, Afrika u. Lateinamerika, 34)

Best.-Nr. Preis

Öhlmann, Gerhard: Katalyse – ein Hauptweg chemischer Stoffwandlung
(Sitzungsber. d. AdW, Jg 80/8/N)

Ökologie, Biophysikalische – und Ökosystemforschung
(s. Unger/Stöcker)

Ökonomische Effektivität der gesellschaftlichen Produktion im entwickelten Sozialismus
(s. Braun)

Ökonomische Strategie der 80er Jahre und Effektivität des Wirtschaftsrechts
(Abhandlg. d. AdW, Jg 83/3/W)

Ökonomische Studientexte

ISSN 0078-3404

3 Adam Smith: Eine Untersuchung über das Wesen und die Ursachen des Reichtums der Nationen
Bd III – Übersetzt u. hrsg. v. Peter Thal
1984. 444 S., 8°, 550 g, Leinen ›2093/3/3‹ [0306] 754 193 9 22,50
A 28,—

7/1 Anne Robert Jacques Turgot: Betrachtungen über die Bildung und Verteilung der Reichtümer nach der von Turgot freigegebenen Ausgabe ‚Reflexions sur la Formation et la Distribution des Richesses' [par M. Y., Paris 1770].
Übersetzt u. mit einer Vorbemerkung u. pertinenten Materialien versehen v. Marguerite Kuczynski.
Veröffentlicht anläßlich der 200. Wiederkehr des Todestages TURGOTs am 18. März 1981
1981. 251 S., 1 Abb., 8°, 350 g, Leinen ›2093/7/1‹ [0306] 763 362 1 19,50
A 38,—

8 Charles Fourier: Ökonomisch-philosophische Schriften – eine Textauswahl
Übersetzt u. mit einer Einleitung hrsg. v. Lola Zahn
1980. LIV, 254 S., 8°, 370 g, Leinen ›2093/8‹ [0306] 753 389 1 (19,50)

9 Friedrich List: Das nationale System der politischen Ökonomie
Hrsg. u. mit einem Nachwort versehen v. Günter Fabiunke
1982. XLIX, 521 S., 2 Taf., 8°, 680 g, Leinen ›2093/9‹ [0306] 753 856 1 38,—

Ab Band 10

Ökonomiehistorische Texte

ISSN 0233-0946

Hrsg. v. Zentralinstitut für Wirtschaftswissenschaften der AdW der DDR

10 William Petty: Schriften zur politischen Ökonomie und Statistik
Übersetzt u. hrsg. v. Willy Görlich
1986. 436 S., 8°, 480 g, Leinen ›2093/10‹ [0306] 754 318 4 28,—
A 35,—

11 Pierre le Pesant de Boisguilbert: Denkschriften zur wirtschaftlichen Lage im Königreich Frankreich

		Best.-Nr.	Preis
Übersetzt u. hrsg. v. Achim Toepel 1986. 441 S., 1 Frontispiz, 8°, 530 g, Leinen >2093/11<	[0306]	754 398 5	28,— A 32,—
Oelßner, Wilhelm: Computertomographie (Abhandlg. d. SAW, math.-nat. Kl., Bd 55/2)			
Ogle, Craij A.: Carbanion Chemistry (s. Bates)			
Oiserman, T. I.: Dialektischer Materialismus und Geschichte der Philosophie. Philosophiehistorische Studien (Übersetzung aus dem Russischen; wissenschaftl. bearbeitet v. Bernd Ulbrich) 1982. 260 S., 8°, 325 g, >6632<	[0115]	753 970 8	(19,50)
–, – (H): Vom Mute des Erkennens (Schriften z. Philosophie u. ihrer Geschichte, 28)			
Olberg, Manfred / Ferenc Rákóczi: Informationstheorie in Meteorologie und Geophysik. Mit besonderer Berücksichtigung der Maximum-Entropie-Spektralschätzung 1984. 181 S., 35 Abb., 19 Tab., 8°, 240 g, >6757<	[1435]	763 221 6	25,— A 30,—
Olbernhau, Um – und Seiffen (Werte unserer Heimat, 43)			
Onken, Dieter: Antibiotika (WTB, Reihe Chemie)			
Opitz, Reinhard: Faschismus und Neofaschismus Lizenzausgabe des Verlages Marxistische Blätter, Frankfurt/Main 1984. 537 S., 8°, 500 g, >6871<	[0235]	754 447 8	(19,50)
Oppermann, Heinrich (H): Vanadiumoxide (s. dort)			
Organische Chemie, Reaktive Zwischenstufen in der - - (WTB, Reihe Chemie)			
Origenes Werke (Griech. Christl. Schriftsteller)			
Originalmitteilungen aus der Klasse Chemie (Sitzungsber. d. AdW, Jg 82/15/N)			
Orlovski, Sergei (H): Fuzzy Sets Applications (Mathematische Forschung, 30)			
Ortutay, Gyula (H): Ungarische Volksmärchen (Volksmärchen, 2)			
Owtscharow, L. A.: Aufgabensammlung zur Wahrscheinlichkeitsrechnung (Math. Lehrbücher u. Monographien, I. Abt./22)			
Paine, Thomas: Die Rechte des Menschen (Philosophiehistorische Texte)			

Papyri aus den Staatlichen Museen zu Berlin

ISSN 0232-3257

Demotische Papyri

			Best.-Nr.	Preis
	Lieferung 2: Thebanische Kaufverträge des 3. und 2. Jahrhunderts v. u. Z. Bearbeitet v. Stefan Grunert 1981. VII, 91 S., 51 Taf., 4°, 1190 g, >3063/2<	[8108]	753 580 3	**98,—**

Paris 1935

Erster Internationaler Schriftstellerkongreß zur Verteidigung der Kultur. Reden und Dokumente. Mit Materialien der Londoner Schriftstellerkonferenz 1936. Einleitung und Anhang v. Wolfgang Klein
1985. 524 S., 29 Abb. auf 16 Taf., 8°, 750 g, Leinen >6545< [8107] 753 933 7 **(32,—)** **(A 48,—)**

Parnes, Vera A.: Krebsviren. Suche – Gedanken – Theorien – Ausblick (Autorisierte Übersetzung aus dem Russischen; in dt. Spr. hrsg. v. Ulrich Bergmann)
1983. XII, 239 S., 83 Abb., 8°, 350 g, >6679< [2705] 763 058 7 **32,—** **A 38,—**

Parsi, Rassouli Akhawan unter Mitarbeit v. Arno Hecht, Bernhard Kleitke / Werner Porstmann / Harry Warnke: Die ischämische Herzkrankheit
1981. XXII, 773 S., 173 Abb., 144 Tab., 5 Schemata, gr. 8°, 1790 g, Leinen >6053< [2115] 761 758 5 **(120,—)**

Parthey, Heinrich (H): Interdisziplinarität in der Forschung
(Wissenschaft u. Gesellschaft, 22)

Parthier, Benno: Die cytologische Symbiose am Beispiel der Biogenese von Zellorganellen
(Sitzungsber. d. SAW, math.-nat. Kl., Bd 114/4)
–, –: Der Beitrag der Molekularbiologie zur Evolutionserkenntnis
(Sitzungsber. d. SAW, math.-nat. Kl., Bd 116/6)
–, –: Gene, Gentechnik, Genmanipulation
(Sitzungsber. d. SAW, math.-nat. Kl., Bd 117/7)

Paschke, Franz (H): Überlieferungsgeschichtliche Untersuchungen
(Texte u. Untersuchungen z. Geschichte d. altchristl. Literatur)

Pastušny, S. A.: Der Mendelismus und die philosophischen Probleme der modernen Genetik
(WTB, Reihe Texte u. Studien)

Paufler, Perer: Physikalische Kristallographie
V 3 1986. XII, 325 S., 126 Abb., 69 Tab., gr. 8°, 605 g, >6872< [1184] 763 433 4 **42,—**
–, –: Phasendiagramme
(WTB, Reihe Mathematik/Physik)

Paul, Harry: Photonen
(WTB, Reihe Texte u. Studien)

Paulenz, Horst (H): Giftgesetz der DDR
(s. dort)

Paulin, Gerhard: Programmieren mit PASCAL
(Informatik – Kybernetik – Rechentechnik, 12)

Pautsch, Hildegard (H): Bernard Bolzano 1781 – 1848
(s. Bolzano)

Best.-Nr. Preis

Pavlow, V. M.: Zur Ausbildung der Norm der deutschen Literatursprache im Bereich der Wortbildung (1470 – 1730)
(Bausteine z. Sprachgeschichte d. Neuhochdeutschen, 56/VI)

Peek, Werner: Attische Versinschriften
(Abhandlg. d. SAW, phil.-hist. Kl., Bd 69/2)

Pegel, Bert: Empirische Modellbildung und Versuchsplanung
(Beiträge z. Forschungstechnologie, 7)

Pensel, Franzjosef (H): Verzeichnis der altdeutschen und ausgewählter neuerer deutscher Handschriften in der Universitätsbibliothek Jena
(Dt. Texte d. Mittelalters, LXX, 2)

Perthel, Rolf: Magnetische Eigenschaften von Festkörpern
(WTB, Reihe Mathematik/Physik)

Peschel, Manfred / Werner Mende: The Predator-Prey Model: Do we live in a Volterra-World?
V 1 1985. XI, 251 S., 113 Abb., 11 Tab., gr. 8°, 645 g, Leinen ›6895‹ [1095] 763 451 0 48,—
A 58,—

–, –: Leben wir in einer Volterra-Welt?
(Mathematische Forschung, 14)

–, – (H): Lotka-Volterra-Approach to Cooperation and Competition in Dynamic Systems
(Mathematische Forschung, 23)

–, – (H): Fuzzy Sets Applications
(Mathematische Forschung, 30)

Peters, Jan: Exilland Schweden. Deutsche und schwedische Antifaschisten 1933 – 1945
1984. XIV, 245 S., 76 Abb., 48 Taf., 2 Tab., gr. 8°, 690 g, Leinen ›6527‹ [0285] 753 588 9 (28,—)

Petersen, Asmus: Die Gräser als Kulturpflanzen und Unkräuter auf Wiese, Weide und Acker. Ihre Bestimmung, Erkennung und Beschreibung in biologischer, ökologischer sowie landwirtschaftlicher und landeskultureller Beziehung
6., bearbeitete Auflage
1987. ›6659‹ [4265] 763 022 9

Petrow, A. S.: Einstein-Räume
(Math. Lehrbücher u. Monographien, II. Abt./XVI)

Petrow, B. N.: Entwicklung und Perspektiven der Kosmosforschungen
(Sitzungsber. d. AdW, Jg 80/20/N)

Petty, William: Schriften zur politischen Ökonomie und Statistik
(Ökonomiehist. Texte, 10)

Petzold, Joachim: Die Demagogie des Hitlerfaschismus. Die politische Funktion der Naziideologie auf dem Wege zur faschistischen Diktatur
1982. XX, 444 S., 8°, 550 g, ›6651‹ [0265] 753 997 8 (25,—)

–. –: Von Sarajevo nach Versailles
(Taschenbuch Geschichte, 12)

Pfeiffer, Ludwig / Manfred Kurze / Gerhard Mathé: Einführung in die Petrologie
2., bearbeitete Auflage
1985. 564 S., 119 Abb., 38 Taf., 83 Tab., gr. 8°, 1135 g, Leinen ›6378‹ [1425] 762 349 1 98,—
A 118,—

	Best.-Nr.	Preis
Pheby, John: Intonation und Grammatik im Deutschen (Sammlung AV, Sprache)		
Philipp, Burkart: Holz (Sitzungsber. d. AdW, Jg 81/14/N)		
–, –: Neue Ergebnisse der Polymerforschung (Sitzungsber. d. AdW, Jg 82/23/N)		
Philosophie – Wissenschaft. Zum Wirken von Georg Klaus (Sitzungsber. d. AdW, Jg 83/10/G)		
Philosophie – Wissenschaft – Politik (Schriften z. Philosophie u. ihrer Geschichte, 35)		
Philosophiehistorische Texte [0116] (vormals: Philosophische Studientexte)		
Francis Bacon: Das Neue Organon (Novum Organon). Hrsg. v. Manfred Buhr; übersetzt v. Rudolf Hoffmann, bearbeitet v. Gertraud Korf 2., durchgesehene Auflage 1982. XXIII, 306 S., 8°, 500 g, Leinen >4027<	754 063 7	(18,50)
–, –: Neu-Atlantis. Hrsg. v. Beate Behrens; übersetzt v. Georg Gerber; Anmerkungen, Nachwort und Register v. Beate Behrens 2., durchgesehene Auflage 1984. 80 S., 8°, 100 g, >4013<	754 267 5	6,50 A 10,—
Georg Wilhelm Friedrich Hegel: Grundlinien der Philosophie des Rechts oder Naturrecht und Staatswissenschaft im Grundrisse. Nach der Ausgabe von Eduard Gans herausgegeben und mit einem Anhang versehen v. Hermann Klenner 1982. 645 S., 1 Titelbild, 8°, 700 g, Leinen >4071<	753 908 9	(38,—)
Die Illuminaten. Quellen und Texte zur Aufklärungsideologie des Illuminatenordens (1776 – 1785). Hrsg. v. Jan Rachold 1984. 409 S., 8°, 490 g, Leinen >4074<	753 992 7	38,— A 50,—
Thomas Paine: Die Rechte des Menschen. Hrsg., übersetzt u. eingeleitet v. Wolfgang Mönke 2., durchgesehene u. mit einem Nachwort versehene Auflage 1983. 421 S., 8°, 420 g, Leinen >4029<	754 245 6	(25,—) (A 28,—)
Platon Werke		
In der Übersetzung von Friedrich Daniel Ernst Schleiermacher. Hrsg. im Auftrage des Zentralinstituts für Philosophie der AdW der DDR unter Leitung v. Johannes Irmscher, durchgesehen v. Regina Steindl u. Christian Krebs		
Band I, 1: Phaidros-Lysis-Protagoras-Laches 1984. X, 261 S., 8°, 340 g, Leinen >4078/I/1<	754 159 2	22,— A 28,—
Band I, 2: Charmides-Eutyphron-Parmenides 1985. 282 S., 8°, 360 g, Leinen >4078/I/2<	754 445 1	24,— A 36,—
Band II, 1: Gorgias-Theaitetos-Menon-Euthydemos 1985. 327 S., 8°, 400 g, Leinen >4078/II/1<	754 478 5	28,— A 36,—

		Best.-Nr.	Preis
Philosophische Studientexte	[0116]		
Briefe von und an Hegel. Hrsg. v. Johannes Hoffmeister Lizenzausgabe des Felix Meiner Verlages, Hamburg **Band IV** – Teil 2: Nachträge zum Briefwechsel, Register mit biographischem Kommentar, Zeittafel Hrsg.v. Friedhelm Nicolin			
V 2 1982. XII, 332 S., 8°, 415 g, Leinen ›4057/IV/2‹		754 048 5	**32,—**
Außerhalb der Reihe			
Moses Heß:Philosophische und sozialistische Schriften 1837 – 1850. Eine Auswahl. Hrsg. u. eingeleitet v. Wolfgang Mönke 2., bearbeitete Auflage 1980. CIII, 545 S., gr. 8°, 1185 g, Leinen ›4022‹		750 062 7	(58,—)

Fortführung der „Philosophischen Studientexte" als „Philosophiehistorische Texte"

Philostorgius – Kirchengeschichte
(Griech. Christl. Schriftsteller)

Physical Research

1 Harald Böttger/Valerij V. Bryksin: Hopping Conduction in Solids			
V 3 1985. 398 S., 107 Abb., 1 Tab., 8°, 770 g, ›6863‹	[1184]	763 411 5	88,—

Physik der Atmosphäre, Tagung - - -
(Abhandlg. d. MD, 133, 134)

Physik des Planeten Erde
(s. Lauterbach)

Physiologie der Obstgehölze
(s. Friedrich)

Pigments in Plants
(s. Czygan)

Pippel, Armin: Bildinterpretation in der Hochauflösungs-Elektronenmikroskopie
(Beiträge z. Forschungstechnologie, 11)

Pippig, Ernst-Egon: Einheiten – Maßsysteme – SI
(WTB, Reihe Mathematik/Physik)

Pitajewski, L. P.: Lehrbuch der Theoretischen Physik
(s. Landau)

Places, E. des (H): Eusebius-Werke
(Griech. Christl. Schriftsteller)

Plant Seeds, Regulation of Protein Biosynthesis and Degradation during Embryogenesis and Germination of - -
(Abhandlg. d. AdW, Jg 81/5/N)

Planungs- und Prognosemodelle
(Schriften d. Zentralinst. f. Wirtschaftswiss., 19)

Plasmamembran, Die Tranport- und Erkennungsfunktion der – tierischer Zellen
(Sitzungsber. d. AdW, Jg 83/8/N)

		Best.-Nr.	Preis
Platon-Werke (Philosophiehistorische Texte)			
Plauen und das mittlere Vogtland (Werte unserer Heimat, 44)			
Plinius der Jüngere – Briefe (Schriften u. Quellen d. Alten Welt, 35)			
Pötschke, Dieter: Mathematische Informationstheorie (Elektron. Rechnen u. Regeln, 16)			
Poggendorff. Biographisch-literarisches Handwörterbuch der exakten Naturwissenschaften	[1007]		
Hrsg. v.d. SAW zu Leipzig. Leitung der Redaktion: Lebrecht Weichsel			
Band VIIb des Wörterbuches gibt Aufschluß über die bedeutendsten Gelehrten und Fachvertreter der Universitäten und Hochschulen des nichtdeutschen Sprachgebiets ab 1932, soweit ihre Bibliographie in Band VI begonnen oder fortgesetzt wurde.			
Band VIIb, Teil 6: N – Q. Berichtsjahre 1932 – 1962			
Fünfte Lieferung. 1980. 103 S., gr. 8°, 210 g, >3050/VI/5<		762 757 2	24,—
Einbanddecke zum Band VIIb, Teil 6 1980. gr. 8°, 150 g, >3050/VI/E<		762 791 9	(3,50)
Band VIIb, Teil 7: R—Sm			
Erste Lieferung. 1981. 160 S., gr. 8°, 290 g, >3050/VII/1<		762 875 1	24,—
Zweite Lieferung. 1982. 159 S., gr. 8°, 295 g, >3050/VII/2<		762 945 5	24,— A 30,—
Dritte Lieferung. 1983. 160 S., gr. 8°, 300 g, >3050/VII/3<		762 946 3	24,— A 30,—
Vierte Lieferung. 1984. 160 S., gr. 8°, 280 g, >3050/VII/4<		762 947 1	24,— A 30,—
Fünfte Lieferung. 1984. 160 S., gr. 8°, 310 g, >3050/VII/5<		763 301 6	24,— A 30,—
Einbanddecke zum Band VIIb, Teil 7 1985. >3050/VII/E<		763 330 7	(3,50)
Band VIIb, Teil 8: Sm—			
Erste Lieferung. 1985. 160 S., gr. 8°, 300 g, >3050/VIII/1<		763 360 6	24,— A 30,—
Zweite Lieferung. 1986. 160 S., gr. 8°, 300 g, >3050/VIII/2<		763 361 4	24,— A 30,—
Pohrt, Heinz / Karl Gutschmidt / Johannes Schultheis: Bibliographie slawistischer Publikationen aus der DDR 1978 – 1981. Dem IX. Internationalen Slawistenkongreß gewidmet 1983. XV, 278 S., gr. 8°, 475 g, >6711<	[0857]	754 140 2	28,— A 48,—
Pokrytan, A. K.: Das Historische und das Logische in der ökonomischen Theorie des Sozialismus (Übersetzung aus dem Russischen; wissenschaftl. Bearbeitung: Rainer Sämisch) 1981. 202 S., 8°, 260 g, >6327<	[0305]	752 958 5	(18,—)
Polter, Claus (H): Systemische Fungizide und Antifungale Verbindungen (Abhandlg. d. AdW, Jg 82/1/N)			

Best.-Nr. Preis

Pomoranisches Wörterbuch
Hrsg. v. Zentralinstitut für Sprachwissenschaft der AdW der DDR
Bd V: Lieferung 1: Nachträge: šlôz-živirovišče
1983. 258 S., gr. 8°, 450 g, >2040/-S/1/V-1< [0857] 754 160 5 68,—

Pompe, Wolfgang: Zur Anwendung der akustischen Emissionsanalyse in der Festkörperphysik
(Sitzungsber. d. AdW, Jg 81/10/N)

Poppe, Eberhard: Sozialistisches Recht und Demokratie
(Sitzungsber. d. AdW, Jg 81/3/G)
–, –: Sozialistisches Recht und Wissenschaft
(Sitzungsber. d. AdW, Jg 81/9/G)
–, –: Der Bürger im Verwaltungsrecht der DDR
(Sitzungsber. d. AdW, Jg 84/6/G)
–, –: Arthur Baumgarten zum 100. Geburtstag
(Sitzungsber. d. AdW, Jg 84/15/G)
–, –: Universalität der Menschenrechte
(Sitzungsber. d. SAW, phil.-hist. Kl., Bd 125/3)

Pose, Rudolf Arthur: Rechnergestützte Bildverarbeitung
(Beiträge z. Forschungstechnologie, 8)

Possart, Wulff: Adhäsion
(s. Bischof)

Posthoff, Christian: Binäre dynamische Systeme
(Informatik – Kybernetik – Rechentechnik, 1)
–, – / Eugen-Georg Woschni: Funktionaltransformationen der Informationstechnik
1984. 207 S., 40 Abb., 8°, 260 g, >6825< [1094] 763 353 4 28,—

Potter, Paul (H): Hippokrates, Über die Krankheiten III
(Corpus Medicorum Graecorum, 23)

Pränatale Diagnostik genetisch bedingter Leiden. Helmut Kraatz zum 80. Geburtstag
(Sitzungsber. d. AdW, Jg 83/9/N)

Praschek, Helmut (H): Gerhart Hauptmanns „Weber"
(Deutsche Bibliothek, 8)

Preußische Reformen – Aus Anlaß des 150. Todestages des Freiherrn vom und zum Stein
(Sitzungsber. d. AdW, Jg 82/1/G)

Priller, Eckhard (H): Indikatoren in der soziologischen Forschung
(s. dort)

Probleme des Völkerrechts
(s. Graefrath)

Probleme und Ergebnisse aus der Arbeitsgruppe Kybernetik/Informationsverarbeitung der Klasse Mathematik 1977/78
(Sitzungsber. d. AdW, Jg 79/12/N)

Prodromos, Theodoros: Der Katzenmäusekrieg
(Schriften u. Quellen d. Alten Welt, 22)

Produktivkräfte in Deutschland
(s. Geschichte der Produktivkräfte in Deutschland)

Prößdorf, Siegfried: Singuläre Integraloperatoren
(Math. Lehrbücher u. Monographien, II. Abt./52)

Best.-Nr. Preis

Prokop, Otto: Genetik erblicher Syndrome und Mißbildungen
(s. Witkowski)

Properz-Gedichte
(Schriften u. Quellen d. Alten Welt, 18)

Proschan, Frank: Statistische Theorie der Zuverlässigkeit
(Math. Lehrbücher u. Monographien, II. Abt./49)

Prozesse des Alterns
Von einem Autorenkollektiv
1983. 315 S., 88 Abb., 42 Tab., gr. 8°, 665 g, Leinen >6635< [2315] 762 986 9 **(48,—)**

Prutz, Robert Eduard: Zu Theorie und Geschichte der Literatur
(Deutsche Bibliothek, 10)

Pseudo-Homer: Der Froschmäusekrieg
(Schriften u. Quellen d. Alten Welt, 22)

Purkert, Walter: Schwach korrelierte Prozesse und ihre Anwendungen
(Sitzungsber. d. AdW, Jg 80/23/N)
–, –: Random Eigenvalue Problems
(Math. Lehrbücher u. Monographien, II. Abt./63)

Qualitätskontrolle und Qualitätssicherung in der Laboratoriumsdiagnostik
(Kommentare z. Arzneibuch, 9)

Quartärpaläontologie [1475]

ISSN 0138-3116

Band 4
1981. 195 S., 98 Abb., 4 Taf., 43 Tab., 4 Karten, 4°, 810 g, Halbleinen >2164/4< 762 839 9 **75,—**

Band 5
1984. 432 S., 101 Abb., 75 Taf., 37 Tab., 4°, 1490 g, Halbleinen >2164/5< 763 193 4 **165,—**

Quartausgabe, Die Nachgelassenen Werke und die –
(s. Quellen und Zeugnisse zur Druckgeschichte von Goethes Werken)

Quellen und Studien zur Geschichte Osteuropas

ISSN 0079-9114

Begründet von Eduard Winter. Neue Folge. Hrsg. v. Zentralinstitut für Geschichte der AdW der DDR

25 **Eduard Winter / Ernst Eichler (H): Johann Severin Vater – Ein Wegbereiter der deutsch-slawischen Wechselseitigkeit. (Zu Vaters slawistischen Studien im Lichte seiner Briefe an Friedrich Adelung in Petersburg)**
1984. VIII, 200 S., 5 Abb. auf 5 Taf., 1 Frontispiz, gr. 8°, 510 g, Leinen >2087/25< [0235] 753 901 1 **22,—**
A 28,—

26 **Wegbereiter der deutsch-slawischen Wechselseitigkeit. Mit Unterstützung zahlreicher Freunde der deutsch-slawischen Wechselseitigkeit hrsg. v. Eduard Winter unter Mitwirkung v. Günter Jarosch**
1983. VIII, 450 S., gr. 8°, 860 g, Leinen >2087/26< [0235] 753 925 7 **(48,—)**
(A 58,—)

		Best.-Nr.	Preis
27	**Eva Seeber:** Die Mächte der Antihitlerkoalition und die Auseinandersetzung um Polen und die ČSR 1941 – 1945 1984. 459 S., gr. 8°, 750 g, >2087/27< [0255]	754 214 9	42,—

Quellen und Zeugnisse zur Druckgeschichte von Goethes Werken [7103]

Hrsg. v. Zentralinstitut für Literaturgeschichte der AdW der DDR

	Best.-Nr.	Preis
Teil II: Die Ausgabe letzter Hand. Bearbeitet v. Waltraud Hagen 1982. 783 S., gr. 8°, 1320 g, Leinen >3006/VII/2/II<	753 501 0	98,—
Teil III: Die Nachgelassenen Werke und die Quartausgabe. Bearbeitet v. Edith u. Horst Nahler 1986. 463 S., gr. 8°, 820 g, Leinen >6759<	753 502 9	60,— A 90,—
Teil IV: Die Einzeldrucke. Bearbeitet v. Inge Jensen 1984. 825 S., gr. 8°, 1340 g, Leinen >6760<	753 503 7	110,—

Rach, Hans-Jürgen (H): Bauer und Landarbeiter im Kapitalismus in der Magdeburger Börde
(Veröffentl. z. Volkskunde u. Kulturgeschichte, 66/3)
–, – (H): Vom Bauen und Wohnen
(Veröffentl. z. Volkskunde u. Kulturgeschichte, 71)

Rachold, Jan (H): Die Illuminaten
(Philosophiehistorische Texte)

Radtke, Rainer: Electric Properties of Weakly Nonideal Plasmas
(Ergebnisse d. Plasmaphysik u. Gaselektronik, 7)

Rädler, Karl-Heinz: Mean-Field Magnetohydrodynamics and Dynamo Theory
(s. Krause)

Rätzsch, Manfred: Neue Ergebnisse der Polymerforschung
(Sitzungsber. d. AdW, Jg 82/23/N)

Rätzsch, Margit T.: Thermodynamik und biologische Entwicklung
(Sitzungsber. d. AdW, Jg 80/2/N)
–, –: Kontinuierliche Thermodynamik von Vielstoffgemischen
(Sitzungsber. d. AdW, Jg 82/13/N)

Rahner, Dietmar: Einheitliche modelltheoretische Betrachtungen von Vorgängen bei der Metallkorrosion
(Sitzungsber. d. AdW, Jg 82/24/N)

Rákóczi, Ferenc: Informationstheorie in Meteorologie und Geophysik
(s. Olberg)

Random Vibrations and Reliability
(s. Hennig)

Rapoport, Samuel Mitja: Die Bedeutung Otto Warburgs für die Entwicklung der Biochemie, Zellbiologie und Medizin
(Sitzungsber. d. AdW, Jg 85/3/N)

Rathmann, Lothar (H): The Arab World and Asia between Development and Change
(Studien über Asien, Afrika u. Lateinamerika, 37)

Best.-Nr. Preis

Rauchen oder Gesundheit
(Sitzungsber. d. AdW, Jg 81/7/N)

Realismus und literarische Kommunikation. Dem Wirken Rita Schobers gewidmet
(Sitzungsber. d. AdW, Jg 84/8/G)

Rechtsentwicklung, Zur – im Prozeß der sozialistischen ökonomischen Integration
(Abhandlg. d. AdW, Jg 83/1/W)

Rechtsmethodologie und Rechtsmethodik, Beiträge zur · · ·
(Staats- u. rechtstheoret. Studien, 8)

Rechtswissenschaft und Gesetzgebung
(Abhandlg. d. AdW, Jg 83/2/W)

Reichel, Horst: Structural Induction on Partial Algebras
(Mathematische Forschung, 18)

Rein, Horst (H): Cytochrome P-450
(s. Ruckpaul)

Rempel, Stephan: Index Theory of Elliptic Boundary Problems
(Math. Lehrbücher u. Monographien, II. Abt./55)

Rennsteig, Zwischen – und Sonneberg
(Werte unserer Heimat, 39)

Ressourcennutzung und dynamische Entwicklung
(s. Braun)

Rettig, Wolfgang: Propelleranemometer
(Veröffentl. d. MD, 24)

Reuss, Joseph (H): Lukas-Kommentare aus der griechischen Kirche
(Texte u. Untersuchungen z. Geschichte d. altchristl. Literatur)

Reuß: S.: Lebensdauer und Wiederverwendung von Baustoffen
(Sitzungsber. d. AdW, Jg 81/9/N)

Revolutionszyklus, 1789 und der – des 19. Jahrhunderts. Dem Wirken Walter Markovs gewidmet
(Sitzungsber. d. AdW, Jg 85/3/G)

Richard, Lionel: Deutscher Faschismus und Kultur
(Literatur u. Gesellschaft, 72)

Richter, Joachim (H): Arzneimittel- und Apothekenrecht der DDR
(s. dort)

Richter, Knut: Dynamische Aufgaben der diskreten Optimierung
1982. 112 S., 6 Abb., 15 Tab., 8°, 145 g, >6641< [1085] 763 002 6 18,—
A 28,—

Richter, Werner/Huberta Hogeweg-de Haart/Liparit Kiuzadjan(H):The Changing Role of Women in Society. A Documentation of Current

Best.-Nr. Preis

Research. Research Projects in Progress 1981 – 1983. Compiled at the Scientific Information Centre of the Academy of Sciences of the GDR. With an introduction by Herta Kuhrig. Inventories of Social Sciences Research in Europe. A Vienna Centre Series
1985. XLII, 818 S., gr. 8°, 1530 g, Lederin >6914< [0187] 754 546 2 **68,—**

Ricken, Ulrich: Sprache, Anthropologie, Philosophie in der französischen Aufklärung
(Sprache u. Gesellschaft, 18)
–, –: Probleme des Zeichens und der Kommunikation in der Wissenschafts- und Ideologiegeschichte der Aufklärung
(Sitzungsber. d. SAW, phil.-hist. Kl., Bd 125/6)

Riedewald, Günter: Formale Beschreibung von Programmiersprachen
(Informatik – Kybernetik – Rechentechnik, 6)

Riedrich, Thomas (H): Numerical Analysis of Selected Semilinear Differential Equations
(Mathematische Forschung, 21)

Ries, Werner: Risikofaktoren des Alterns aus klinischer Sicht
(Sitzungsber. d. SAW, math.-nat. Kl., Bd 114/2)
–, –: Studien zum biologischen Alter
(Sitzungsber. d. SAW, math.-nat. Kl., Bd 116/1)

Riese, Utz: Zwischen Verinnerlichung und Protest
(Literatur u. Gesellschaft, 78)

Ringpfeil, Manfred (H): Entwicklung von Laborfermentoren
(Abhandlg. d. AdW, Jg 79/3/N)
–, – (H): Biotechnologie
(Abhandlg. d. AdW, Jg 82/2/N)

Röbert, S.: Lebensdauer und Wiederverwendung von Baustoffen
(Sitzungsber. d. AdW, Jg 81/9/N)

Römische Sarkophage
(s. Zimmermann)

Röpke, Gerd: Quantum Statistics of Charged Particle Systems
(s. Kraeft)

Röseberg, Ulrich: Niels Bohr – Leben und Werk eines Atomphysikers 1885 – 1962
1985. 435 S., 52 Abb. auf Kunstdrucktaf., 1 Frontispiz, 8°, 640 g, Leinen >6892< [1108] 763 448 1 **(38,—)**
–, –: Szenarium einer Revolution
(Schriften z. Philosophie u. ihrer Geschichte, 37)
–, – (H): Materialistische Dialektik in der physikalischen und biologischen Erkenntnis
(Schriften z. Philosophie u. ihrer Geschichte, 26)

Rösler, Hans Jürgen: Geowissenschaften und Geochemie
(Sitzungsber. d. SAW, math.-nat. Kl., Bd 118/1)

Roesler, Jörg: Produktionswachstum und Effektivität in Industriezweigen der DDR 1950 – 1970
(Forschungen z. Wirtschaftsgesch., 22)

Rom und Germanien. Dem Wirken Werner Hartkes gewidmet
(Sitzungsber. d. AdW, Jg 82/15/G)

		Best.-Nr.	Preis
Romanow, J. A. (H): Chronobiologie – Chronomedizin (Abhandlg. d. AdW, Jg 79/1/N)			
Romanowski, Władisław: Hochdisperse Metalle Bearbeitet u. hrsg. v. Siegfried Engels V 4 1982. 171 S., 36 Abb., 7 Tab., gr. 8°, 450 g, Leinen >6623<	[1255]	762 559 3	28,—
Rompe, Robert: Grundfragen der Physik (WTB, Reihe Mathematik/Physik) –, –: Über die Einheit der exakten Wissenschaften (WTB, Reihe Mathematik/Physik) –, –: Zählen und Messen (WTB, Reihe Mathematik/Physik) –, –: Max Planck – Selbstdarstellung (1942) (Sitzungsber. d. AdW, Jg 82/9/G) –, –: Max Steenbeck – Sein Wirken für Frieden und Abrüstung (Sitzungsber. d. AdW, Jg 83/13/N) –, –: Zum Gedenken an Kurt Schwabe (Sitzungsber. d. AdW, Jg 85/8/N) –, – (H): Zur Grundlegung der theoretischen Physik (WTB, Reihe Texte u. Studien)			
Roos, Hans-Görg: Finite-Element-Methode (WTB, Reihe Mathematik/Physik) –, –: Singularly Perturbed Differential Equations (Mathematische Forschung, 13)			
Rose, Günter: Modernisierungstheorien und bürgerliche Sozialwissenschaften (Beiträge z. Kritik d. bürgerl. Ideologie u. d. Revisionismus, 8)			
Rosenberg, Rainer: Zehn Kapitel zur Geschichte der Germanistik (Literatur u. Gesellschaft, 74) –, – (H): Literatur und proletarische Kultur (Literatur u. Gesellschaft, 81)			
Rosenfeld, Günter: Sowjetrußland und Deutschland 1917–1922 2., durchgesehene Auflage V 4 1984. XII, 408 S., gr. 8°, 830 g, Leinen >6799<	[0255]	754 311 7	32,—
–, –: Sowjetunion und Deutschland 1922–1933 V 4 1984. 512 S., gr. 8°, 930 g, Leinen >6736<	[0255]	754 211 4	38,—
Rossberg, Hans-Joachim: Analytic Methods of Probability Theory (Math. Lehrbücher u. Monographien, II. Abt./67)			
Rost, Albrecht: Grundlagen der Elektronik Berichtigter Nachdruck der 1. Auflage 1986. XII, 356 S., 43 Tab., 308 Abb., gr. 8°, 750 g, Leinen >6698<	[1154]	763 106 1	(48,—)
Rost, Karla: Algebraic Methods for Toeplitz-like Matrices and Operators (Mathematische Forschung, 19)			
Roth, Hans-Klaus / Friedrich Keller / Horst Schneider: Hochfrequenzspektroskopie in der Polymerforschung 1984. XVI, 342 S., 112 Abb., 22 Tab., 8°, 470 g, >6696<	[1275, 1175]	763 105 3	38,— A 48,—

Best.-Nr. Preis

Rothe, Manfred (H): Handbuch der Aromaforschung [3695]
Unter Mitarbeit namhafter Wissenschaftler des In- und Auslandes entstandene Sammlung von Monographien auf dem Gebiet der Aromaforschung

–, –: Introduction into the aroma research
1987. ›5984/3‹ 763 461 7
(Titel erschien 1978 in deutscher Sprache)

Lalli Nykänen / Heikki Suomalainen: Aroma of beer, wine and Distilled Alcoholic Beverages
V 1 1983. X, 416 S., 32 Abb., 173 Tab., gr. 8°, 915 g, Leinen
›5984/4‹ 762 478 5 78,—

H. Maarse / R. Belz: Isolation, separation and identification of volatile compounds in aroma research
2. Auflage
V 1 1985. XII, 290 S., 90 Abb., 86 Tab., gr. 8°, 580 g, Leinen
›5984/5‹ 762 520 0 58,—

Rothe, Norbert (H): Frühe sozialistische satirische Prosa
(Textausgaben z. frühen sozialist. Lit., 22)

–, – (H): Josef Schiller
(Textausgaben z. frühen sozialist. Lit., 23)

–, – (H): Naturalismus-Debatte
(Textausgaben z. frühen sozialist. Lit., 25)

Roux, Jacques – Eine Jury für - -. Dem Wirken Walter Markovs gewidmet
(Sitzungsber. d. AdW, Jg 81/1/G)

Rubinstein, Sergej L.: Sein und Bewußtsein. Die Stellung des Psychischen im allgemeinen Zusammenhang der Erscheinungen in der materiellen Welt
(Übersetzung aus dem Russischen; bearbeitet u. i. dt. Spr. hrsg. v. Hans Hiebsch)
9., durchgesehene Auflage
1983. 356 S., 8°, 580 g, Leinen ›5451‹ [0195] 761 963 6 (12,—)
(A 18,—)

Ruckpaul, Klaus / Horst Rein (H): Cytochrome P-450. Strutural and Functional Relationships. Biochemical and Physicochemical Aspects of Mixed Functions Oxidases
1984. 405 S., 104 Abb., 98 Tab., 755 g, ›6703‹ [1315] 763 110 9 (80,—)

Rudberg, Stig Y: Basile des Césarée
(Texte u. Untersuchungen z. Geschichte d. altchristl. Literatur)

Rudolph, Günther: Grundlinien des ökonomischen Denkens in Deutschland 1848 bis 1945
(Schriften d. Zentralinst. f. Wirtschaftswiss., 4)

–, –: Karl Rodbertus (1805–1875)
(Schriften d. Zentralinst. f. Wirtschaftswiss., 21)

–, –: Tradition des Konservatismus
(Beiträge z. Kritik d. bürgerl. Ideologie u. d. Revisionismus, 9)

Rudolph, Kurt: Antike Baptisten
(Sitzungsber. d. SAW, phil.-hist. Kl., Bd 121/4)

		Best.-Nr.	Preis
–, –: Wellhausen als Arabist (Sitzungsber. d. SAW, phil.-hist. Kl., Bd 123/5)			
–, –: Der mandäische „Diwan der Flüsse" (Abhandlg. d. SAW, phil.-hist. Kl., Bd 70/1)			
Rudolph, Peter: Profilzüchtung von Einkristallen 1982. 202 S., 62 Abb., 9 Tab., 8°, 260 g, >6631<	[1185]	762 979 7	24,—
Rückauf, Helmut: Stöchiometrie chemisch-technologischer Prozesse (WTB, Reihe Chemie)			
Rupp, Heinrich: Nachrichtenübertragung über Satelliten (s. Herter)			
Ruppiner Land (Werte unserer Heimat, 37)			
Rusanov, A. J. (H): The Modern Theory of Capillarity (s. Goodrich)			
Ruttloff, H. (H): Mikrobielle Enzymproduktion (Abhandlg. d. AdW, Jg 81/3/N)			
Růžička, Rudolf: Studien zum Verhältnis von Syntax und Semantik im modernen Russischen (Sammlung AV, Sprache)			
–, –: Sprachwissen und Sprachkunst (Sitzungsber. d. SAW, phil.-hist. Kl., Bd 124/4)			
–, – (H): Untersuchungen zur Semantik (studia grammatica, 22)			
Sachsenweger, Rudolf: Augenunabhängige optosensorische Wahrnehmungsformen (Sitzungsber. d. SAW, math.-nat. Kl., Bd 116/2)			
Sackmann, Horst: Grundlagen der chemischen Kinetik (WTB, Reihe Chemie)			
Sadovskij, M. A.: Neue Gedanken zu Gesteinen (Sitzungsber. d. AdW, Jg 83/12/N)			
Sajew, A. W.: Dynamische Grundoperationen der Verfahrenstechnik (Grundlagen d. Verfahrenstechnik u. chem. Technologie, 13)			
Sammlung Akademie-Verlag			
ISSN 0138-550X			
Sprache			
19 John Pheby: Intonation und Grammatik im Deutschen 2., durchgesehene Auflage 1980. 192 S., 21 Abb., 8°, 360 g, >7519<	[0815]	751 972 3	(15,—)
20 Joachim Schildt: Abriß der Geschichte der deutschen Sprache. Zum Verhältnis von Gesellschafts- und Sprachgeschichte 3., überarbeitete Auflage 1984. 259 S., 5 Abb., 10 Karten, 8°, 340 g, >7520<	[0815]	751 973 1	15,—
34 Detlef Blanke: Internationale Plansprachen. Eine Einführung 1985. 408 S., 8 Tab., 8°, 515 g, >7534<	[0805]	753 564 3	32,— A 38,—

		Best.-Nr.	Preis
35 Rudolf Růžička: Studien zum Verhältnis von Syntax und Semantik im modernen Russischen 1980. VIII, 278 S., 8°, 250 g, >7535<	[0805]	752 114 5	**26,—**
36 Gerhart Lindner: Grundlagen und Anwendung der Phonetik 1981. XVI, 382 S., 72 Abb., 2 Tab., 8°, 500 g, >7536<	[0804]	753 847 3	**(32,—)** **(A 38,—)**
37 Wolfgang Motsch / Dieter Viehweger (H): Richtungen der modernen Semantikforschung 1983. 425 S., 8°, 550 g, >7537<	[0805]	754 012 7	**28,—** **A 35,—**
44 Lothar Hoffmann: Kommunikationsmittel Fachsprache. Eine Einführung 2., bearbeitete Auflage V 3 1984. 307 S., 40 Abb., 48 Tab., 8°, 395 g, >7544<	[0805]	754 329 9	**24,—** **A 28,—**

Samtleben, R.: Die Regulation der Zellproliferation durch Wachstumsfaktoren und Chaleone
(Sitzungsber. d. AdW, Jg 82/10/N)

Sandkühler, Hans-Jörg: Geschichte, gesellschaftliche Bewegung und Erkenntnisprozeß. Studien zur Dialektik der Theorieentwicklung in der bürgerlichen Gesellschaft 1984. 302 S., 8°, 360 g, >6821<	[0165]	754 348 3	**(18,—)**

Saverkina, I. I. (H): Römische Sarkophage
(s. Zimmermann)

Schaefer, Reinhard: Disponibilität – Mobilität – Fluktuation
(Forschungen d. Zentralinst. f. Wirtschaftswiss., 38)

Schäfer, Klaus: Elektrische und elektronische Meßtechnik
(WTB, Reihe Mathematik/Physik)

Schäperclaus, Wilhelm / Hugo Kulow / Kurt Schreckenbach (H) unter Mitarbeit von einem Autorenkollektiv: Fischkrankheiten 5., berichtigte Auflage 1987. >5129<	[4615]	762 148 8	

Scharnhorst, Jürgen (H): Grundlagen der Sprachkultur
(Sprache u. Gesellschaft, 8/2)
–, – (H): Theoretische Probleme der deutschen Orthographie
(Sprache u. Gesellschaft, 16)

Schatt, Werner: Einheitliche modelltheoretische Betrachtungen von Vorgängen bei der Metallkorrosion
(Sitzungsber. d. AdW, Jg 82/24/N)
–, –: Stand und Entwicklungstendenzen der Werkstoffwissenschaft
(Sitzungsber. d. AdW, Jg 84/2/N)

Scheel, Heinrich: Süddeutsche Jakobiner
(Schriften d. Zentralinst. f. Geschichte, 13)
–, – (H): Jakobinische Flugschriften aus dem deutschen Süden Ende des 18. Jahrhunderts
(Schriften d. Zentralinst. f. Geschichte, 14)
–, – (H): Die Mainzer Republik I, II
(Schriften d. Zentralinst. f. Geschichte, 42, 43)

Best.-Nr. Preis

–, – (H): Von Stein zu Hardenberg
(Schriften d. Zentralinst. f. Geschichte, 54)

Scheerschmidt, Kurt: Bildinterpretation in der Hochauflösungs-Elektronenmikroskopie
(Beiträge z. Forschungstechnologie, 11)

Scheidt, Jürgen vom –: Schwach korrelierte Prozesse und ihre Anwendungen
(Sitzungsber. d. AdW, Jg 80/23/N)
–, –: Random Eigenvalue Problems
(Math. Lehrbücher u. Monographien, II. Abt./63)

Scheler, Werner: Zum Gedenken an Johannes Stroux
(Sitzungsber. d. AdW, Jg 80/2/G)
–, – (H): VII. Kühlungsborner Kolloquium
(s. dort)
–, – (H): Darwin today (VIII. Kühlungsborner Kolloquium)
(Abhandlg. d. AdW, Jg 83/1/N)

Schellenberger, Wolfgang: Dynamische Selbstorganisation eines Mehrenzymsystems
(Sitzungsber. d. AdW, Jg 81/20/N)

Schenke, Gesine (H): Die dreigestaltige Protennoia
(Texte u. Untersuchungen z. Geschichte d. altchristl. Literatur)

Schenke, Hans-Martin (H): Das Matthäus-Evangelium im mittelägyptischen Dialekt des Koptischen
(Texte u. Untersuchungen z. Geschichte d. altchristl. Literatur)

Scherf, Konrad: Territoriale Strategien im realen Sozialismus
(Sitzungsber. d. AdW, Jg 85/9/N)

Schlemangk, Hans: Programmieren mit PASCAL
(Informatik – Kybernetik – Rechentechnik, 12)

Schilar, Hans: Ökonomie und Optimierung
(s. Kantorovič)

Schildt, Joachim: Abriß der Geschichte der deutschen Sprache
(Sammlung AV, Sprache)
–, – (H): Auswirkungen der industriellen Revolution auf die deutsche Sprachentwicklung im 19. Jahrhundert
(Bausteine z. Sprachgeschichte d. Neuhochdeutschen, 60)

Schirmer, Wolfgang: Chemische Reaktionen unter hohem Druck
(Sitzungsber. d. AdW, Jg 81/2/N)

Schlenther, Ursula: Lateinamerika und seine Ureinwohner
(Taschenbuch Geschichte, 20)

Schlette, Friedrich (H): Die Entstehung des Menschen und der menschlichen Gesellschaft
(Historiker-Gesellschaft der DDR)

Schmandke, Horst: Aktuelle Probleme der Lebensmittelforschung
(Sitzungsber. d. AdW, Jg 84/3/N)

Schmelovsky, Karl-Heinz (H): Zustandsschätzung und adaptive Regelung mit mikroelektronischen Mitteln
1982. 200 S., 54 Abb., 1 Tab., 8°, 260 g, >6663< [3535] 763 033 3 38,—

Best.-Nr. Preis

Schmidt, Carola: Disponibilität – Mobilität – Fluktuation
(Forschungsber. d. Zentralinst. f. Wirtschaftswiss., 38)

Schmidt, Doris (H): Von Stein zu Hardenberg
(Schriften d. Zentralinst. f. Geschichte, 54)

Schmidt, Ernst Günther (H): Aischylos und Pindar
(Schriften z. Geschichte u. Kultur d. Antike, 19)

Schmidt, Günter: Non-Linear Vibrations
(Math. Lehrbücher u. Monographien, II. Abt./66)

Schmidt, Hans-Heinrich: Arterielle Durchblutungsstörungen, Aortenbogensyndrom und ischämische Herzkrankheit
(Moderne Biowissenschaften, 5)

Schmidt, Hartmut (H): Jacob Grimm – Reden in der Akademie
(s. Grimm)

Schmidt, Volker: Queues and Point Processes
(Math. Lehrbücher u. Monographien, II. Abt./53)

Schmidt, Walter: Ferdinand Wolff
(Sitzungsber. d. AdW, Jg 83/3/G)

–, –: Zur Konstituierung der DDR-Geschichtswissenschaft in den fünfziger Jahren
(Sitzungsber. d. AdW, Jg 83/8/G)

–, –: Das marxistische Lutherbild
(Sitzungsber. d. AdW, Jg 84/12/G)

–, –: Das Erbe- und Traditionsverständnis in der Geschichte der DDR
(Sitzungsber. d. AdW, Jg 85/5/G)

–, –: Nation und deutsche Geschichte in der bürgerlichen Ideologie der BRD
(Zur Kritik d. bürgerl. Ideologie, 99)

Schmidt, Waldtraut (H): Kapitalismus in Entwicklungsländern
(Studien über Asien, Afrika u. Lateinamerika, 36)

Schmitz, Ernst: Organische Zwischenprodukte
(WTB, Reihe Chemie)

Schnabel, Wolfram: Polymer Degradation. Principles and Practical Applications
Lizenzausgabe des Hanser-Verlages, München
1982. 227 S., 76 Abb., 67 Tab., gr. 8°, 630 g, Lederin
>6646< [1275] 763 009 3 (68,—)

Schneider, Annerose (H): Flugschriften der frühen Reformationsbewegung
(s. dort)

Schneider, Helmut Günther: Mikroelektronik
(s. Eckhardt)

–, – / Herbert Höft (H): Elektrische Kontakte. Ausgewählte Beiträge
1980. 404 S., 329 Abb., 27 Tab., gr. 8°, 810 g, Leinen >6514< [3554] 762 627 0 (52,—)

Schneider, Horst: Hochfrequenzspektroskopie in der Polymerforschung
(s. Roth)

Schneider, Wolfgang: Elektrochemische Stromquellen
(s. Wiesener)

Best.-Nr. Preis

Schober, Rita: Louis Aragon
(Sitzungsber. d. AdW, Jg 85/1/G)

Schoch, Henning: Programmieren in PL 1
(Informatik – Kybernetik – Rechentechnik, 8)

Schön, Jürgen: Petrophysik
V 4 1983. 408 S., 194 Abb., 70 Tab., 8°, 600 g, Leinen >6637< [1425] 762 994 9 58,—

Schoenborn, Werner: Lernverfahren für technische Systeme
(WTB, Reihe Mathematik/Physik)

Schönfeld, Helmut (H): Kommunikation und Sprachvariation
(Sprache u. Gesellschaft, 17)

Schönheinz, Hartmut (H): Numerical Analysis of Selected Semilinear Differential Equations
(Mathematische Forschung, 21)

Schöpf, Georg: Die Griechen und die Natur
(Sitzungsber. d. SAW, math.-nat. Kl., Bd 116/3)

Scholz, G. (H): Regulation of Protein Biosynthesis and Degradation during Embryogenesis and Germination of Plant Seeds
(Abhandlg. d. AdW, Jg 81/5/N)

Scholz, Manfred: Spektroskopische Methoden in der organischen Chemie
(WTB, Reihe Chemie)

Schomburg, Joachim: Dilatometerkurvenatlas der Tonmineralstoffe
(Schriftenreihe f. Geolog. Wissenschaften, 21)

Schreckenbach, Kurt (H): Fischkrankheiten
(s. Schäperclaus)

Schreiber, Klaus (H): Interdisziplinarität in der Forschung
(Wissenschaft u. Gesellschaft, 22)

Schreiner, Albert: Vom totalen Krieg zur totalen Niederlage Hitlers
(Antifaschist. Literatur i. d. Bewährung, 4)

Schriften des Zentralinstituts für Geschichte der AdW der DDR

ISSN 0138-3566

13 Heinrich Scheel: Süddeutsche Jakobiner. Klassenkämpfe und republikanische Bestrebungen im deutschen Süden Ende des 18. Jahrhunderts
3., durchgesehene Auflage
V 1 1980. XVII, 772 S., gr. 8°, 1420 g, Leinen >2083/I/13< 751 801 8 50,—

14 Jakobinische Flugschriften aus dem deutschen Süden Ende des 18. Jahrhunderts. Eingeleitet u. hrsg. v. Heinrich Scheel
2., durchgesehene Auflage
V 1 1980. XIV, 500 S., gr. 8°, 1100 g, Leinen >2083/1/14< 753 579 0 48,—

42 Die Mainzer Republik I. Protokolle des Jakobinerklubs. Hrsg., eingeleitet, kommentiert u. bearbeitet v. Heinrich Scheel
2., durchgesehene u. ergänzte Auflage
1984. 920 S., gr. 8°, 1600 g, Leinen >2083/42< [0266] 752 674 7 75,—
A 98,—

Nr.	Titel		Best.-Nr.	Preis
43	Die Mainzer Republik II. Protokolle des Rheinisch-deutschen Nationalkonvents mit Quellen zu seiner Vorgeschichte. Hrsg., eingeleitet, kommentiert u. bearbeitet v. Heinrich Scheel 1981. 738 S., gr. 8°, 1360 g, Leinen >2083/43<	[0266]	753 851 0	68,— A 98,—
54	Doris Schmidt / Heinrich Scheel (H): Von Stein zu Hardenberg. Dokumente aus dem Interimsministerium Altenstein/Dohna 1986. XIV, 820 S., gr. 8°, 1470 g, Leinen >2083/54<	[0265]	753 162 6	90,— A 120,—
58	Klaus Kinner: Marxistische deutsche Geschichtswissenschaft 1917 bis 1933. Geschichte und Politik im Kampf der KPD 1982. 526 S., gr. 8°, 1020 g, Leinen >2083/58<	[0215]	753 176 5	(48,—)
60	Konrad Canis: Bismarck und Waldersee. Die außenpolitischen Krisenerscheinungen und das Verhalten des Generalstabes 1882 bis 1890 1980. 328 S., gr. 8°, 540 g, >2083/60<	[0265]	753 433 3	(27,50)
63	Fritz Klein (H): Neue Studien zum Imperialismus vor 1914 1980. 241 S., gr. 8°, 400 g, >2083/63<	[0235]	753 568 6	(24,—)
64	Marion Einhorn: Wer half Franco? Spanien in der Politik Großbritanniens und der USA 1939 – 1953 1983. 171 S., gr. 8°, 310 g, >2083/64<	[0235]	753 589 7	18,— A 28,—
65	Willibald Gutsche: Monopole, Staat und Expansion vor 1914. Zum Funktionsmechanismus zwischen Industriemonopolen, Großbanken und Staatsorganen in der Außenpolitik des Deutschen Reiches 1897 bis Sommer 1914 1986. 304 S., 35 Tab., gr. 8°, 510 g, >2083/65<	[0265]	753 620 8	28,— A 38,—
66	Jürgen Hofmann: Das Ministerium Camphausen-Hansemann. Zur Politik der preußischen Bourgeoisie in der Revolution 1848/49 1981. 248 S., gr. 8°, 380 g, >2083/66<	[0255]	753 621 6	24,—
68	Ernst Laboor: Kalter Krieg oder Entspannung? Die Außenpolitik der Sowjetunion im Kampf um die kollektive Sicherung des Friedens in Europa 1954/55 1983. 316 S., gr. 8°, 285 g, >2083/68<	[0235]	753 656 6	29,—
69	Gerhard Keiderling: Die Berliner Krise 1948/49. Zur imperialistischen Strategie des kalten Krieges gegen den Sozialismus und der Spaltung Deutschlands 1982. 424 S., gr. 8°, 725 g, >2083/69<	[0275]	753 696 1	(24,—) (A 38,—)
70	Gunther Hildebrand (H): Opposition in der Paulskirche. Reden, Briefe und Berichte kleinbürgerlich-demokratischer Parlamentarier 1848/49 1981. XLV, 400 S., gr. 8°, 740 g, >2083/70<	[0265]	753 780 9	(42,—)
71	Heinz Wolter: Bismarcks Außenpolitik 1871 – 1881. Außenpolitische Grundlinien von der Reichsgründung bis zum Dreikaiserbündnis 1983. 380 S., gr. 8°, 590 g, >2083/71<	[0265]	754 079 2	(36,—) (A 42,—)

Schriften des Zentralinstituts für Wirtschaftswissenschaften der AdW der DDR

ISSN 0138-3469

Nr.	Titel		Best.-Nr.	Preis
4	Werner Krause / Günther Rudolph: Grundlinien des ökonomischen Denkens in Deutschland 1848 bis 1945 1980. XIII, 615 S., 8°, 950 g, Leinen >2158/4<	[0305]	753 509 6	(42,—)

			Best.-Nr.	Preis
17	Autorenkollektiv unter Leitung v. V. N. Žukov: Bürgerliche und kleinbürgerliche ökonomische Theorien über den Sozialismus (nach dem zweiten Weltkrieg) (Übersetzung aus dem Russischen; in dt. Spr. hrsg. v. Werner Krause) 1981. 262 S., 8°, 460 g, Leinen >2158/17<	[0305]	753 353 3	(18,50)
18	Autorenkollektiv: Materiell-technische Basis – sozialökonomische Kriterien 1980. XVIII, 265 S., 18 Abb., 57 Tab., 8°, 360 g, >2158/18<	[0325]	753 596 9	(19,50)
19	Autorenkollektiv: Planungs- und Prognosemodelle. Erfahrungen, Probleme, Entwicklungstendenzen 1981. 258 S., 19 Abb., 18 Tab., 8°, 320 g, Leinen >2158/19<	[0345]	753 597 7	(19,50)
21	Günther Rudolph: Karl Rodbertus (1805 – 1875) und die Grundrententheorie. Politische Ökonomie aus dem deutschen Vormärz 1984. 333 S., 8°, 540 g, Leinen >2158/21<	[0315]	754 020 7	28,—

Schriften und Quellen der Alten Welt

ISSN 0080-696X

Hrsg. v. Zentralinstitut für Alte Geschichte und Archäologie der AdW der DDR

2	Tibull – Gedichte. Lateinisch und Deutsch v. Rudolf Helm 6., unveränderte Auflage 1986. 147 S., gr. 8°, 430 g, Leinen >2066/2<	[7385]	750 700 1	13,50
8	Tacitus – Das Leben des Julius Agricola. Lateinisch und Deutsch v. Rudolf Till 4., unveränderte Auflage 1984. VI, 85 S., 2 Taf., 1 Karte, gr. 8°, 330 g, Leinen >2066/8<	[0226]	752 534 9	(12,—)
18	Properz – Gedichte. Lateinisch und Deutsch v. Rudolf Helm 4., unveränderte Auflage 1986. 291 S., gr. 8°, 620 g, Leinen >2066/18<	[7385]	750 769 3	17,— A 19,50
21	Ammianus Marcellinus: Römische Geschichte. Lateinisch und Deutsch und mit einem Kommentar versehen v. Wolfgang Seyfarth **Erster Teil:** Buch 14 – 17 5., durchgesehene Auflage 1983. 318 S., gr. 8°, 520 g, Leinen >2066/21/1<	[0226]	750 433 7	(28,—) (A 32,—)
	Zweiter Teil: Buch 18 – 21 5., durchgesehene Auflage 1983. 213 S., gr. 8°, 680 g, Leinen >2066/21/2<	[0226]	750 434 5	(22,—) (A 32,—)
22	Pseudo-Homer: Der Froschmäusekrieg Theodoros Prodromos: Der Katzenmäusekrieg Griechisch und Deutsch v. Helmut Ahlborn 3., unveränderte Auflage 1984. 94 S., gr. 8°, 330 g, Leinen >2066/22<	[7385]	750 785 3	(11,50)
24/1	Frühgriechische Lyriker. Deutsch v. Zoltan Franyó u. Peter Gan. Griechischer Text bearbeitet v. Bruno Snell. Erläuterungen besorgt v. Herwig Maehler **Erster Teil:** Die frühen Elegiker 2., unveränderte Auflage 1981. 110 S., gr. 8°, 300 g, Leinen >2066/24/1<	[7385]	751 610 0	(15,—)

Best.-Nr. Preis

24/2 **Zweiter Teil:** Archilochos, Semonides Hipponax
2., unveränderte Auflage
1981. 134 S., gr. 8°, 400 g, Leinen >2066/24/2< [7385] 751 967 8 (18,—)

24/3 **Dritter Teil:** Sappho, Alkaios, Anakreon
2., unveränderte Auflage
1981. 151 S., gr. 8°, 400 g, Leinen >2066/24/3< [7385] 752 501 5 (20,—)

26 Cicero – Staatsreden. Lateinisch und Deutsch v. Helmut Kasten
Erster Teil: Über den Oberbefehl des Cn. Pompeius. Über das Ackergesetz. Gegen L. Catilina
5., unveränderte Auflage
1980. 242 S., gr. 8°, 550 g, Leinen >2066/26< [7380] 750 788 8 (22,—)

27 dto. **Zweiter Teil:** Dankrede vor dem Senat. Dankrede vor dem Volk. Rede für sein Haus. Über die konsularischen Provinzen. Über die Gutachten der Haruspices. Gegen Piso
4., unveränderte Auflage
1981. 303 S., gr. 8°, 655 g, Leinen >2066/27< [7380] 751 721 8 28,—

28 dto. **Dritter Teil:** Die Philippischen Reden
3., unveränderte Auflage
1981. 348 S., gr. 8°, 720 g, Leinen >2066/28< [7380] 751 611 9 32,—

Euripides – Tragödien
30/6 **Sechster Teil:** Iphigenie in Aulis – Die Bakchen – Der Kyklop
Griechisch und Deutsch v. Dietrich Ebener
1980. 248 S., 8 Taf., gr. 640 g, Leinen >2066/30/6< 753 018 0 30,—

31 Cicero – Staatstheoretische Schriften
Lateinisch und Deutsch v. Konrat Ziegler
3., unveränderte Auflage
1984. 362 S., gr. 8°, 740 g, Lei[illegible] >2066/31< [0886] 751 890 7 32,—

34 Lukan – Der Bürgerkrieg. Lateinisch und Deutsch v. Georg Luck
1985. 564 S., gr.8°, 1160 g, Leinen >2066/34< [0226] 754 262 4 68,—
A 80,—

35 Plinius der Jüngere – Briefe. Lateinisch und Deutsch v. Helmut Kasten
Lizenzausgabe des Heimeran-Verlages, München
1982. XX, 691 S., 2 Abb., gr. 8°, 1320 g, Leinen >2066/35< [7383] 753 920 6 (48,—)

37/1 Joachim Herrmann (H): Griechische und lateinische Quellen zur Frühgeschichte Mitteleuropas bis zur Mitte des 1. Jahrtausends u. Z.
Erster Teil: Von Homer bis Plutarch (8. Jh. v. u. Z. – 1. Jh. u. Z.)
1987. >2066/37/1< [0226] 754 544 6

Schriften zur Geschichte und Kultur der Antike

ISSN 0138-595X

Hrsg. v. Zentralinstitut für Alte Geschichte und Archäologie der AdW der DDR

17/I Iatrus-Krivina. Spätantike Befestigung und frühmittelalterliche Siedlung an der unteren Donau. Verfaßt v. einem Autorenkollektiv. Hrsg. v. Zentralinstitut f. Alte Geschichte u. Archäologie d. AdW d. DDR in Vereinbarung mit d. Archäologischen Institut d. Bulgarischen AdW
Bd I: Ergebnisse der Ausgrabungen 1966 – 1973

			Best.-Nr.	Preis
	1979. 215 S., 69 Abb., 78 Taf., 3 Tab., 5 Beilagen, 4°, 1270 g, Halbleinen >2143/17/I<	[0225]	753 447 2	98,—
17/II	**Bd II:** Ergebnisse der Ausgrabungen 1966 – 1973 1982. 334 S., 87 Taf., 35 Tab., 19 Diagramme, 3 Karten, 4°, 1140 g, Halbleinen >2143/17/II<	[0225]	753 794 8	125,— A 180,—
17/III	**Bd III:** Autorenkollektiv unter Leitung v. Michael Wendel: Die mittelalterlichen Siedlungen. Mit Beiträgen v. G. Gomolka-Fuchs u. E. Schönert-Geiß 1986. 289 S., 74 Abb., 83 Taf., 6 Tab., 4°, 1220 g, Halbleinen >2143/17/III<	[0225]	754 324 8	125,— A 180,—
18	Griechisches Münzwerk. Die Münzprägung von Bizye. Bearbeitet v. Jordanka Jurukova Textband (Aus dem Bulgarischen übersetzt – Text: Burkhard Böttger/Katalog: Edith Schönert-Geiß) 1981. Textbd: III, 94 S., 4 Taf., 1 Tab., 3 Karten; Tafelbd: 29 Taf., 4°, 920 g, Halbleinen >2143/18<	[0207]	753 522 1	(68,—)
19	Ernst-Günther Schmidt (H): Aischylos und Pindar. Studien zu Werk und Nachwirkung 1981. 379 S., gr. 8°, 650 g, >2143/19<	[0885]	753 533 6	(75,—) (A 90,—)
21	Klaus-Peter Johne / Jens Köhn / Volker Weber: Die Kolonen in Italien und den westlichen Provinzen des Römischen Reiches. Eine Untersuchung der literarischen, juristischen und epigraphischen Quellen 1983. 487 S., 6 Karten, 4 Taf., gr. 8, 1155 g, >2143/21<	[0225]	753 947 6	90,— A 120,—
22	Johannes Irmscher / Reimar Müller (H): Aristoteles als Wissenschaftstheoretiker. Eine Aufsatzsammlung 1983. 263 S., 31 Abb., gr. 8°, 425 g, >2143/22<	[0115]	754 009 8	(54,—) (A 68,—)
24	Ernst Kluwe (H): Kultur und Fortschritt in der Blütezeit der griechischen Polis 1985. 285 S., 4 Taf., gr. 8°, 490 g, >2143/24<	[0225]	754 356 3	(58,—) (A 75,—)
25	Heinz Kreißig/Friedmar Kühnert (H): Antike Abhängigkeitsformen in den griechischen Gebieten ohne Polisstruktur und den römischen Provinzen. Actes du colloque sur l'esclavage Jéna, 29 septembre – 2 octobre 1981 1985. 156 S., gr. 8°, 270 g, >2143/25<	[0225]	754 383 8	30,— A 40,—
26	Griechisches Münzwerk. Die Münzprägung von Maroneia. Bearbeitet v. Edith Schönert-Geiß 1987. >2143/26<	[0207]	754 384 6	

Schriften zur Geschichte und Kultur des Alten Orients

ISSN 0080-6994

Hrsg. v. Zentralinstitut für Alte Geschichte und Archäologie der AdW der DDR

15	Horst Klengel (H): Gesellschaft und Kultur im alten Vorderasien 1982. 254 S., 28 Taf., gr. 8°, 495 g, >2146/15<	[0875]	753 891 6	(58,—) (A 88,—)

Nr.	Titel		Best.-Nr.	Preis
16	Bernd Funck: Uruk zur Seleukidenzeit. Eine Untersuchung zu den spätbabylonischen Pfründentexten als Quelle für die Erforschung der sozialökonomischen Entwicklung der hellenistischen Stadt 1984. 308 S., gr. 8°, 510 g, ›2146/16‹	[0875]	754 098 7	60,— A 90,—
17	Marlene Njammasch: Untersuchung zur Genesis des Feudalismus in Indien 1984. 166 S., gr. 8°, 290 g, ›2146/17‹	[0875]	754 237 6	35,— A 50,—
18	Wolfgang Morgenroth (H): Sanskrit and World Culture. Proceedings of the Fourth World Sanskrit Conference of the International Association of Sanskrit Studies, Weimar, May 23 – 30, 1979 1986. 766 S., 15 Abb., 7 Taf., 7 Tab., gr. 8°, 1180 g, ›2146/18‹	[0875]	754 269 1	150,— A 198,—

Berliner Turfantexte

Nr.	Titel		Best.-Nr.	Preis
IX	Şinasi Tekin: Maitrisimit nom bitig. Die uigurische Übersetzung eines Werkes der buddhistischen Vaibhāṣika-Schule 1. Teil: Transliteration, Übersetzung, Anmerkungen 2. Teil: Analytischer und rückläufiger Index 1980. I: 264 S.; II: 188 S., 4°, 1160 g, ›2172/9/I – II‹	[0876]	753 167 7	170,—
X	Manfred Taube: Die Tibetica der Berliner Turfansammlung 1980. 169 S., 249 Abb., 88 Taf., 4°, 740 g, ›2172/10‹	[0875]	753 544 0	(130,—)
XI	Werner Sundermann: Mitteliranische manichäische Texte kirchengeschichtlichen Inhalts 1981. 198 S., 236 Faksimiles auf 81 Taf. i. Anhang, 4°, 790 g, ›2172/11‹	[0876]	753 653 1	(140,—)
XII	Nicholas Sims-Williams: The Christian Sogdian Manuscript C 2 1985. 250 S., 207 Abb., auf 96 Taf., 4°, 910 g, ›2172/12‹	[0876]	754 146 1	160,—
XIII	Peter Zieme: Buddhistische Stabreimdichtungen der Uiguren 1985. 247 S., 244 Faksimiles auf 89 Taf., 4°, 890 g, ›2172/13‹	[0876]	754 246 4	160,—
XIV	Thomas Thilo: Katalog chinesischer buddhistischer Textfragmente, Band 2 1985. 94 S., 77 Faksimiles auf 52 Taf., 4°, 410 g, ›2172/14‹	[0876]	754 322 1	75,—
XV	Werner Sundermann: Ein manichäisch-soghdisches Parabelbuch mit einem Anhang v. Friedmar Geißler über Erzählmotive in der Geschichte von den zwei Schlangen 1985. 68 S., 27 Faksimiles auf 24 Taf., 4°, 260 g, ›2172/15‹	[0876]	754 421 6	48,—

Altorientalische Forschungen [0875]

Nr.	Titel	Best.-Nr.	Preis
VII	– 1980. 308 S., 28 Abb., dav. 24 auf 15 Taf., gr. 8°, 540 g, ›2171/7‹	753 629 1	62,—
VIII	– 1981. 352 S., 24 Taf. i. Anhang, gr. 8°, 650 g, ›2171/8‹	753 767 3	72,— A 90,—
IX	– 1982. 284 S., 12 Abb. auf 12 Taf., 2 Tab., 2 Karten, gr. 8°, 500 g, ›2171/9‹ Erscheint ab Band X als Zeitschrift Bestell-Nr. 1098 / ISSN 0232 – 8461	753 940 9	(60,—) (A 88,—)

Schriften zur Philosophie und ihrer Geschichte

ISSN 0138-3418

Hrsg. v. Zentralinstitut für Philosophie der AdW der DDR

Nr.	Titel		Best.-Nr.	Preis
18	Robert Steigerwald: Bürgerliche Philosophie und Revisionismus im imperialistischen Deutschland 1980. 353 S., 8°, 580 g, Leinen >2178/18<	[0165]	753 526 4	(24,—)
24	Herbert Hörz: Zufall. Eine philosophische Untersuchung 1980. 248 S., 8°, 330 g, >2178/24<	[0125]	753 782 5	(19,50)
25	Renate Wahsner: Das Aktive und das Passive. Zur erkenntnistheoretischen Begründung der Physik durch den Atomismus – dargestellt an Newton und Kant 1981. 174 S., 1 Abb., 8°, 330 g, >2178/25<	[0155]	753 792 1	12,—
26	Herbert Hörz / Ulrich Röseberg (H): Materialistische Dialektik in der physikalischen und biologischen Erkenntnis 1981. 502 S., 8°, 740 g, >2178/26<	[0155]	753 884 4	(35,—)
27	Hubert Horstmann (H): Denkweise und Weltanschauung. Studien zur weltanschaulichen und methodologischen Funktion der materialistischen Dialektik 1981. 179 S., 8°, 230 g, >2178/27<	[0125]	753 916 9	(14,50)
28	Manfred Buhr / T. I. Oiserman (H): Vom Mute des Erkennens. Beiträge zur Philosophie G. W. F. Hegels 1981. 382 S., 1 Abb., 8°, 480 g, Leinen >2178/28<	[0115]	753 922 2	(25,—)
29	Wissenschaftlichkeit – Objektivität – Parteilichkeit. Von einem Autorenkollektiv 1981. 100 S., 8°, 140 g, >2178/29<	[0105]	753 995 1	(8,50)
30	Wolfgang Förster (H): Bürgerliche Revolution und Sozialtheorie. Studien zur Vorgeschichte des historischen Materialismus (I) 1982. 249 S., 8°, 390 g, >2178/30<	[0115]	754 001 2	(18,—)
31	Hermann Klenner: Marxismus und Menschenrechte. Studien zur Rechtsphilosophie. Im Anhang: Menschenrechtskataloge aus Vergangenheit und Gegenwart 1982. 528 S., 8°, 770 g, Leinen >2178/31<	[0115]	754 002 0	(38,—)
32	Gerhard Bartsch (H): Philosophisch-methodologische Probleme der Gesellschaftswissenschaften (Beiträge) 1982. 150 S., 8°, 195 g, >2178/32<	[0155]	754 003 9	(14,—)
33	Wolfgang Eichhorn I / Adolf Bauer: Zur Dialektik des Geschichtsprozesses. Studien über die materiellen Grundlagen der historischen Entwicklung 1983. 316 S., 8°, 275 g, >2178/33<	[0125]	754 004 7	(18,—)
34	Wolfgang Segeth: Materialistische Dialektik als Methode und Methodologie 1984. 348 S., 1 Faksimile, 8°, 320 g, >2178/34<	[0125]	754 005 5	(20,—)
35	Philosophie – Wissenschaft – Politik. Hrsg. v. d. Akademie d. Wissenschaften d. DDR, Zentralinst. f. Philosophie; Akademie d. Wissenschaften d. UdSSR, Inst. f. Philosophie; Akademie d. Wissenschaften d. ČSSR, Inst. f. Philosophie u. Soziologie 1982. 244 S., 8°, 320 g, >2178/35<	[0105]	754 021 5	(18,—)
36	Wolfgang Förster (H): Gesellschaftslehren der klassischen bürgerlichen deutschen Philosophie. Studien zur Vorgeschichte des historischen Materialismus (II) 1983. 219 S., 8°, 290 g, >2178/36<	[0115]	754 022 3	(18,—)
37	Ulrich Röseberg: Szenarium einer Revolution. Nichtrelativistische Quantenmechanik und philosophische Widerspruchsproblematik 1984. 266 S., 10 Abb., 8°, 340 g, >2178/37<	[0155]	754 176 0	(18,—) (A 28,—)

Best.-Nr. Preis

38 Manfred Buhr / Wolfgang Förster (H): Aufklärung – Gesellschaft – Kritik. Studien zur Philosophie der Aufklärung (I)
1985. 461 S., 8°, 440 g, >2178/38< [0115] 754 204 2 (24,—)
(A 28,—)

39 Manfred Buhr / Herbert Hörz (H: Naturdialektik – Naturwissenschaft. Das Erbe der Engelsschen „Dialektik der Natur“ und seine aktuelle Bedeutung für die Wissenschaftsentwicklung
1986. 280 S., 23 Abb., 8°, 270 g, >2178/39< [0155] 754 224 5 22,—
A 28,—

40 John Erpenbeck: Das Ganze denken. Zur Dialektik menschlicher Bewußtseinsstrukturen und -prozesse
1986. 289 S., 8°, 260 g, >2178/40< [0125] 754 225 3 18,—
A 28,—

41 Gerhard Bartsch: Der dialektische Widerspruch
1986. 336 S., 8°, 300 g, >2178/41< [0125] 754 469 7 19,50
A 28,—

42 Manfred Buhr / Wolfgang Förster (H): Aufklärung – Geschichte – Revolution. Studien zur Philosophie der Aufklärung (II)
1986. 518 S., 8°, 470 g, >2178/42< [0115] 754 554 2 28,—
A 32,—

Schriften zur Phonetik, Sprachwissenschaft und Kommunikationsforschung

ISSN 0558-9274

Hrsg. v. Georg F. Meier

16 Tatiana Slama-Cazacu: Das Verhältnis von Denken und Sprache bei Vorschulkindern (3 bis 7 Jahre)
(Übersetzung aus dem Rumänischen; hrsg. v. Georg F. Meier)
1984. 465 S., gr. 8°, 950 g, Halbleinen >2102/16< [0805] 751 952 0 (60,—)
(A 70,—)

18 Eberhard Stock: Untersuchungen zu Form, Bedeutung und Funktion der Intonation im Deutschen
1980. 184 S., 1 Abb., 11 Taf., 57 Tab., gr. 8°, 320 g, >2102/18< [0815] 752 472 5 (24,—)

Schriften zur Ur- und Frühgeschichte

ISSN 0138-3361

Hrsg. v. Zentralinstitut für Alte Geschichte und Archäologie der AdW der DDR

28 Rudolf Laser: Die römischen und frühbyzantinischen Fundmünzen auf dem Gebiet der DDR
2. Auflage
1982. 498 S., 36 Abb., 4°, 1600 g, Halbleinen >2044/28< [0225] 753 563 5 165,—

33 Peter Donat: Haus, Hof und Dorf in Mitteleuropa vom 7. bis 12. Jahrhundert. Archäologische Beiträge zur Entwicklung und Struktur der bäuerlichen Siedlung
1980. 255 S., 55 Abb., 12 Karten, 950 g, Halbleinen >2044/33< [0225] 753 554 7 (86,—)

34 Heinz Seyer: Siedlung und archäologische Kultur der Germanen im Havel-Spree-Gebiet in den Jahrhunderten vor Beginn u. Z.
1982. 180 S., 41 Abb., 43 Taf., 1 Falttaf., 1 Beilage, 4°, 820 g, Halbleinen >2044/34< [0225] 753 888 7 (75,—)
(A 98,—)

35 Eike Gringmuth-Dallmer: Die Entwicklung der frühgeschichtlichen Kulturlandschaft auf dem Territorium der DDR unter besonderer Berücksichtigung der Siedlungsgebiete

Best.-Nr. Preis

1983. 166 S., 5 Abb., 6 Tab., 35 Karten, 21 Anlagen, 4°, 750 g, Halbleinen >2044/35< [0225] 753 959 9 70,— A 98,—

36 Fritz Horst: Zedau. Eine jungbronze- und eisenzeitliche Siedlung in der Altmark. Mit zwei Beiträgen v. Werner Radig
1986. 178 S., 95 Abb., 18 Taf., 6 Beilagen, 4°, 820 g, Halbleinen >2044/36< [0225] 753 964 4 78,— A 98,—

37 Peter Donat: Die Mecklenburg – eine Hauptburg der Obodriten
1984. 187 S., 92 Abb., 12 Taf., 8 Beilagen, 4°,900 g, Halbleinen >2044/37< [0225] 753 980 4 (75,—) (A 98,—)

38 Elsbeth Lange / Lebrecht Jeschke / Hans Dieter Knapp: Ralswiek und Rügen. Landschaftsentwicklung und Siedlungsgeschichte der Ostseeinsel
Teil I: Text/Beilagen: Die Landschaftsgeschichte der Insel Rügen seit dem Spätglazial
1986. 174 S., 32 Abb., 63 Karten, 3 Tab., 16 Taf.; 34 Abb., 14 Karten, 3 Tab. i. Einlegemappe, 4°, 1480 g, Halbleinen >2044/38/I< [0225] 753 981 2 98,— A 120,—

39 Ewald Schuldt: Groß Raden · Ein slawischer Tempelort des 9./10. Jh. in Mecklenburg
1985. 234 S., 161 Abb., 34 Taf. i. Anhang, 4 Beilagen, 4°, 1000 g, albleine n >2044/39< [0225] 754 233 3 98,— A 120,—

41 Joachim Herrmann / Herbert Ullrich (H): Menschwerdung – biotischer und gesellschaftlicher Entwicklungsprozeß (Hominisation process – biotic and social development of mankind)
1985. 279 S., 72 Textabb., 24 Taf., 4°, 1000 g, Halbleinen >2044/41< [0225] 754 297 4 (98,—)

42 Joachim Henning: Südosteuropa zwischen Antike und Mittelalter. Archäologische Beiträge zur Landwirtschaft des 1. Jahrtausends u. Z.
1986. >2044/42< [0225] 754 536 6 75,— A 98,—

Schriftenreihe für Geologische Wissenschaften

ISSN 0323-8946

16 Rudolf Daber (H): Evolution. Naturgeschichte höherer Pflanzen
1980. 439 S., 65 Abb., 78 Taf., 7 Tab., gr. 8°, 960 g, >2170/16< [1415, 1475] 762 746 8 (84,—)

17 Harald Lützner: Sedimentation der variszischen Molasse im Thüringer Wald
1981. 217 S., 46 Abb., dav. 17 auf 9 Falttaf., 21 Taf., 8 Tab., gr. 8°, 540 g, >2170/17< [1415, 1475] 762 902 5 (45,—)

18 Manfred Störr: Die Kaolinlagerstätten der Deutschen Demokratischen Republik
1982. 226 S., 110 Abb., 75 Tab., gr. 8°, 425 g, >2170/18< [3115] 762 918 0 45,—

19–20 Wolf-Dieter Heinrich (H): Wirbeltier-Evolution und Faunenwandel im Känozoikum
1983. 394 S., 73 Abb., 18 Taf., 21 Tab., gr. 8°, 960 g, >2170/19–20< [1475] 763 116 8 (75,—)

21 Joachim Schomburg / Manfred Störr: Dilatometerkurvenatlas der Tonmineralrohstoffe
1984. 88 S., 119 Abb., 4 Tab., gr. 8°, 205 g, >2170/21< [1425] 763 307 5 18,—

22 Martin Guntau: Die Genesis der Geologie als Wissenschaft
1984. 131 S., 5 Tab., gr. 8°, 220 g, >2170/22< [1415] 763 308 3 27,—

Best.-Nr. Preis

23 Hartmut Haubold: Stratigraphische Grundlagen des Stefan C und Rotliegenden im Thüringer Wald
1985. 111 S., 15 Abb., 7 Tab., gr. 8°, 200 g, >2170/23< [1415,1475] 763 409 4 22,—

24 Eginhard Fabian / Martin Guntau / Manfred Störr (H): Philosophie und Geologie. Beiträge zum III. DDR-UdSSR-Symposium zur Geschichte der Geologischen Wissenschaften: „Entwicklungsgeschichte von philosophisch-methodologischen Ideen in den Geowissenschaften" vom 25. bis 27. Oktober 1983 in Greifswald
1985. 176 S., 11 Abb., 2 Tab., gr. 8°, 300 g, >2170/24< [1415] 763 442 2 33,—

Schröder, Eberhard: Dürer – Kunst und Geometrie. Dürers künstlerisches Schaffen aus der Sicht seiner „Underweysung"
1980. 79 S., 61 Abb., gr. 8°, 360 g, Leinen >6555< [1009] 762 736 1 (15,—)

Schröder, Elisabeth / Gert Müller / Karl-Friedrich Arndt: Leitfaden der Polymercharakterisierung
1982. 326 S., 111 Abb., 91 Tab., 8°, 540 g, Leinen >6509< [1275] 762 612 3 62,—

Schröder, Hans-Dieter: Handbuch der Zootierkrankheiten
(s. Ippen)

Schubert, Ernst: Der Dom zu Halberstadt
(s. Leopold)

Schubert, Manfred: Zur Entwicklung abproduktarmer bzw. -freier Verfahren in Einheit von Umweltschutz, Material- und Energieökonomie
(Sitzungsber. d. AdW, Jg 81/21/N)

Schubert, Rudolf: Pflanzengeographie
(WTB, Reihe Biologie)

Schuffenhauer, Werner (H): Bernard Bolzano 1781–1848
(s. Bolzano)

–, – (H): Ludwig Feuerbach – Gesammelte Werke
(s. dort)

–, – (H): Martin Luther in der deutschen bürgerlichen Philosophie
(s. dort)

Schuh, J. (H): Chronobiologie – Chronomedizin
(Abhandlg. d. AdW, Jg 79/1/N)

Schukat, Gerd: Organische Verbindungen mit hoher elektrischer Leitfähigkeit
(Sitzungsber. d. AdW, Jg 85/6/N)

Schuldt, Ewald: Groß Raden
(Schriften z. Ur- u. Frühgeschichte, 39)

Schultheis, Johannes: Bibliographie slawistischer Publikationen aus der DDR 1978 bis 1981
(s. Pohrt)

Schultz, Helga: Landhandwerk im Übergang vom Feudalismus zum Kapitalismus
(Forschungen z. Wirtschaftsgesch., 21)

Best.-Nr. Preis

Schultze-Motel, Jürgen (H): Rudolf Mansfelds Verzeichnis landwirtschaftlicher und gärtnerischer Kulturpflanzen (ohne Zierpflanzen). 3 Textbände und 1 Registerband
2., neubearbeitete u. wesentlich erweiterte Auflage
V 1 1986. 1998 S., 241 Abb., gr. 8°, 5570 g, Leinen >6834/1 – 4< [1355] 763 367 3 **320,—**

Schulz, Wolfgang: Biophysical Theory of Radiation Action
(s. Günther)

Schulze, Bert-Wolfgang: Index Theory of Elliptic Boundary Problems
(Math. Lehrbücher u. Monographien, II. Abt./55)

Schulze, Gertraud: Verhältnisse der Lufttemperatur im Mittelgebirge der DDR
(Abhandlg. d. MD, 131)

Schulze, Hans (H): Philosophie im Friedenskampf
(Beiträge z. Kritik d. bürgerl. Ideologie u. d. Revisionismus, 11)

Schulze, Wolfgang (H): Cellular and Molecular Aspects of the Regulation of the Heart
(Abhandlg. d. AdW, Jg 84/1/N)

Schumann, Wolfgang (H): Deutschland im zweiten Weltkrieg
(s. dort)

Schuppan, Joachim: Anwendungen der Konduktometrie
(WTB, Reihe Chemie)

–, –: Theorie und Meßmethoden der Konduktometrie
(WTB, Reihe Chemie)

Schuricht, Volkmar: Fusionsreaktoren und Umwelt
(WTB, Reihe Mathematik / Physik)

Schuster, Gregor (H): Emulgatoren für Lebensmittel. Mit einem Zusatzkapitel „Emulgatoren in der Lebensmittelindustrie der DDR" v. Joachim Kroll
Lizenzausgabe des Springer-Verlages, Berlin-Heidelberg
V 2 1985. XXI, 474 S., 171 Abb., 77 Tab., gr. 8°, 940 g, >6898< [4705] 763 464 1 **214,—**

Schwabe, Kurt: pH-Messung
(WTB, Reihe Chemie)

–, –: Einführung in die Thermodynamik irreversibler Prozesse
(WTB, Reihe Chemie)

–, – / Horst Kelm: Physikalische Chemie
3., bearbeitete u. erweiterte Auflage
Band I: Physikalische Chemie
1986. XIV, 799 S., 265 Abb., 93 Tab., gr. 8°, 1460 g, Leinen >5656/1< [1214] 763 427 0 **68,—**
Band II: Elektrochemie
1986. 443 S., 104 Abb., 53 Tab., gr. 8°, 900 g, Leinen> 5656/2< [1214] 763 428 9 **68,—**

Schwärzel, Renate: Produktionswachstum und Effektivität in Industriezweigen der DDR 1950 – 1970
(Forschungen z. Wirtschaftsgesch., 22)

Best.-Nr. Preis

Schwarz, Helmut: Optimale Regelung und Filterung. Zeitdiskrete Regelungssysteme
Lizenzausgabe des Verlages Vieweg + Sohn, Wiesbaden
V 2 1981. 132 S., 37 Abb., 2 Tab., 8°, 170 g, >6570< [1084] 762 781 2 16,—
A 32,—

Schwarz, Kunibert: Ökonomie und Optimierung
(s. Kantorovič)

Schwarz, Rainer: Nichtmaterielle Leistungen in Wechselbeziehung mit der materiellen Produktion
(Forschungsber. d. Zentralinst. f. Wirtschaftswiss., 40)

Schwenk, W.: Handbuch des kathodischen Korrosionsschutzes
(s. Baeckmann)

Schwetlick, Hubert (H): Numerische Verfahren in Aktion
(s. dort)

Sebald, Peter: Togo 1884 – 1914
(Studien über Asien, Afrika u. Lateinamerika, 29)

Sedlag, Ulrich: Biologische Schädlingsbekämpfung
(WTB, Reihe Biologie)

Seeber, Eva: Die Mächte der Antihitlerkoalition und die Auseinandersetzung um Polen und die ČSR 1941 – 1945
(Quellen u. Studien z. Gesch. Osteuropas, 27)

Seeber, Gustav (H): Gestalten der Bismarckzeit
Band I
2. Auflage
1987. >6409/I< [0268] 753 237 0 28,—
A 38,—

Band II
1986. >6409/II< [0268] 754 430 4 28,—
A 38,—

–, – (H): Preußen in der deutschen Geschichte nach 1789
(Studienbibliothek DDR – Geschichtswissenschaft, 3)

Seese, Detlef: Decidability and Generalized Quantifiers
(Mathematische Forschung, 3)

Segeth, Wolfgang: Materialistische Dialektik als Methode und Methodologie
(Schriften z. Philosophie u. ihrer Geschichte, 34)

Seidel, Jutta: Deutsche Sozialdemokratie und Parti ouvrier 1876 – 1889. Politische Beziehungen und theoretische Zusammenarbeit
1982. VII, 204 S., gr. 8°, 360 g, >6695< [0245] 754 121 8 20,—
A 34,—

Seidenglanz, G.: Radioaktive Arzneimittel
(Kommentare z. Arzneibuch, 6)

Seidlein, H.-J. (H): Arzneimittel- und Apothekenrecht der DDR
(s. dort)

	Best.-Nr.	Preis
Sellnow, Irmgard (H): Produktivkräfte und Gesellschaftsformationen in vorkapitalistischer Zeit (Veröffentl. d. Zentralinst. f. Alte Geschichte u. Archäologie, 12)		
Semantikforschung, Richtungen der modernen – (Sammlung AV, Sprache)		
Semenjuk, N. N.: Zur Ausbildung der Norm der deutschen Literatursprache im Bereich des Verbs (1470 – 1730). Tempus und Modus (Bausteine z. Sprachgeschichte d. Neuhochdeutschen, 56/V)		
Semenov, L.K.: Geschichte der Akademie der Wissenschaften der UdSSR (s. Komkov)		
Seyer, Heinz: Siedlung und archäologische Kultur der Germanen im Havel-Spree-Gebiet in den Jahrhunderten vor Beginn u. Z. (Schriften z. Ur- u. Frühgeschichte, 34)		
Seyfarth, Wolfgang: Römische Geschichte (Taschenbuch Geschichte, 13)		
–, – (H): Ammianus Marcellinus – Römische Geschichte (Schriften u. Quellen d. Alten Welt, 21/1, 2)		
Shaw, Frank (H): Karl der Große und die schottischen Heiligen (Dt. Texte d. Mittelalters, LXXI)		
Shinnie, Peter L.: The Capital of Kush I (Meroitica, 4)		
Siedlungssysteme in der VR Polen und der DDR (Beiträge zur Geographie, 30)		
Siedt, Veronika: Produktionswachstum und Effektivität in Industriezweigen der DDR 1950 – 1970 (Forschungen z. Wirtschaftsgesch., 22)		
Siegel, Gerhard: Analytic Methods of Probability Theory (Math. Lehrbücher u. Monographien, II. Abt./67)		
Silbermann, Bernd: Invertibility and Asymptotics of Toeplitz Matrices (Mathematische Forschung,17)		
Silicat-Lexikon (s. Hinz)		
Simon, Rüdiger: Chemie – Dialektik – Theorienentwicklung. Eine Untersuchung zu philosophischen Fragen der Chemie im Zusammenhang mit der Entwicklung der Theorie über Säuren und Basen 1980. VIII, 104 S., 8°, 230 g, >6552< [1204, 0154]	762 416 0	14,—
Sims-Williams, Nicholas: The Christian Sogdian Manuscript C 2 (Berliner Turfantexte, XIII)		
Sinz, Rainer: Chronopsychophysiologie (WTB, Reihe Biologie)		

Sitzungsberichte der Akademie der Wissenschaften der DDR

Mathematik – Naturwissenschaften – Technik

ISSN 0138-3965

Nr.	Titel		Best.-Nr.	Preis
	Jahrgang 1979			
12	Probleme und Ergebnisse aus der Arbeitsgruppe Kybernetik / Informationsverarbeitung der Klasse Mathematik 1977/78 1980. 82 S., 26 Abb., 8°, 130 g, >2010/79/12/N<	[1095]	762 769 5	(8,50)
	Jahrgang 1980			
1	Wolfgang Bobeth: Zur Quantifizierung des Gebrauchswertes, dargestellt am Beispiel textiler Werkstoffe 1980. 17 S., 5 Abb., 8°, 50 g, >2010/80/1/N<	[0345]	762 842 8	(2,—)
2	Margit T. Rätzsch: Thermodynamik und biologische Entwicklung 1980. 19 S., 2 Abb., 8°, 40 g, >2010/80/2/N<	[1315]	762 843 6	(3,—)
3	Jürgen Kunze: Modellierung in der Linguistik und automatische Sprachverarbeitung 1980. 16 S., 3 Abb., 8°, 40 g, >2010/80/3/N<	[0185]	762 844 4	(2,—)
4	Niels Sönnichsen: Experimentelle und klinische Untersuchungen zur Pathogenese des Lupus erythematodes 1980. 25 S., 9 Abb., 6 Tab., 8°, 60 g, >2010/80/4/N<	[2025]	762 846 0	(3,—)
5	Geographie, Kartographie, Umweltforschung. Edgar Lehmann zum 75. Geburtstag 1981. 135 S., 18 Abb., 8°, 180 g, >2010/80/5/N<	[1445]	762 856 7	(13,50)
6	Max Steenbeck zum 75. Geburtstag 1980. 37 S., 14 Abb., 8°, 60 g, >2010/80/6/N<		762 857 5	(4,50)
7	Einige Aspekte von Umweltschutz und Umweltgestaltung in Industrie und Landwirtschaft 1980. 46 S., 3 Tab., 8°, 70 g, >2010/80/7/N<	[0365]	762 858 3	(4,50)
8	Gerhard Öhlmann: Katalyse – ein Hauptweg chemischer Stoffwandlung 1981. 24 S., 12 Abb., 2 Tab., 8°, 40 g, >2010/80/8/N<	[1275]	762 859 1	(3,50)
9	Harald Thomasius: Produktivität und Stabilität von Waldökosystemen 1981. 55 S., 18 Abb., 16 Tab., 8°, 120 g, >2010/80/9/N<	[4535]	762 860 4	(14,—)
10	Gustav Zouhar / Karl-Ernst Hensger / Wolfgang Bobeth: Technologien zur gezielten Erzeugung von Werkstoffstrukturen durch Kombination mechanischer und thermischer Behandlung 1981. 35 S., 32 Abb., 4 Tab., 8°, 80 g, >2010/80/10/N<	[3025]	762 878 6	(5,—)
11	Ulrich Messerschmidt: Untersuchungen zur Versetzungskinetik und -dynamik bei der plastischen Verformung 1981. 34 S., 25 Abb., 1 Tab., 8°, 80 g, >2010/80/11/N<	[1185]	762 879 4	(4,50)
12	Siegfried Nowak / Hans-Joachim Spangenberg: Pyrolyse von Kohlenwasserstoffen 1981. 38 S., 14 Abb., 16 Tab., 8°, 60 g, >2010/80/12/N<	[1275]	762 880 7	(4,50)
13	Karl Lanius: Die Physik und ihre Tendenzen. Dargestellt am Beispiel der Elementarteilchenphysik 1980. 31 S., 13 Abb., 3 Tab., 8°, 50 g, >2010/80/13/N<	[1175]	762 881 5	(3,50)
14	Zur Entwicklung der Katalyse. Dem Wirken Günter Rienäckers gewidmet 1981. 29 S., 6 Abb., 5 Tab., 8°, 50 g, >2010/80/14/N<	[1255]	762 882 3	(3,—)

Nr.	Titel		Best.-Nr.	Preis
15	Umwelttoxikologische Bewertung chemischer Produkte 1981. 62 S., 9 Abb., 26 Tab., 8°, 90 g, >2010/80/15/N<	[2065]	762 888 2	(6,50)
16	Vorkommen und Metabolisierung von Kohlenwasserstoffen in natürlichen Systemen 1981. 161 S., 61 Abb., 41 Tab., 8°, 220 g, >2010/80/16/N<	[1275]	762 889 0	18,—
17	Knut-Olaf Haustein: Probleme bei der Optimierung der Therapie mit Digitalisglykosiden 1981. 26 S., 5 Abb., 5 Tab., 8°, 50 g, >2010/80/17/N<	[2065]	762 890 3	(3,—)
18	Hans-Jürgen Jacobs / Ludwig Eberlein / Detlef Kochan: Entwicklung der Formgebungsverfahren im Maschinenbau 1981. 39 S., 27 Abb., 8°, 70 g, >2010/80/18/N<	[3455]	762 891 1	(5,50)
19	Joachim Lehmann: Sprachlich gestützte und geleitete EDV-Projektierung. Die Sprache als Kommunikationsmittel für Mensch und EDVA 1981. 36 S., 5 Abb., 8°, 60 g, >2010/80/19/N<	[0185]	762 893 8	(4,50)
20	B. N. Petrow: Entwicklung und Perspektiven der Kosmosforschungen 1980. 45 S., 9 Abb., 8°, 70 g, >2010/80/20/N<	[1435]	762 894 6	(5,—)
21	Aus der Arbeit der Forschungsbereiche der AdW der DDR. Festkolloquium zum 70. Geburtstag des Präsidenten Hermann Klare 1981. 92 S., 50 Abb., 8°, 160 g, >2010/80/21/N<	[1275]	762 904 1	(10,50)
22	Hans-Heinz Emons: Neuere Aspekte zur Gewinnung anorganischer Salze 1980. 28 S., 25 Abb., 1 Tab., 8°, 50 g, >2010/80/22/N<	[1255]	762 908 4	(3,50)
23	Walter Purkert/Jürgen vom Scheidt: Schwach korrelierte Prozesse und ihre Anwendungen 1980. 49 S., 18 Abb., 8°, 75 g, >2010/80/23/N<	[1065]	762 907 6	(5,—)
24	Roland Fehlinger /Werner Bergmann: Über Störungen des Kalzium-Magnesium-Haushalts unter besonderer Berücksichtigung von Umweltfaktoren 1980. 52 S., 14 Abb., 11 Tab., 8°, 110 g, >2010/80/24/N<	[2015]	762 906 8	(6,—)
25	Autorenkollektiv: Zur Würdigung von J. J. Berzelius, A. Kekulé und F. Wöhler 1982. 76 S., 8°, 105 g, >2010/80/25/N<	[1204]	762 922 8	(7,50)
26	Gerhard Keil: Der Einsatz fossiler organischer Kohlenstoffträger in Gegenwart und Zukunft 1981. 56 S., 10 Abb., 8°, 80 g, >2010/80/26/N<	[1275]	762 923 6	(6,—)

Jahrgang 1981

Nr.	Titel		Best.-Nr.	Preis
1	Adsorption an Zeolithen 1981. 71 S., 28 Abb., 3 Taf., 11 Tab., 8°, 140 g, >2010/81/1/N<	[1215]	762 934 0	(8,—)
2	Wolfgang Schirmer u. a.: Chemische Reaktionen unter hohem Druck 1981. 25 S., 3 Abb., 8°, 40 g, >2010/81/2/N<	[1215]	762 935 9	(3,—)
3	Ausgewählte Probleme der physikalischen Chemie 1981. 156 S., 90 Abb., 17 Tab., 8°, 200 g, >2010/81/3/N<	[1215]	762 936 7	(19,50)
4	Rudolf Münze / Oswald Hladik: Stand und Entwicklung der Aufarbeitung radioaktiven Materials 1981. 17 S., 10 Abb., 8°, 50 g, >2010/81/4/N<	[1175]	762 937 5	(2,—)

			Best.-Nr.	Preis
5	Otto Henkel: Ungeordnete Festkörper – Ausgangspunkt neuer Werkstoffklassen mit komplexer Verbindung physikalischer, mechanischer und chemischer Eigenschaften 1981. 16 S., 6 Abb., 2 Tab., 8°, 30 g, >2010/81/5/N<	[1185]	762 938 3	(2,—)
6	Genese und Inhaltsstoffe von Kohlen und Erdöl 1981. 36 S., 4 Tab., 8°, 60 g, >2010/81/6/N<	[1455]	762 966 6	(4,50)
7	Rauchen oder Gesundheit 1981. 113 S., 14 Abb., 23 Tab., 8°, 150 g, >2010/81/7/N<	[2045]	762 975 4	(12,—)
8	Klaus Meyer: Schichtbildungsprozesse an Metalloberflächen 1981. 31 S., 18 Abb., 4 Tab., 8°, 70 g, >2010/81/8/N<	[3635]	762 976 2	(4,—)
9	S. Röbert / S. Reuß: Lebensdauer und Wiederverwendung von Baustoffen 1981. 19 S., 8 Abb., 1 Tab., 8°, 40 g, >2010/81/9/N<	[3725]	762 977 0	(3,—)
10	Wolfgang Pompe / Winfried Morgner: Zur Anwendung der akustischen Emissionsanalyse in der Festkörperphysik. Die Einbeziehung der Schallemissionsanalyse in die Prüfung mechanisch und korrosiv beanspruchter Werkstoffe und Bauteile 1981. 47 S., 30 Abb., 8°, 80 g, >2010/81/10/N<	[1185]	762 981 8	(5,—)
11	Gerd Lehmann: Tendenzen der Festkörpertheorie und ihre Bedeutung für die Werkstoffwissenschaft 1981. 23 S., 11 Abb., 8°, 50 g, >2010/81/11/N<	[1185]	762 982 6	(3,—)
12	Fritz Markwardt: Neue Aspekte der fibrinolytischen Therapie 1981. 22 S., 6 Abb., 3 Tab., 8°, 50 g, >2010/81/12/N<	[2025]	762 990 6	(3,—)
13	Dagmar Hülsenberg: Vitrokeramik als Werkstoff in der Elektrotechnik/Elektronik 1981. 31 S., 12 Abb., 11 Tab., 8°, 60 g, >2010/81/13/N<	[3385]	762 991 4	(3,50)
14	Burkart Philipp: Holz – unerschöpfliche Rohstoffquelle? 1981. 33 S., 21 Abb., 9 Tab., 8°, 60 g, >2010/81/14/N<	[1375]	762 997 3	(5,—)
15	Hans-Heinz Emons / Wolfgang Voigt: Zur Chemie geschmolzener Salze 1981. 39 S., 25 Abb., 5 Tab., 8°, 80 g, >2010/81/15/N<	[1255]	762 998 1	5,—
16	Friedrich Wolf u. a.: Zur Synthese und Anwendung von Molekularsieben 1981. 54 S., 37 Abb., 2 Tab., 8°, 100 g, >2010/81/16/N<	[1251]	763 001 8	(6,50)
17	Helmut Koch: Über das Leben und Werk Johann Peter Gustav Lejeune Dirichlets. Zu seinem 175. Geburtstag 1982. 12 S., 8°, 25 g, >2010/81/17/N<	[1005]	763 063 2	(2,—) (A 8,—)
18	Albert Wollenberger: Die nervale und hormonelle Regulation des Herzens. Biochemische Mechanismen 1982. 34 S., 16 Abb., 8°, 50 g, >2010/81/18/N<	[2015]	763 064 0	(4,—) (A 8,—)
19	Grundlagenforschung und angewandte Forschung. Dem Wirken Kurt Schwabes gewidmet 1982. 80 S., 33 Abb., 5 Tab., 8°, 140 g, >2010/81/19/N<	[1115]	763 065 9	(8,—) (A 16,—)
20	Eberhard Hofmann / Wolfgang Schellenberger / Klaus Eschrich: Dynamische Selbstorganisation eines Mehrenzymsystems. Alternative stationäre Zustände und Hysterese in einem rekonstruierten glykolytischen Enzymsystem 1983. 75 S., 39 Abb., 8°, 200 g, >2010/81/20/N<	[1315]	763 066 7	8,50 A 16,—

Nr.	Titel		Best.-Nr.	Preis
21	**Manfred Schubert: Zur Entwicklung abproduktarmer bzw. -freier Verfahren in Einheit von Umweltschutz, Material- und Energieökonomie** 1982. 29 S., 9 Abb., 8°, 55 g, >2010/81/21/N<	[4575]	763 067 5	(8,50) (A 8,—)
22	**Ausgewählte Forschungsergebnisse der Physik. Kolloquium zum 75. Geburtstag von Robert Rompe** 1983. 80 S., 37 Abb., 4 Tab., 8°, 150 g, >2010/81/22/N<	[1105]	763 080 0	10,— A 16,—

Jahrgang 1982

Nr.	Titel		Best.-Nr.	Preis
1	**Hans-Joachim Bittrich: Aktivitäten in der chemischen Kinetik** 1982. 36 S., 12 Abb., 7 Tab., 8°, 55 g, >2010/82/1/N<	[1235]	763 081 9	(4,50) (A 8,—)
2	**Autorenkollektiv: Elektrochemie organischer Verbindungen** 1982. 62 S., 37 Abb., 1 Tab., 8°, 85 g, >2010/82/2/N<	[1235]	763 082 7	(7,—) (A 8,—)
3	**Heinz Kautzleben: Planetare Dynamik der Erde** 1982. 24 S., 8°, 50 g, >2010/82/3/N<	[1115]	763 083 5	(3,50) (A 8,—)
4	**Peter Mauersberger: Irreversibilität in der Hydrologie** 1982. 30 S., 8 Abb., 8°, 50 g, >2010/82/4/N<	[1465]	763 084 3	(3,—) (A 8,—)
5	**Stephan Tanneberger: Reale Fortschritte, ungelöste Probleme und Perspektiven der antineoplastischen Chemotherapie beim Mammakarzinom** 1982. 20 S., 5 Abb., 10 Tab., 8°, 35 g, >2010/82/5/N<	[2075]	763 085 1	(8,—) (A 8,—)
6	**E. Ehwald / K. Dörter / R. Junghans: Probleme der Landeskultur und der Lärmbekämpfung** 1982. 64 S., 18 Abb., 12 Tab., 8°, 85 g, >2010/82/6/N<	[4575]	763 087 8	(7,—) (A 8,—)
7	**Autorenkollektiv: Neutronen zur Lösung von Problemen in Wissenschaft und Praxis** 1983. 140 S., 8°, 250 g, >2010/82/7/N<	[1175]	763 100 2	15,— A 16,—
8	**J. Wieting / R. Mikut: Sekundärrohstoffeinsatz** 1982. 39 S., 14 Abb., 12 Tab., 8°, 60 g, >2010/82/8/N<	[3015]	763 101 0	(4,50) (A 8,—)
9	**Alfred Zimm: Zur strukturellen und funktionellen Dynamik in den typologischen Subräumen des Wirtschafts- und Lebensgebietes der Hauptstadt der DDR, Berlin** 1982. 33 S., 9 Abb., 3 Tab., 8°, 55 g, >2010/82/9/N<	[0345]	763 102 9	(4,—) (A 8,—)
10	**P. Langen / H. Graetz / W. Lehmann / R. Samtleben: Die Regulation der Zellproliferation durch Wachstumsfaktoren und Chaleone** 1982. 27 S., 6 Abb., 8°, 45 g, >2010/82/10/N<	[1315]	763 117 6	(3,—) (A 8,—)
11	**Hans-Heinz Emons: Abfälle – Rohstoffe. Einige Probleme zu stoffwandelnden Prozessen** 1982. 32 S., 22 Abb., 4 Tab., 8°, 65 g, >2010/82/11/N<	[1355]	763 118 4	3,— A 8,—
12	**Egon Uhlig / Hans Müller: Metallcluster** 1982. 45 S., 26 Abb., 4 Tab., 8°, 65 g, >2010/82/12/N<	[1215]	763 119 2	5,— A 8,—

Nr.	Titel		Best.-Nr.	Preis
13	Margit T. Rätzsch / Horst Kehlen: Kontinuierliche Thermodynamik von Vielstoffgemischen 1983. 24 S., 6 Abb., 2 Tab., 8°, 50 g, >2010/82/13/N<	[1215]	763 149 1	3,— A 8,—
14	Berthold Knauer: Fortschritte auf dem Gebiet der Konstruktionsplaste 1983. 47 S., 22 Abb., 6 Tab., 8°, 90 g, >2010/82/14/N<	[3015]	763 150 4	(5,—) (A 8,—)
15	Autorenkollektiv: Originalmitteilungen aus der Klasse Chemie 1982. 40 S., 23 Abb., 7 Tab., 8°, 70 g, >2010/82/15/N<	[1215]	763 151 2	(5,—) (A 8,—)
16	Autorenkollektiv: Herz-Kreislauf-Forschung. Rudolf Baumann zum 70. Geburtstag 1982. 71 S., 37 Abb., 6 Tab., 8°, 85 g, >2010/82/16/N<	[2025]	763 152 0	(8,—)
17	Autorenkollektiv: Theorie der Adsorption an Zeolithen 1983. 52 S., 19 Abb., 8°, 100 g, >2010/82/17/N<	[1215]	763 176 6	(6,—) (A 8,—)
18	Autorenkollektiv: Neue Ergebnisse auf dem Gebiet der Gerichtlichen Medizin. Otto Prokop zum 60. Geburtstag 2. Auflage 1985. 49 S., 14 Abb., 12 Tab., 8°, 100 g, >2010/82/18/N<	[2815]	763 177 4	5,— A 8,—
19	Johannes Heydenreich: Hochauflösende Elektronenmikroskopie in der Werkstofforschung 1983. 31 S., 19 Abb., 8°, 65 g, >2010/82/19/N<	[1185]	763 178 2	(3,—) (A 8,—)
20	Horst Blumenauer: Zur werkstoffmechanischen Interpretation von Bruchkenngrößen 1983. 40 S., 23 Abb., 3 Tab., 8°, 75 g, >2010/82/20/N<	[1185]	763 179 0	(5,—) (A 8,—)
21	Lothar Kolditz / A. W. Fokin: Fluorchemie 1983. 29 S., 2 Abb., 1 Tab., 8°, 45 g, >2010/82/21/N<	[1275]	763 180 3	3,— A 8,—
22	Hans-Joachim Spangenberg: Die Pyrolyse von Kohlenwasserstoffen im thermischen Plasma. Bildung von Acetylen und Ruß 1983. 35 S., 13 Abb., 6 Tab., 8°, 70 g, >2010/82/22/N<	[1215]	763 181 1	4,50 A 8,—
23	Burkart Philipp / Manfred Rätzsch: Neue Ergebnisse der Polymerforschung 1982. 33 S., 22 Abb., 9 Tab., 8°, 60 g, >2010/82/23/N<	[1275]	763 183 8	(3,50) (A 8,—)
24	Wolfgang Forker / Hartmut Worch / Dietmar Rahner / Werner Schatt: Einheitliche modelltheoretische Betrachtungen von Vorgängen bei der Metallkorrosion 1983. 35 S., 12 Abb., 8°, 55 g, >2010/82/24/N<	[3015]	763 184 6	(4,50) (A 8,—)
Jahrgang 1983				
1	Peter Mauersberger: Möglichkeiten und Grenzen der Prognose von Veränderungen aquatischer Ökosysteme bei veränderter Inanspruchnahme 1983. 39 S., 8°, 55 g, >2010/83/1/N<	[1375]	763 236 3	4,50 A 8,—
2	Ausgewählte Forschungsergebnisse aus der Organischen Chemie. Festkolloquium zum 80. Geburtstag von Alfred Rieche			

			Best.-Nr.	Preis
	1983. 58 S., 8°, 95 g, >2010/83/2/N<	[1275]	763 237 1	6,— A 8,—
3	Klaus Fröhlich: Beiträge natürlicher Radionuklide zur Umweltforschung 1983. 28 S., 8°, 55 g, >2010/83/3/N<	[1175]	763 239 8	3,— A 8,—
4	Autorenkollektiv: Robert Koch. Zum 100. Jahrestag der Entdeckung des Tuberkuloseerregers 1983. 76 S., 37 Abb., 8°, 120 g, >2010/83/4/N<	[1305]	763 266 2	8,— A 16,—
5	Georg Müller: Die Bedeutung der vitalen und postmortalen organischen Bodensubstanz aus der Sicht der Bodenfruchtbarkeit und des Bodenschutzes 1983. 16 S., 9 Abb., 8°, 40 g, >2010/83/5/N<	[4115]	763 267 0	2,— A 8,—
6	Heinz Kautzleben: Probleme der geologischen Erforschung des Territoriums der DDR 1983. 24 S., 14 Abb., 8°, 40 g, >2010/83/6/N<	[1415]	763 274 2	3,— A 8,—
7	Günter Tembrock: Verhaltenswissenschaften in Theorie und Praxis. Tendenzen, Entwicklungen 1983. 30 S., 12 Abb., 2 Tab., 8°, 45 g, >2010/83/7/N<	[1375]	763 285 7	3,— A 8,—
8	Autorenkollektiv: Die Transport- und Erkennungsfunktion der Plasmamembran tierischer Zellen 1984. 22 S., 9 Abb., 1 Tab., 8°, 45 g, >2010/83/8/N<	[1315]	763 314 7	3,— A 8,—
9	Autorenkollektiv: Pränatale Diagnostik genetisch bedingter Leiden. Helmut Kraatz zum 80. Geburtstag 1984. 40 S., 18 Abb., 2 Tab., 8°, 70 g, >2010/83/9/N<	[2145]	763 315 5	(4,50) (A 8,—)
10	Autorenkollektiv: Strukturbildung im Kosmos und auf der Erde 1984. 43 S., 3 Abb., 2 Tab., 8°, 60 g, >2010/83/10/N<	[1495]	763 332 3	(4,50) (A 8,—)
11	Siegfried Dyck: Hydrologische Forschung für die Wasserbewirtschaftung 1984. 30 S., 12 Abb., 8°, 50 g, >2010/83/11/N<	[1465]	763 341 1	(3,—) (A 8,—)
12	M. A. Sadovskij: Neue Gedanken zu Gesteinen 1984. 15 S., 7 Abb., 3 Tab., 8°, 25 g, >2010/83/12/N<	[1445]	763 349 7	2,— A 8,—
13	Karlheinz Lohs / Robert Rompe: Max Steenbeck – Sein Wirken für Frieden und Abrüstung 1984. 18 S., 8°, 30 g, >2010/83/13/N<	[1105]	763 351 8	(3,—) (A 8,—)

Jahrgang 1984

1	Günter Tembrock: Bioindikatorische Valenzen chronobiologischer Verhaltensanalysen 1984. 22 S., 16 Abb., 8°, 40 g, >2010/84/1/N<	[1375]	763 368 1	(3,50) (A 8,—)
2	Otto Henkel / Werner Lange / Werner Schatt: Stand und Entwicklungstendenzen der Werkstoffwissenschaft 1984. 39 S., 20 Abb., 6 Tab., 8°, 75 g, >2010/84/2/N<	[3015]	763 378 8	(5,—) (A 8,—)

		Best.-Nr.	Preis
3 Horst Schmandke: Aktuelle Probleme der Lebensmittelforschung			
1984. 22 S., 15 Abb., 11 Tab., 8°, 40 g, >2010/84/3/N<	[4705]	763 380 9	3,—
			A 8,—
4 Helmut Kyank: Artefizielle Insemination, In-vitro Fertilisation und Embryotransfer beim Menschen			
1984. 18 S., 4 Abb., 8 Tab., 8°, 45 g, >2010/84/4/N<	[2865]	763 399 9	3,—
			A 8,—
5 Lothar Kolditz: Zum 150. Geburtstag von D. I. Mendelejew Gerhard Zimmermann: Zerfall und Bildung cyclischer Kohlenwasserstoffe unter den Bedingungen der Kohlenwasserstoffpyrolyse			
1984. 22 S., 11 Abb., 8°, 50 g, >2010/84/5/N<	[1275]	763 413 1	3,—
			A 8,—
6 Friedenskämpfer – Humanist – Wissenschaftler. Zum 100. Geburtstag von Walter Friedrich			
1984. 47 S., 3 Abb., 1 Tab., 8°, 70 g, >2010/84/6/N<	[1175]	763 444 9	4,50
			A 8,—
7 Irmgard Garz: Korrosionsverhalten plastisch verformter Metalle			
1984. 29 S., 13 Abb., 8°, 50 g, >2010/84/7/N<	[3015]	763 445 7	(3,50)
Jahrgang 1985			(A 8,—)
1 Fred G. Wihsmann / Georg Berger / Volker Thieme / Herbert Hofmann: Biovitrokeram-Implantatwerkstoffe			
1985. 40 S., 34 Abb., 7 Tab., 8°, 75 g, >2010/85/1/N<	[1255]	763 468 4	4,50
			A 8,—
2 Peter A. Thiessen zum 85. Geburtstag			
1985. 30 S., 15 Abb., 2 Tab., 8°, 50 g, >2010/85/2/N<	[1215]	763 469 2	3,—
			A 8,—
3 Samuel Mitja Rapoport / Peter Langen / Eberhard Hofmann: Die Bedeutung Otto Warburgs für die Entwicklung der Biochemie, Zellbiologie und Medizin			
1985. 40 S., 12 Abb., 2 Tab., 8°, 130 g, >2010/85/3/N<	[1208]	763 484 4	4,50
			A 8,—
4 Ausgewählte Probleme der Polymerforschung. Hermann Klare zum 75. Geburtstag			
1985. 33 S., 16 Abb., 10 Tab., 8°, 120 g, >2010/85/4/N<	[1275]	763 485 2	4,50
			A 8,—
5 Wolfgang Fratzscher: Exergie und Stoffwandlung			
1985. 27 S., 12 Abb., 1 Tab., 8°, 100 g, >2010/85/5/N<	[1215]	763 486 0	3,—
			A 8,—
6 Egon Fanghänel / Gerd Schukat: Organische Verbindungen mit hoher elektrischer Leitfähigkeit			
1985. 51 S., 32 Abb., 8°, 65 g, >2010/85/6/N<	[1275]	763 494 0	6,—
			A 8,—
7 Helmut Moritz: Geodäsie und Erdrotation			
1985. 13 S., 6 Abb., 8°, 25 g, >2010/85/7/N<	[5115]	763 495 9	2,—
			A 8,—
8 Hermann Klare / Robert Rompe: Zum Gedenken an Kurt Schwabe			
1985. 17 S., 8°, 35 g, >2010/85/8/N<	[1205]	763 496 7	3,—
			A 8,—
9 Alfred Zimm / Konrad Scherf: Territoriale Strategien im realen Sozialismus			
1986. 18 S., 8 Tab., 8°, 70 g, >2010/85/9/N<	[0345]	763 568 7	(A 8,—)
10 Eberhard Leibnitz zum 75. Geburtstag			(A 8,—)
1986. 59 S., 15 Abb., 10 Tab., 8°, 75 g, >2010/85/10/N<	[1275]	763 601 4	(3,—)
11 Horst Klinkmann: Therapie der chronischen Niereninsuffizienz im Wandel der Zeiten. Harald Dutz zum 70. Geburtstag			(6,—)
1986. 28 S., 7 Abb., 8°, 60 g, >2010/85/11/N<	[2195]	763 582 0	(3,—)
			(A 8,—)

			Best.-Nr.	Preis
12	Horst Klinkmann: Detoxikationsverfahren des Blutes in Forschung und Praxis 1986. 26 S., 12 Abb., 8°, 60 g, ›2010/85/12/N‹	[2195]	763 583 9	(3,—) (A 8,—)
13	Walter Kirsche: Oskar Vogt 1870–1959. Leben und Werk und dessen Beziehung zur Hirnforschung der Gegenwart. Ein Beitrag zur 25. Wiederkehr seines Todestages 1986. 51 S., 23 Abb., 8°, 100 g, ›2010/85/13/N‹	[2035]	763 593 5	6,— A 8,—
14	Ulrich Wobus: Springende DNA-Elemente in Eukaryoten 1986. 21 S., 10 Abb., 8°, 45 g, ›2010/85/14/N‹	[1315]	763 594 3	(3,—) (A 8,—)

Gesellschaftswissenschaften

ISSN 0138-4015

Jahrgang 1980

1	Peter H. Feist: Beiträge Richard Hamanns zur Methodik der Kunstgeschichtsschreibung 1980. 20 S., 8°, 40 g, ›2010/80/1/G‹	[0715]	753 843 0	2,—
2	Werner Scheler: Zum Gedenken an Johannes Stroux Gerhart Neuner: Sozialer Lebensprozeß und Erziehung 1980. 28 S., 8°, 60 g, ›2010/80/2/G‹	[0625]	753 844 9	(2,—)
3	Karl-Heinz Günther: Zu einigen Entwicklungstendenzen der Allgemeinbildung 1980. 24 S., 1 Abb., 2 Tab., 8°, 40 g, ›2010/80/3/G‹	[0625]	753 845 7	2,—
4	Jürgen Kuczynski: Prolegomena zu einer Geschichte des Alltags des deutschen Volkes 1980. 14 S., 8°, 30 g, ›2010/80/4/G‹	[0265]	753 846 5	(1,—)
5	Probleme und Methoden zur Einschätzung komplexer ökologischer Wirkung von Wirtschaftsmaßnahmen 1980. 20 S., 8°, 40 g, ›2010/80/5/G‹	[0326]	753 858 8	(2,—)
6	Herbert Hörz: Materialistische Dialektik und Wissenschaftsentwicklung 1980. 31 S., 8°, 50 g, ›2010/80/6/G‹	[0155]	753 894 0	(2,—)
7	Wolfgang Heinrichs: Aktuelle Fragen der Reproduktionstheorie 1981. 21 S., 6 Tab., 8°, 40 g, ›2010/80/7/G‹	[0325]	753 903 8	(2,—)
8	John Lekschas: Zur Staatslehre Wilhelm von Humboldts. Reflexionen über seine Schrift: „Ideen zu einem Versuche, die Grenzen der Wirksamkeit des Staates zu bestimmen" 1981. 22 S., 8°, 40 g, ›2010/80/8/G‹	[0415]	753 904 6	2,—
9	Jürgen Kuczynski – ein universeller marxistisch-leninistischer Gesellschaftswissenschaftler 1980. 67 S., 8°, 100 g, ›2010/80/9/G‹	[0155]	753 905 4	(4,50)
10	Johannes Irmscher: Adolf Harnack und der Fortschritt in der Altertumswissenschaft. Zu seinem 50. Todestag 1981. 34 S., 8°, 60 g, ›2010/80/10/G‹	[0225]	753 927 3	(2,50)
11	Martin Lehnert: Substandard English (Vulgärenglisch) 1981. 104 S., 8°, 140 g, ›2010/80/11/G‹	[0835]	753 928 1	(7,—)
12	Indiens Rolle in der Kulturgeschichte. Dem Wirken Walter Rubens gewidmet 1982. 68 S., 8°, 95 g, ›2010/80/12/G‹	[0704]	753 930 2	(5,—)
13	Wolfgang Eichhorn: Dialektik – Revolution – Weltprozeß 1981. 19 S., 8°, 40 g, ›2010/80/13/G‹	[0125]	753 931 0	(2,—)

Jahrgang 1981

Nr.	Titel		Best.-Nr.	Preis
1	Eine Jury für Jacques Roux. Dem Wirken Walter Markovs gewidmet 1981. 124 S., 8°, 170 g, >2010/81/1/G<	[0235]	753 956 4	(8,—)
2	Manfred Kossok: Vergleichende Geschichte der neuzeitlichen Revolutionen. Methodologische und empirische Forschungsprobleme 1981. 63 S., 8°, 100 g, >2010/81/2/G<	[0235]	753 957 2	(4,—)
3	Wolfgang Weichelt / Eberhard Poppe / Uwe-Jens Heuer: Sozialistisches Recht und Demokratie 1981. 49 S., 8°, 80 g, >2010/81/3/G<	[0425]	753 972 4	(3,50)
4	Eduard Winter: Deutsch-slawische Wechselseitigkeit, besonders in der Geschichte der Wissenschaft. Deutsch-russische Wissenschaftsbeziehungen im 18. Jahrhundert 1981. 42 S., 8°, 70 g, >2010/81/4/G<	[0855]	753 985 5	(3,—)
5	Helmut Koziolek: Wissenschaftlich-technischer Fortschritt und ökonomische Kreisläufe 1981. 97 S., 9 Abb., 4 Tab., 8°, 165 g, >2010/81/5/G<	[0325]	753 986 3	(7,—)
6	Hans-Jürgen Treder: Friedrich Engels und die wegweisende Bedeutung der Philosophie für die Naturwissenschaft 1982. 36 S., 8°, 60 g, >2010/81/6/G<	[0155]	754 014 3	(3,—)
7	Hans Mottek: Zu den Entwicklungsgesetzmäßigkeiten des kapitalistischen Geldsystems 1982. 16 S., 8°, 40 g, >2010/81/7/G<	[0315]	754 015 1	(2,—)
8	Wolfgang Weichelt: Politische Macht und Demokratie im Sozialismus 1982. 15 S., 8°, 40 g, >2010/81/8/G<	[0425]	754 017 8	(2,—)
9	Eberhard Poppe: Sozialistisches Recht und Wissenschaft 1982. 23 S., 8°, 50 g, >2010/81/9/G<	[0425]	754 026 6	(2,—)

Jahrgang 1982

Nr.	Titel		Best.-Nr.	Preis
1	Preußische Reformen – Wirkungen und Grenzen. Aus Anlaß des 150. Todestages des Freiherrn vom und zum Stein 1982. 167 S., 8°, 210 g, >2010/82/1/G<	[0215]	754 099 5	(11,—)
2	Geschichte und Funktion der Literaturgeschichtsschreibung 1982. 232 S., 8°, 290 g, >2010/82/2/G<	[8001]	754 100 7	15,—
3	Reimar Müller: Sozialutopisches Denken in der griechischen Antike 1983. 52 S., 8°, 70 g, >2010/82/3/G<	[0225]	754 110 3	(5,—) (A 8,—)
4	Joachim Herrmann: Naturgeschichtliches Erbe und gesellschaftliche Gesetze 1982. 29 S., 10 Abb., 8°, 70 g, >2010/82/4/G<	[0155]	754 111 1	(2,—) (A 8,—)
5	Günter Kröber: Wachstumstendenzen und Entwicklungserfordernisse des Forschungspotentials der DDR 1982. 36 S., 11 Abb., 6 Tab., 8°, 45 g, >2010/82/5/G<	[0155]	754 164 8	(3,—) (A 8,—)
6	Bernard Bolzano – Zur 200. Wiederkehr seines Geburtstages am 5. Oktober 1981. Dem Wirken Eduard Winters gewidmet 1982. 34 S., 8°, 50 g, >2010/82/6/G<	[0225]	754 165 6	(3,—) (A 8,—)

			Best.-Nr.	Preis
7	Ernst Werner: Mustafa Kemal Atatürk 1983. 48 S., 8°, 70 g, >2010/82/7/G<	[0225]	754 169 9	(3,—) (A 8,—)
8	Manfred Buhr: Der Mut der Wahrheit. 150 Jahre nach Hegel 1982. 54 S., 8°, 75 g, >2010/82/8/G<	[0115]	754 195 5	(4,—) (A 8,—)
9	Robert Rompe / Hans-Jürgen Treder: Max Planck – Selbstdarstellung (1942) 1982. 14 S., 8°, 25 g, >2010/82/9/G<	[1105]	754 215 7	2,— A 8,—
10	Albrecht Neubert / Rudolf Große: Soziolinguistische Aspekte der Theorie des Sprachwandels 1982. 43 S., 8°, 60 g, >2010/82/10/G<	[0815]	754 216 5	(3,—) (A 8,—)
11	Herbert Meißner: Neue Tendenzen bürgerlicher Sozialismuskritik und unsere Antikritik 1982. 18 S., 8°, 30 g, >2010/82/11/G<	[0325]	754 217 3	2,— A 8,—
12	Ule Lammert: Zu Problemen des Städtebaus der 80er Jahre 1982. 24 S., 8°, 35 g, >2010/82/12/G<	[3715]	754 218 1	(2,—) (A 8,—)
13	Peter H. Feist: Pablo Picasso. Vom Sinn eines künstlerischen Gesellschaftsbildes 1982. 27 S., 8°, 45 g, >2010/82/13/G<	[0715]	754 220 9	(2,—) (A 8,—)
14	Helmut Klein: Zu Bildungsstrategien in kapitalistischen Ländern 1982. 21 S., 8°, 35 g, >2010/82/14/G<	[0605]	754 238 4	(2,—) (A 8,—)
15	Rom und Germanien. Dem Wirken Werner Hartkes gewidmet 1983. 120 S., 8 Abb., 8°, 155 g, >2010/82/15/G	[0225]	754 239 2	(8,—)
16	Karl-Heinz Günther: Zu einigen Problemen der moralischen Erziehung der Schuljugend 1982. 41 S., 8°, 60 g, >2010/82/16/G<	[0625]	754 240 5	3,— A 8,—
17	Walter Dietze: Goethes Tod, Goethes Leben. Übergreifende Gesichtspunkte für die wissenschaftliche Erforschung eines Werkes 1983. 80 S., 8°, 70 g, >2010/82/17/G<	[8001]	754 253 6	(5,—) (A 8,—)

Jahrgang 1983

1	Georg Knepler: Sprache und Musik unter dem Aspekt der Ästhetik 1983. 54 S., 18 Notenbeispiele, 8°, 90 g, >2010/83/1/G<	[0175]	754 261 6	6,— A 8,—
2	Klaus Fuchs: Wissenschaft und Produktion in der sozialistischen Revolution 1983. 21 S., 8°, 50 g, >2010/83/2/G<	[0155]	754 263 2	2,— A 8,—
3	Walter Schmidt: Ferdinand Wolff. Zur Biographie eines kommunistischen Journalisten an der Seite von Marx und Engels 1848/49 1983. 22 S., 8°, 50 g, >2010/83/3/G<	[0245]	754 264 0	2,— A 8,—
4	Eberhard Brüning: Mildred Harnack-Fish als Literaturwissenschaftlerin – ihr Beitrag zur Erschließung der amerikanischen Literatur in Deutschland während der 30er Jahre 1983. 66 S., 8°, 90 g, >2010/83/4/G<	[7330]	754 265 0	5,— A 8,—

			Best.-Nr.	Preis
5	Reimar Müller: Die Konzeption des Fortschritts im antiken Geschichtsdenken 1983. IV, 40 S., 8°, 70 g, >2010/83/5/G<	[0225]	754 292 3	3,— A 8,—
6	Hermann Klenner: Revolutionsprogramm als Reformationstheorie. Der Revolutionsbegriff utopischer Kommunisten in England Mitte des 17. Jahrhunderts 1983. 32 S., 8°, 75 g, >2010/83/6/G<	[0415]	754 293 1	3,— A 8,—
7	Arno Donda: Informationsprozesse. Entwicklung von Datenbanken 1983. 16 S., 8°, 30 g, >2010/83/7/G<	[0395]	754 332 8	2,— A 8,—
8	Walter Schmidt: Zur Konstituierung der DDR-Geschichtswissenschaft in den fünfziger Jahren 1984. 30 S., 8°, 45 g, >2010/83/8/G<	[0255]	754 342 4	2,— A 8,—
9	Jürgen Kuczynski: Die Rolle der Volksmassen in der Geschichte 1984. 49 S., 8°, 65 g, >2010/83/9/G<	[0235]	754 343 2	(4,—) (A 8,—)
10	Philosophie – Wissenschaft. Zum Wirken von Georg Klaus 1984. 99 S., 3 Abb., 2 Tab., 8°, 110 g, >2010/83/10/G<	[0115]	754 345 9	7,— A 8,—
11	Martin Luther – Kolloquium anläßlich der 500. Wiederkehr seines Geburtstages (10. November 1483) 1983. 88 S., 8°, 120 g, >2010/83/11/G<	[0265]	754 346 7	(6,—) (A 8,—)
12	Manfred Kossok: Simón Bolivar und das historische Schicksal Spanisch-Amerikas. Anläßlich der 200. Wiederkehr seines Geburtstages (24. Juli 1783) 1984. 56 S., 8°, 70 g, >2010/83/12/G<	[0235]	754 347 5	4,— A 8,—

Jahrgang 1984

1	John Lekschas: Zur Vorbeugung der Kriminalität Minderjähriger. Forschungsprobleme 1984. 30 S., 8°, 50 g, >2010/84/1/G<	[0405]	754 388 9	(3,—) (A 8,—)
2	Ule Lammert: Architektur im Wechselfeld von Wissenschaft und Kunst 1984. 29 S., 8°, 55 g, >2010/84/2/G<	[3705]	754 389 7	(3,—) (A 8,—)
3	Joachim Herrmann: Germanen und Slawen in Mitteleuropa. Zur Neugestaltung der ethnischen Verhältnisse zu Beginn des Mittelalters 1984. 36 S., 8 Abb., 8°, 50 g, >2010/84/3/G<	[0225]	754 391 8	(3,—) (A 8,—)
4	Manfred Kossok: Karl Marx und der Begriff der Weltgeschichte 1984. 32 S., 8°, 50 g, >2010/84/4/G<	[0215]	754 392 6	(4,—) (A 8,—)
5	Helmut Koziolek: Arbeitsproduktivität, Wertbildung und ökonomische Kreisläufe 1984. 31 S., 4 Abb., 8°, 50 g, >2010/84/5/G<	[0345]	754 393 4	3,— A 8,—
6	Eberhard Poppe: Der Bürger im Verwaltungsrecht der DDR 1984. 21 S., 8°, 45 g, >2010/84/6/G<	[0445]	754 416 0	2,— A 8,—

Nr.	Titel		Best.-Nr.	Preis
7	Wolfgang Fleischer: Aspekte der sprachlichen Benennung 1984. 28 S., 8°, 50 g, >2010/84/7/G<	[0815]	754 417 9	(2.—) (A 8,—)
8	Autorenkollektiv: Realismus und literarische Kommunikation. Dem Wirken Rita Schobers gewidmet 1984. 86 S., 8°, 110 g, >2010/84/8/G<	[8016]	754 418 7	(6,—) (A 8,—)
9	Autorenkollektiv: Zum wissenschaftlichen Werk von Günther Kohlmey 1984. 44 S., 8°, 60 g, >2010/84/9/G<	[0225]	754 435 5	4,50 A 8,—
10	Erich Hahn: Ideologie und Kunst 1984. 52 S., 8°, 70 g, >2010/84/10/G<	[0175]	754 436 3	(6,—) (A 8,—)
11	Wolfgang Eichhorn: Gesetzmäßigkeit von Revolutionen 1984. 29 S., 8°, 50 g, >2010/84/11/G<	[0125]	754 437 1	3,— A 8,—
12	Horst Bartel / Walter Schmidt / Rudolf Große: Das marxistische Lutherbild. Luther und die deutsche Sprache 1984. 56 S., 8°, 70 g, >2010/84/12/G<	[0265]	754 439 8	(4,—) (A 8,—)
13	Werner Mittenzwei: Wie geht das zeitgenössische Theater mit klassischen Stücken um. Über Tendenzen, Methoden der Bearbeitung von klassischen Stücken. Theoretische Einsichten und praktische Erfahrungen bei der Erarbeitung einer einteiligen Wallenstein-Fassung für das Wiener Burgtheater 1984. 32 S., 8°, 50 g, >2010/84/13/G<	[8402]	754 455 8	(3,—) (A 8,—)
14	Hans Mottek: Die 70er Jahre. Eine Wende in der ökonomischen Entwicklung der führenden kapitalistischen Länder 1984. 40 S., 8°, 60 g, >2010/84/14/G<	[0325]	754 456 6	3,— A 8,—
15	Eberhard Poppe / Wolfgang Weichelt: Arthur Baumgarten zum 100. Geburtstag 1985. 42 S., 8°, 60 g, >2010/84/15/G<	[0425]	754 457 4	3,— A 8,—
16	Forschungs- und Darstellungsprobleme einer historischen Biographie. Dem Wirken Ernst Engelbergs gewidmet 1985. 73 S., 8°, 90 g, >2010/84/16/G<	[0215]	754 458 2	(5,—) (A 8,—)
17	Joachim Herrmann: Geschichtstriade und Gesellschaftsformation. Theorie und Praxis 100 Jahre nach dem Werk von Friedrich Engels „Der Ursprung der Familie, des Privateigentums und des Staates“ 1984. 21 S., 8°, 45 g, >2010/84/17/G<	[0215]	754 506 7	2,— A 8,—

Jahrgang 1985

Nr.	Titel		Best.-Nr.	Preis
1	Rita Schober: Louis Aragon. Von der Suche der Dichtung nach Erkenntnis der Welt 1985. 26 S., 8°, 40 g, >2010/85/1/G<	[8001]	754 507 5	2,— A 8,—
2	Reimar Müller / Hermann Klenner: Gesellschaftsvertragstheorien von der Antike bis zur Gegenwart 1985. 80 S., 8°, 100 g, >2010/85/2/G<	[0445]	754 508 3	(5,—) (A 8,—)

Nr.	Titel		Best.-Nr.	Preis
3	1789 und der Revolutionszyklus des 19. Jahrhunderts. Dem Wirken Walter Markovs gewidmet 1986. 132 S., 8°, 150 g, >2010/85/3/G<	[0235]	754 626 2	9,— A 16,—
4	Zum 80. Geburtstag von Jürgen Kuczynski 1986. 61 S., 11 Tab., 8°, 75 g, >2010/85/4/G<	[0305]	754 627 0	(4,—) (A 8,—)
5	Walter Schmidt: Das Erbe- und Traditionsverständnis in der Geschichte der DDR 1986. 29 S., 8°, 50 g, >2010/85/5/G<	[0275]	754 628 9	(3,—) (A 8,—)
6	Jacob und Wilhelm Grimm. Vorträge anläßlich der 200. Wiederkehr ihrer Geburtstage (4. Januar 1795/24. Februar 1786) 1986. 107 S., 8°, 150 g, >2010/85/6/G<	[0815]	754 652 9	7,— A 8,—
7	Günter Kröber: Zur gegenwärtigen Situation bürgerlicher Wissenschaftsforschung 1986. 32 S., 8°, 50 g, >2010/85/7/G<	[0155]	754 653 7	(3,—) (A 8,—)
8	Herbert Hörz: Philosophische Aspekte der Entwicklung von Technik und Technologie 1986. 33 S., 8°, 50 g, >2010/85/8/G<	[0155]	754 654 5	3,50 A 8,—
9	Gerhart Neuner: Entwicklungsprobleme sozialistischer Allgemeinbildung 1986. 32 S., 9 Abb., 8°, 50 g, >2010/85/9/G<	[0625]	754 661 7	3,— A 8,—

Sitzungsberichte der Sächsischen Akademie der Wissenschaften zu Leipzig

Mathematisch-naturwissenschaftliche Klasse

ISSN 0371-327X

Band 113

Nr.	Titel		Best.-Nr.	Preis
7	Friedrich Wolf / Wolfgang Heyer: Zur Sorption an Tetracalciumaluminathydroxysalzen 1980. 12 S., 5 Abb., 4 Tab., 8°, 40 g, >2027/113/7<	[1215]	762 828 4	(2,—)

Band 114

Nr.	Titel		Best.-Nr.	Preis
1	Hasso Essbach: Morphologisches zur orthologischen und pathologischen Differenzierung und zum Anpassungs- und Abwehrvermögen der menschlichen Placenta 1980. 19 S., 12 Abb. auf 6 Taf., 8°, 50 g, >2027/114/1<	[2145]	762 749 2	(4,—)
2	Werner Ries: Risikofaktoren des Alterns aus klinischer Sicht 1980. 20 S., 10 Abb., 1 Taf., 8°, 40 g, >2027/114/2<	[2305]	762 776 7	(4,—)
3	Ott-Heinrich Keller: Anschaulichkeit und Eleganz beim Alexanderschen Dualitätssatz 1980. 19 S., 8°, 40 g, >2027/114/3<	[1025]	762 777 5	(4,—)
4	Benno Parthier: Die cytologische Symbiose am Beispiel der Biogenese von Zellorganellen 1981. 29 S., 16 Abb., dav. 4 auf 3 Taf., 2 Tab., 8°, 60 g, >2027/114/4<	[1335]	762 853 2	6,—
5	Friedrich Wolf / Sonja Eckert / Magdalene Weise / Sabine Lindau: Untersuchungen zur Synthese und Anwendung bipolarer Ionenaustauscherharze 1980. 12 S., 6 Tab., 8°, 30 g, >2027/114/5<	[1215]	762 854 0	(2,—)
6	Herbert Jordan: Balneobioklimatologie. Eine Zielstellung im Mensch-Umwelt-Konzept 1981. 25 S., 8 Abb., 1 Tab., 8°, 60 g, >2027/114/6<	[2075]	762 896 2	(4,—)

Best.-Nr. Preis

Band 115

1 Hermann Berg: Wilhelm Ostwald – Erkenntnisse über die Biosphäre
1981. 36 S., 7 Abb., 3 Tab., 8°, 70 g, >2027/115/1< [1305] 762 897 0 (6,—)

2 Klaus Dörter: Aphorismen zur Qualität des Bewässerungswassers
1981. 32 S., 11 Abb., dav. 2 Taf., 11 Tab., 8°, 60 g, >2027/115/2< [4045] 762 898 9 (6,—)

3 Paul Görlich: Die geschichtliche Entwicklung des wissenschaftlichen Gerätebaus und seine zukünftige Bedeutung
1981. 36 S., 8°, 60 g, >2027/115/3< [1104] 762 899 7 (6,—)

4 Wolfgang Buchheim: Albert Einstein als Wegbereiter nachklassischer Physik
1981. 29 S., 8°, 50 g, >2027/115/4< [1114] 762 911 3 (4,—)

5 Herbert Krug: Die Technologie der Brikettierung von Weichbraunkohle im Lichte der Verfahrenstechnik und der besseren Nutzung dieses Energieträgers
1982. 20 S., 13 Abb., 8°, 50 g, >2027/115/5< [3145] 762 992 2 (3,—)

6 Ernst Neef: Der Verlust der Anschaulichkeit in der Geographie und das Problem der Kulturlandschaft
1981. 33 S., 8°, 60 g, >2027/115/6< [5005] 762 993 0 5,—

Band 116

1 Werner Ries: Studien zum biologischen Alter
1982. 27 S., 10 Abb., 8°, 65 g, >2027/116/1< [2305] 763 039 2 (4,—)

2 Rudolf Sachsenweger: Augenunabhängige optosensorische Wahrnehmungsformen
1983. 19 S., 8°, 35 g, >2027/116/2< [2156] 763 130 1 (4,—)

3 Hans-Georg Schöpf: Die Griechen und die Natur
1982. 62 S., 8°, 90 g, >2027/116/3< [1105] 763 132 8 (8,—)

4 Jan Benetin: Mathematisches Modell für das Wachstum von landwirtschaftlichen Kulturen und seine Verwertung in der quantitativen Beurteilung des Bewässerungseffektes auf die Steigerung der Ernteerträge
1983. 36 S., 18 Abb., 3 Tab., 8°, 60 g, >2027/116/4< [4045] 763 219 5 6,—

5 Hans Drischel: Neues über die Pupille
1983. 32 S., 26 Abb., 8°, 65 g, >2027/116/5< [2015] 763 215 2 4,—

6 Benno Parthier: Der Beitrag der Molekularbiologie zur Evolutionserkenntnis
1983. 49 S., 19 Abb., 5 Tab., 8°, 80 g, >2027/116/6< [1315] 763 232 0 (6,—)

7 Adolf Watznauer: Die Rolle des Radons (Isotop ^{222}Rn) als Umweltfaktor. Eine Übersicht
1983. 34 S., 3 Abb., 4 Tab., 8°, 60 g, >2027/116/7< [1405] 763 233 9 5,—

Band 117

1 Klaus Dörter: Einige Aspekte zum landeskulturellen Nutzen des Meliorationswesens
1984. 31 S., 10 Abb., 11 Tab., 8°, 60 g, >2027/117/1< [4045] 763 322 7 8,—

2 Herbert Beckert: Nichtlineare Elastizitätstheorie
1984. 58 S., 8°, 80 g, >2027/117/2< [1125] 763 331 5 (8,—)

3 Herbert Jordan: Zur funktionellen Normalität des Menschen
1984. 29 S., 15 Abb., 1 Tab., 8°, 50 g, >2027/117/3< [2015] 763 333 1 4,—

Nr.	Titel		Best.-Nr.	Preis
4	Arnd Bernhardt / Klaus-Dieter Jäger / Karl Mannsfeld / Inge Hartsch: Beiträge zum Problemkreis des Landschaftswandels 1985. 101 S., 3 Abb., 5 Tab., 8°, 160 g, >2027/117/4<	[1375]	763 335 8	**14,—** **A 16,—**
5	Ott-Heinrich Keller: Das Zählen als angeborene Verhaltensweise 1984. 36 S., 11 Abb., 8°, 60 g, >2027/117/5<	[1015]	763 337 4	**6.—**
6	Wolfgang Buchheim: Komplementarität nach Niels Bohr. Physikgeschichtliche Episode oder universale Kategorie von Ergänzung? 1984. 30 S., 3 Tab., 8°, 60 g, >2027/117/6<	[1115]	763 359 3	**4,—**
7	Benno Parthier: Gene, Gentechnik, Genmanipulation 1984. 28 S., 7 Abb., 8°, 45 g, >2027/117/7<	[1325]	763 421 1	**4,—**

Band 118

Nr.	Titel		Best.-Nr.	Preis
1	Hans-Jürgen Rösler: Geowissenschaften und Geochemie 1985. 25 S., 11 Abb., 8°, 45 g, >2027/118/1<	[1455]	763 423 8	**4,—**
2	Herbert Beckert: Axiomatik – Mathematik und Erfahrung 1985. 18 S., 3 Abb., 8°, 40 g, >2027/118/2<	[1015]	763 424 6	**3,—**
3	Hermann Berg: Zellfusion, Transformation und Pharmainkorporation durch Elektrostimulation 1985. 27 S., 15 Abb., 8°, 70 g, >2027/118/3<	[1315]	763 425 4	**4,—** **A 8,—**
4	N. Joachim Lehmann: Die Analytische Maschine. Grundlagen einer Computer-Analytik 1985. 64 S., 5 Abb., 8°, 95 g, >2027/118/4<	[1085]	763 467 6	**8,—**
5	Dietrich Uhlmann: Die anthropogene Eutrophierung der Gewässer – ein umkehrbarer Prozeß? 1985. 32 S., 8°, 70 g, >2027/118/5<	[1305]	763 569 5	**4,—** **A 8,—**
6	Friedrich Wolf / Magdalene Weise: Der Sirotherm-Prozeß – ein Verfahren zur rationellen Wasserentsalzung 1986. 31 S., 12 Abb., 7 Tab., 8°, 50 g, >2027/118/6<	[1255]	763 581 2	**(4,—)** **(A 8,—)**

Philologisch-historische Klasse

ISSN 0138-3957

Band 121

Nr.	Titel		Best.-Nr.	Preis
3	Joachim Müller: Die dramatische Funktion von Mephistos Monolog in Goethes „Faust" I: „Verachte nur Vernunft und Wissenschaft . ." (V. 1851–1867) 1980. 32 S., 8°, 50 g, >2026/121/3<	[8023]	753 749 7	**(3,—)**
4	Kurt Rudolph: Antike Baptisten. Zu den Überlieferungen über frühjüdische und -christliche Taufsekten 1981. 40 S., 3 Falttaf., 8°, 80 g, >2026/121/4<	[0225]	753 875 6	**(4,50)**
5	Claus Träger: Lessing – Kritik und Historizität 1981. 34 S., 8°, 60 g, >2026/121/5<	[8023]	753 876 4	**(3,50)**
6	Albrecht Neubert: Zu einigen aktuellen Problemen der lexikalischen Semantik 1981. 20 S., 8°, 40 g, >2026/121/6<	[0805]	753 877 2	**(3,—)**

Band 122

Nr.	Titel		Best.-Nr.	Preis
1	Joachim Müller: Der vierte Akt im Zweiten Teil von Goethes „Faust" – Aktion und Bezüge 1981. 26 S., 8°, 50 g, >2026/122/1<	[8023]	753 895 9	**(3,—)**
2	Gerhard Dudek: Lew Tolstoi – Künstlerische Entdeckung und ästhetische Herausforderung 1981. 20 S., 8°, 40 g, >2026/122/2<	[8033]	753 896 7	**(3,—)**
3	Zsigmond Telegdi: Ein Beitrag zur Lehre vom sprachlichen Zeichen 1981. 36 S., 8°, 60 g, >2026/122/3<	[0805]	753 897 5	**(4,50)**

			Best.-Nr.	Preis
4	Rolf Lieberwirth: Eike von Repchow und der Sachsenspiegel 1982. 52 S., 8°, 80 g, >2026/122/4<	[0225]	753 962 8	(5,—)
5	Ernst Eichler: Ergebnisse der Namenforschung im deutsch-slawischen Berührungsgebiet 1982. 48 S., 8°, 70 g, >2026/122/5<	[0855]	753 963 6	(4,50)
6	Siegfried Wollgast: Zur Philosophie in Deutschland von der Reformation bis zur Aufklärung 1982. 59 S., 8°, 90 g, >2026/122/6<	[0115]	754 038 9	(6,—)

Band 123

1	Eberhard Brüning: Sinclair Lewis und die endgültige Emanzipation der amerikanischen Literatur 1982. 28 S., 4 Abb., 8°, 60 g, >2026/123/1<	[8063]	754 039 7	(3,50)
2	Ernst Werner: Sultan Mehmed der Eroberer und die Epochenwende im 15. Jahrhundert 1982. 71 S., 8°, 120 g, >2026/123/2<	[0225]	754 041 8	(7,50)
3	Werner Neumann: Über das funktionale Wechselverhältnis von Vokalität und Instrumentalität als kompositionstechnisches Grundphänomen, dargestellt am Schaffen J. S. Bachs 1982. 29 S., 8°, 45 g, >2026/123/3<	[8381]	754 042 6	(4,—)
4	Karl Czok: Über Traditionen sächsischer Landesgeschichte 1983. 44 S., 32 Abb. (auf XXXI Taf.), 8°, 110 g, >2026/123/4<	[0265]	754 199 8	(8,—)
5	Kurt Rudolph: Wellhausen als Arabist 1983. 57 S., 8°, 80 g, >2026/123/5<	[0215]	754 201 8	(6,—)
6	Terence Frederick Mitchell: Soziolinguistische und stilistische Aspekte des gesprochenen Arabisch der Gebildeten (Educated Spoken Arabic) in Ägypten und der Levante 1984. 24 S., 8°, 50 g, >2026/123/6<	[0875]	754 226 1	(4,—)

Band 124

1	Hans Hiebsch / Renate Haschke: Methodologische Probleme der Psychophysiologie bei der Systemanalyse menschlicher Handlungen 1984. 26 S., 11 Abb., 8°, 45 g, >2026/124/1<	[0195]	754 228 8	3,—
2	Albrecht Neubert: Diskurs über den Diskurs. Neue Denkanstöße in der Sprachwissenschaft oder zur Gegenstandsbestimmung der Linguistik 1983. 16 S., 8°, 30 g, >2026/124/2<	[0805]	754 258 7	(3,—)
3	Werner Bahner: Kontinuität und Diskontinuität in der Herausbildung der romanischen Sprachwissenschaft 1983. 40 S., 8°, 80 g, >2026/124/3<	[8001]	754 259 5	(4,50)
4	Rudolf Růžička: Sprachwissen und Sprachkunst. Ein Beispiel: Die Metapher 1983. 44 S., 8°, 65 g, >2026/124/4<	[8001]	754 260 8	(5,—)
5	Joachim Müller: Das Alte und das Neue. Historische und poetische Realität in Theodor Fontanes Roman „Der Stechlin" 1984. 34 S., 8°, 30 g, >2026/124/5<	[8023]	754 351 2	(5,—)
6	Karl Czok: Karl Lamprechts Wirken an der Universität Leipzig 1984. 30 S., 1 Taf., 8°, 60 g, >2026/124/6<	[0215]	754 352 0	(4,—)

Band 125

1	Ernst Eichler: Reinhold Trautmann und die Deutsche Slawistik. Mit einem Beitrag von Gerald Wiemers 1984. 74 S., 1 Taf., 8°, 110 g, >2026/125/1<	[0855]	754 373 1	(8,—)

Best.-Nr. Preis

2 Siegfried Wollgast: Die Stellung des Gelehrten in Deutschland im 17. Jahrhundert
1984. 79 S., 8°, 110 g, >2026/125/2< [0225] 754 375 8 (7,50)

3 Eberhard Poppe: Universalität der Menschenrechte – Idee und Realität
1985. 20 S., 8°, 40 g, >2026/125/3< [0115] 754 521 9 (3,—)

4 Rudolf Forberger: Vom künstlerisch gestalteten Hartporzellan Böttgers zum technischen Porzellan im 19. Jahrhundert
1985. 30 S., 4 Abb., 8°, 60 g, >2026/125/4< 754 522 7 (4,—)

5 Gerhard Dudek: Die Brüder Karamasow – Zur Struktur der Romane F. M. Dostojewskis
1985. 45 S., 8°, 75 g, >2026/125/5< [8031] 754 523 5 (4,50)

6 Ulrich Ricken: Probleme des Zeichens und der Kommunikation in der Wissenschafts- und Ideologiegeschichte der Aufklärung
1985. 63 S., 8°, 90 g, >2026/125/6< [0804] 754 524 3 (6,—)

Band 126

1 Eberhard Brüning: Ernest Hemingway – Humanist und Antifaschist
1985. 35 S., 8°, 60 g, >2026/126/1< [8061] 754 525 1 4,—

2 Ernst Ullmann: Von der Macht der Bilder. Kunst und Reformation
1985. 25 S., 8°, 70 g, >2026/126/2< [8104] 754 527 8 (5,—)

3 Erich Donnert: Neue Wege im russischen Geschichtsdenken des 18. Jahrhunderts
1985. 73 S., 8°, 110 g, >2026/126/3< [0215] 754 528 6 7,50

Slama-Cazacu, Tatiana: Das Verhältnis von Denken und Sprache bei Vorschulkindern
(Schriften z. Phonetik, Sprachwissenschaft u. Kommunikationsforschung, 16)

Slawische Kulturen in der Geschichte der europäischen Kulturen vom 18. bis zum 20. Jahrhundert
(s. Ziegengeist)

Smith, Adam: Eine Untersuchung über das Wesen und die Ursachen des Reichtums der Nationen
(Ökonomische Studientexte, 3/3)

Snell, Bruno (H): Frühgriechische Lyriker
(Schriften u. Quellen d. Alten Welt, 24/1, 2, 3)

Sobik, Fred: Mathematische Informationstheorie
(Elektron. Rechnen u. Regeln, 16)

Sönnichsen, Niels: Experimentelle und klinische Untersuchungen zur Pathogenese des Lupus erythematodes
(Sitzungsber. d. AdW, Jg 80/4/N)

„Sojus 22" erforscht die Erde
Gemeinsame Ausgabe d. AdW der DDR, Forschungsbereich f. Geo- u. Kosmoswissenschaften/VEB Carl Zeiss Jena u. der AdW der UdSSR, Institut f. Kosmosforschung
2. Auflage
1982. 284 S., 182 Abb., dav. 22 Farbtaf., 9 Tab., 4°, 900 g, Leinen
>6418< [1495] 762 430 4 (28,—)

Best.-Nr. Preis

Sonntag, Dietrich: Formeln verschiedenen Genauigkeitsgrades zur Berechnung des Sättigungsdampfdruckes über Wasser und über Eis (Abhandlg. d. MD, 129)

Spangenberg, Hans-Joachim: Pyrolyse von Kohlenwasserstoffen (Sitzungsber. d. AdW, Jg 80/12/N)
–, –: Die Pyrolyse von Kohlenwasserstoffen im thermischen Plasma (Sitzungsber. d. AdW, Jg 82/22/N)

Sprache und Gesellschaft

ISSN 0138-5852

Hrsg. v. Zentralinstitut für Sprachwissenschaft der AdW der DDR

8/2 Jürgen Scharnhorst / Erika Ising (H) in Zusammenarbeit mit Karel Horálek und Jaroslav Kuchař: Grundlagen der Sprachkultur. Beiträge der Prager Linguistik zur Sprachtheorie und Sprachpflege, Teil II
1982. 356 S., 8°, 445 g, >2161/8/2< [0805] 753 158 9 28,—
A 38,—

13 A. N. Leont'ev / A. A. Leont'ev / E. G. Judin: Grundfragen einer Theorie der sprachlichen Tätigkeit
(Übersetzung aus dem Russischen; hrsg. v. Dieter Viehweger)
1984. 278 S., 3 Tab., 8°, 360 g, >2161/13< [0805] 753 294 4 (28,—)

16 Dieter Nerius / Jürgen Scharnhorst (H): Theoretische Probleme der deutschen Orthographie
1980. 372 S., 21 Faksimiles, 8°, 450 g, >2161/16< [0815] 753 561 9 28,—

17 Autorenkollektiv unter Leitung v. Wolfdietrich Hartung u. Helmut Schönfeld: Kommunikation und Sprachvariation
1981. 471 S., 8 Abb., 3 Tab., 2 Karten, 8°, 570 g, >2161/17< [0815] 753 893 2 32,—
A 38,—

18 Ulrich Ricken: Sprache, Anthropologie, Philosophie in der französischen Aufklärung. Ein Beitrag zur Geschichte des Verhältnisses von Sprachtheorie und Weltanschauung
1984. 368 S., 8°, 460 g, >2161/18< [0805] 754 145 3 28,—

19 Bärbel Techtmeier: Das Gespräch. Funktionen, Normen und Strukturen
1984. 201 S., 8°, 260 g, >2161/19< [0805] 754 325 6 16,—
A 25,—

Sprachentwicklung, Auswirkungen der industriellen Revolution auf die deutsche – im 19. Jahrhundert
(Bausteine z. Sprachgeschichte d. Neuhochdeutschen, 60)

Sprachvariation, Kommunikation und –
(Sprache u. Gesellschaft, 17)

Sprachwissenschaftliche Germanistik. Ihre Herausbildung und Begründung
Von einem Autorenkollektiv unter Leitung v. Werner Bahner u. Werner Neumann
1985. VIII, 398 S., 33 Abb. auf 24 Taf., 8°, 730 g, Leinen >6859< [0805] 754 428 3 32,—
A 38,—

Spreewald, Burger und Lübbenauer –
(Werte unserer Heimat, 36)

Best.-Nr. Preis

Spuler, Bertold: Die Mongolen in Iran. Politik, Verwaltung und Kultur der Ilchanzeit 1220 – 1350
4., verbesserte u. erweiterte Auflage
V 1 1985. XIII, 494 S., 1 Karte als Beilage, gr. 8°, 980 g, Leinen
›5173‹ [0225] 754 304 5 80,—

Staats- und rechtstheoretische Studien

ISSN 0138-5208

Hrsg. v. Institut für Theorie des Staates und des Rechts der AdW der DDR

8 Beiträge zur Rechtsmethodologie und Rechtsmethodik (Übersetzung aus dem Russischen; wiss. Barbeitung von einem Autorenkollektiv)
1980. 145 S., 2 Tab., 8°, 200 g, ›2173/8‹ [0495] 753 679 3 (12,—)
9 Autorenkollektiv: Bürgerliches Recht im politischen System des Imperialismus
1980. 78 S., 8°, 150 g, ›2173/9‹ [0495] 753 771 0 (5,—)
10 Imre Szabó: Karl Marx und das Recht. Vorträge (Übersetzung aus dem Ungarischen; wiss. Bearbeitung: Karl-Heinz Schöneburg)
1981. 128 S., 8°, 160 g, ›2173/10‹ [0425] 753 813 1 (9,50)
11 Roland Meister: Studie zur Souveränität. Eine Kritik bürgerlicher Theorien
1981. 135 S., 8°, 180 g, ›2173/11‹ [0495] 753 816 6 (10,50)
12 Roswitha Svensson: Konkretisierung von Rechtsnormen
1982. 72 S., 4 Abb., 8°, 85 g, ›2173/12‹ [0425] 754 095 2 6,50
13 Karl A. Mollnau (H): Probleme einer Rechtsbildungstheorie
1982. 136 S., 2 Abb., 8°, 180 g, ›2173/13‹ [0425] 754 006 3 (13,50)
14 Hermann Klenner: Vom Recht der Natur zur Natur des Rechts
1984. 234 S., 4 Abb., 8°, 310 g, ›2173/14‹ [0425] 754 205 0 (19,50)
15 Karl A. Mollnau (H): Probleme einer Strukturtheorie des Rechts
1985. 199 S., 8°, 250 g, ›2173/15‹ [0425] 754 229 6 15,—

Stach, Joachim: ESR – Spektroskopie
(WTB, Reihe Chemie)

Stadermann, Dietmar: Stereochemie organisch-chemischer Reaktionen
(WTB, Reihe Chemie)

Stahn, Heinz: Software
(s. Engelien)
–, –: Algorithmisches System Entscheidungstabellentechnik
(s. Busch)

Stahnke-Jungheim, Karl Hartwig: Ein operatives numerisches System der Kontrolle und Analyse meteorologischer Felder für die numerische Wettervorhersage im Nationalen Meteorologischen Zentrum der DDR
(Abhandlg. d. MD, 132)

Stanke, Gerd: Lernverfahren für technische Systeme
(WTB, Reihe Mathematik/Physik)

Stecker, Kurt: Temperaturmessung
(WTB, Reihe Mathematik/Physik)

			Best.-Nr.	Preis
Steenbeck, Max: Möglichkeiten der experimentellen Schwerkraftforschung (Veröffentl. d. Forschungsber. Geo- u. Kosmoswiss., 11)				
–, – zum 75. Geburtstag (Sitzungsber. d. AdW, Jg 80/6/N)				
Steigerwald, Robert: Bürgerliche Philosophie und Revisionismus im imperialistischen Deutschland (Schriften z. Philosophie u. ihrer Geschichte, 18)				
–, –: Verzicht auf Fortschritt, Geschichte, Erkenntnis und Wahrheit (Zur Kritik d. bürgerl. Ideologie, 100)				
Steiner, Gerhard: Freimaurer und Rosenkreuzer – Georg Forsters Weg durch Geheimbünde. Neue Forschungsergebnisse auf Grund bisher unbekannter Archivalien				
V 3	1985. 222 S., 20 Abb., kl. 8°, 360 g, >6854<	[8023]	754 415 2	25,—
Steiner, Klaus (H): Martin Luther in der deutschen bürgerlichen Philosophie (s. dort)				
Steinitz, Wolfgang unter Mitarbeit von Liselotte Böhnke, Gert Sauer, Brigitte Schulze: Dialektologisches und etymologisches Wörterbuch der ostjakischen Sprache		[0876]		
	9. Lieferung: 1980. 64 S., 4°, 200 g, >2001/80/9<		753 787 6	15,—
	10. Lieferung: 1982. 64 S., 4°, 210 g, >2001/82/10<		754 037 0	15,—
	11. Lieferung: 1984. 64 S., 4°, 200 g, >2001/84/11<		754 285 1	15,—
–, –: Ostjakologische Arbeiten				
	Bd. 4: Beiträge zur Sprachwissenschaft und Ethnographie Für die Neuherausgabe bearbeitet v. Gert Sauer u. Brigitte Schulze 1980. XV, 497 S., 28 Abb., 4 Diagramme, 9 Karten, gr. 8°, 1240 g, Leinen >8050/4<	[0865]	753 805 1	48,—
	Bd. 3: Ostjakische Volksdichtung: Texte aus dem Nachlaß 1986. >8050/3<			
Steinmetz, Max (H): Die frühbürgerliche Revolution in Deutschland (Studienbibliothek DDR-Geschichtswissenschaft, 5)				
Stelzner, Johannes: Seismological Bulletin Station Moxa (Zentralinst. f. Physik d. Erde)				
Stelzner, Werner: Epistemische Logik. Zur logischen Analyse von Akzeptationsformen				
	1984. 206 S., 8°, 265 g, >6785<	[0145]	754 279 8	25,— A 32,—
Stephanus of Athens (Corpus Medicorum Graecorum, 26)				
Stephanus the Philosopher (Corpus Medicorum Graecorum, 24)				
Steube, Anita: Temporale Bedeutung im Deutschen (studia grammatica, 20)				
Stier, Peter: Industrie und Industrieplanung in Entwicklungsländern (Studien über Asien, Afrika u. Lateinamerika, 35)				
Stiller, Heinz (H): Erdbeben und Erdbebengefährdung (s. Hurtig)				

		Best.-Nr.	Preis
Stock, Eberhard: Untersuchungen zu Form, Bedeutung und Funktion der Intonation im Deutschen (Schriften z. Phonetik, Sprachwissenschaft u. Kommunikationsforschung, 18)			
Stock, Walter: Internationaler Technologieaustausch (Zur Kritik d. bürgerl. Ideologie, 104)			
–, –: Japan (s. Hartmann)			
Stoecker, Erika: A. S. Jerussalimski – Deutsche Geschichte im Leben des sowjetischen Historikers und Kommunisten 1980. VIII, 157 S., 16 Abb. auf Taf., 1 Titelbild, 8°, 360 g, Leinen >6412<	[0258]	753 238 9	18,—
Stöcker, Gerhard (H): Biophysikalische Ökologie und Ökosystemforschung (s. Unger)			
Störmer, Horand: Mathematische Theorie der Zuverlässigkeit. Einführung und Anwendungen Lizenzausgabe des Oldenbourg-Verlages, München 2., berichtigte Auflage V 2 1982. 329 S., gr. 8°, 500 g, Lederin >5720<	[1075]	763 121 3	58,—
Störr, Manfred: Die Kaolinlagerstätten der Deutschen Demokratischen Republik (Schriftenreihe f. Geolog. Wissenschaften, 18)			
–, –: Dilatometerkurvenatlas der Tonmineralrohstoffe (Schriftenreihe f. Geolog. Wissenschaften, 21)			
–, – (H): Philosophie und Geologie (Schriftenreihe f. Geolog. Wissenschaften, 24)			
Stollberg, Zwischen Mülsengrund, – und Zwönitztal (Werte unserer Heimat, 35)			
Stolz, Werner: Dosimetrie ionisierender Strahlung (WTB, Reihe Mathematik/Physik)			
–, –: Messung ionisierender Strahlung (WTB, Reihe Mathematik/Physik)			
Stoschek, Erwin: Angewandte Strukturtheorie 1981. 196 S., 55 Abb., 30 Tab., 8°, 250 g, >6398<	[1085]	762 400 5	26,—
Stoyan, Dietrich: Stochastische Geometrie (WTB, Reihe Mathematik/Physik)			
Stoyan, Herbert: LISP – Anwendungsgebiete, Grundbegriffe, Geschichte 1980. 480 S., 26 Abb., 8°, 600 g, >6315<	[1085]	762 759 9	60,—
Strecker, Georg: Das Judenchristentum in den Pseudoklementinen (Texte u. Untersuchungen z. Geschichte d. altchristl. Literatur)			
Strobach, Hermann: Deutsches Volkslied in Geschichte und Gegenwart 1980. 167 S., 30 Notenbeispiele, 8°, 220 g, >6348<	[8390]	752 932 3	(7,50) (A 12,50)

		Best.-Nr.	Preis
–, – (H): Geschichte der deutschen Volksdichtung 1981. 263 S., 8°, 430 g, >6566<	[0705]	753 765 7	(12,50)
Strukturbildung im Kosmos und auf der Erde (Sitzungsber. d. AdW, Jg 83/10/N)			
Strukturen und Prozesse im Wirtschafts- und Naturraum (Beiträge zur Geographie, 32)			
Stubbe, Hans: Geschichte des Instituts für Kulturpflanzenforschung Gatersleben (Studien z. Geschichte d. AdW, 10)			
studia grammatica	[0805]		
ISSN 0081-6469			
Hrsg. v. Zentralinstitut für Sprachwissenschaft der AdW der DDR			
XX: Anita Steube: Temporale Bedeutung im Deutschen 1980. 220 S., 26 Abb., gr. 8°, 370 g, >2115/20<		752 979 6	17,50
XXI: Wolfgang Ullrich Wurzel: Flexionsmorphologie und Natürlichkeit. Ein Beitrag zur morphologischen Theoriebildung 1984. 223 S., gr. 8°, 410 g, >2115/21<		752 980 9	(19,50) (A 28,—)
XXII: Rudolf Růžička / Wolfgang Motsch (H): Untersuchungen zur Semantik 1983. 396 S., 13 Abb., 8 Tab., gr. 8°, 620 g, >2115/22<		753 365 6	(30,—) (A 38,—)
XXIII: Monika Doherty: Epistemische Bedeutung 1985. 160 S., gr. 8°, 270 g, >2115/23<		754 349 1	12,— A 15,—
XXIV: Harald Hesse / Andreas Küstner: Syntax der koordinativen Verknüpfung 1985. 356 S., gr. 8°, 600 g, >2115/24<		754 422 4	28,— A 36,—
XXV: Autorenkollektiv unter Leitung v. Wolfgang Motsch: Satz, Text, sprachliche Handlung 1986. >2115/25<		754 495 3	22,— A 28,—
XXVI/XXVII: Autorenkollektiv unter Leitung v. Manfred Bierwisch: Grammatische und konzeptuelle Aspekte von Dimensionsadjektiven 1987. >2115/26 + 27<		754 496 1	
Studien über Asien, Afrika und Lateinamerika			
ISSN 0138-5550			
21 Kurt Büttner / Heinrich Loth (H): Philosophie der Eroberer und koloniale Wirklichkeit. Ostafrika 1884 – 1918 1981. XXIV, 480 S., 2 Abb., 3 Karten, 8°, 770 g, >2152/21<	[0235]	752 925 1	(32,—)
26 Fritz Gruner (H): Literaturen Asiens und Afrikas. Theoretische Probleme 1981. X, 396 S., 8°, 510 g, >2152/26<	[8096]	752 982 5	(28,—)
29 Peter Sebald: Togo 1884 – 1914. Eine Geschichte der deutschen „Musterkolonie" auf der Grundlage amtlicher deutscher Quellen 1987. >2152/29<	[0235]	753 251 4	

		Best.-Nr.	Preis
33	Thea Büttner / Gerhard Brehme (H): African Studies – Afrika Studien. Dedicated to the Vth International Congress of African Studies in Nigeria. Published by the Sektion Afrika- und Nahostwissenschaften of the Karl-Marx-University, Leipzig, on behalf of the Central Council of Asian, African and Latin American Siences in the GDR 1983. IX, 286 S., 8°, 370 g, >2152/33< [0235]	753 701 6	(19,50)
34	Siegmund Brauner / N. V. Ochotina (H): Studien zur nationalsprachlichen Entwicklung in Afrika. Soziolinguistische und sprachpolitische Probleme 1982. 284 S., 3 Abb., 1 Karte, 8°, 360 g, >2152/34< [0875]	753 823 8	(18,—)
35	Martin Breetzmann / Helmut Faulwetter / Joachim Garscha / Peter Stier unter Mitarbeit v. Paul Halpap: Industrie und Industrieplanung in Entwicklungsländern. Erfahrungen – Probleme – Aufgaben 1981. 279 S., 37 Abb., 8°, 260 g, >2152/35< [0305]	753 872 1	(19,50)
36	Kapitalismus in Entwicklungsländern. Von einem Autorenkollektiv unter Leitung v. Waldraut Schmidt 1983. VI, 316 S., 6 Abb., 8°, 400 g, >2152/36< [0305]	753 950 5	(22,—)
37	Günther Barthel / Lothar Rathmann (H): The Arab World and Asia between Development and Change. Dedicated to the XXXIst International Congress of Human Sciences in Asia and North Africa 1983. 304 S., 9 Abb., dav. 4 auf 2 Taf., 8°, 390 g, >2152/37< [0235]	754 170 1	(22,—

Studien zur Geschichte der Akademie der Wissenschaften der DDR

ISSN 0138-4112

Hrsg. im Auftrage des Präsidenten der AdW der DDR

		Best.-Nr.	Preis
5	Christa Kirsten (H): Die Altertumswissenschaften an der Berliner Akademie. Wahlvorschläge zur Aufnahme von Mitgliedern von F. A. Wolf bis zu G. Rodenwaldt (1799 – 1932). Bearbeitet v. Herta Battré u. Ilse Neßler. Mit einer Einführung v. Heinz Kreißig 1985. 232 S., 32 Abb., gr. 8°, 540 g, Leinen >2168/5< [0886]	762 699 1	38,— A 48,—
9	Dokumente einer Freundschaft. Briefwechsel zwischen Hermann v. Helmholtz und Emil du Bois-Reymond. Bearbeitet von einem Herausgeberkollektiv unter Leitung v. Christa Kirsten. Mit einer wissenschaftsgeschichtlichen Einordnung in die naturwissenschaftlichen und philosophischen Bewegungen ihrer Zeit v. Herbert Hörz u. Siegfried Wollgast 1986. 330 S., 18 Abb., gr. 8°, 780 g, Leinen >2168/9< [1108]	762 929 5	58,—
10	Hans Stubbe: Geschichte des Instituts für Kulturpflanzenforschung Gatersleben der Deutschen Akademie der Wissenschaften zu Berlin (1943 – 1968) 1982. 428 S., 20 Abb., 35 Tab., 6 Graphiken, gr. 8°, 940 g, Leinen >2168/10< [1305, 1355, 1325]	762 962 3	(68,—)
11	Leonhard Eulers Wirken an der Berliner Akademie der Wissenschaften 1741 – 1766. Spezialinventar. Regesten der Euler-Dokumente der AdW der DDR. Bearbeitet v. Wolfgang Knobloch 1984. 478 S., gr. 8°, 910 g, Leinen >2168/11< [1003]	763 327 8	60,—

Studienbibliothek DDR-Geschichtswissenschaft

Forschungswege – Bilanz – Aufgaben

ISSN 0232-9468

Hrsg. v. Zentralinstitut für Geschichte der AdW der DDR

Best.-Nr. Preis

1 Hartmut Zwahr (H): Die Konstituierung der deutschen Arbeiterklasse von den 30er bis zu den 70er Jahren des 19. Jahrhunderts
1981. 503 S., 13 Tab., 8°, 540 g, ⟩2185/1⟨ [0265] 753 924 9 (24,—)

2 Ingrid Mittenzwei / Karl-Heinz Noack (H): Preußen in der deutschen Geschichte vor 1789
1983. 351 S., 32 Tab., 8°, 440 g, ⟩2185/2⟨ [0235] 753 973 2 (18,—) (A 28,—)

3 Gustav Seeber/Karl-Heinz Noack (H): Preußen in der deutschen Geschichte nach 1789
1983. 354 S., 8°, 450 g, ⟩2185/3⟨ [0235] 753 974 0 (18,—) (A 28,—)

4 Eckhard Müller-Mertens (H): Feudalismus. Entstehung und Wesen
1985. 326 S., 8°, 400 g, ⟩2185/4⟨ [0235] 753 975 9 (18,—) (A 28,—)

5 Max Steinmetz (H): Die frühbürgerliche Revolution in Deutschland
1985. 359 S., 8°, 450 g, ⟩2185/5⟨ [0265] 753 976 7 (18,—) (A 28,—)

Stübler, Dietmar: Geschichte Italiens
(Taschenbuch Geschichte, 37)

Sundermann, Werner: Mitteliranische manichäische Texte kirchengeschichtlichen Inhalts
(Berliner Turfantexte, XI)

–, –: Ein manichäisch-soghdisches Parabelbuch
(Berliner Turfantexte, XV)

Suomalainen, Heikki: Aroma of beer, wine and Distilled Alcoholic Beverages
(s. Rothe, Handbuch d. Aromaforschung, 4)

Suschowk, Günter: Physikalische Experimente an Leistungsreaktoren
(s. Frach)

Šutilov, V. A.: Physik des Ultraschalls. Grundlagen
(Übersetzung aus dem Russischen; in dt. Spr. hrsg. v. Peter Hauptmann)
1984. 274 S., 73 Abb., 22 Tab., gr. 8°, 630 g, Leinen ⟩6790⟨ [1134] 763 277 7 (45,—)

Svensson, Roswitha: Konkretisierung von Rechtsnormen
(Staats- u. rechtstheoret. Studien, 12)

Sydow, Achim (H): Systemanalyse, Modellierung, Simulation. Anwendungsaspekte der Systemanalyse
Ausgewählte Beiträge der 7. Jahrestagung „Grundlagen der Modellierung und Simulation", Rostock, 12.–14. Dezember 1978
1980. 157 S., 28 Abb., 8°, 210 g, ⟩6564⟨ [1095] 762 805 7 19,50

–, – (H): Systemanalyse, Modellierung, Simulation. Modellbildung und Simulationstechniken
Ausgewählte Beiträge der 8. Jahrestagung „Grundlagen der Modellierung und Simulation", Rostock, 12.–14. Dezember 1979
1981. 124 S., 33 Abb., 2 Tab., 8°, 120 g, ⟩6626⟨ [1095] 762 967 4 (16,—)

–, – (H): Systems Analysis and Simulation 1980
(Mathematische Forschung, 5)

–, – (H): Systems Analysis and Simulation 1985
(Mathematische Forschung, 27, 28)

Sydow, Peter (H): Wirtschaftliches Wachstum europäischer RGW-Länder
(s. dort)

Best.-Nr. Preis

Systemanalyse – Modellierung – Simulation
(s. Sydow, Achim)

Szabó, Imre: Karl Marx und das Recht
(Staats- u. rechtstheoret. Studien, 10)

Szabolcsi, Miklós: Attila József
(Literatur u. Gesellschaft, 73)
–, – (H): Befunde und Entwürfe
(Literatur u. Gesellschaft, 80)

Tacitus – Das Leben des Julius Agricola
(Schriften u. Quellen d. Alten Welt, 8)

Tagungen der Gemeinsamen Kommission der Ökonomen der UdSSR und der DDR
(Abhandlg. d. AdW, Jg 79/7/W; 82/4/W)

Tagungen des Rates für staats- und rechtswissenschaftliche Forschung der AdW der DDR
(Abhandlg. d. AdW, Jg 80/1/W; 81/1, 4/W; 82/1/W)

Tagungen des Wissenschaftlichen Rates für die wirtschaftswissenschaftliche Forschung bei der AdW der DDR
(Abhandlg. d. AdW, Jg 79/5, 6/W; 80/2, 3/W; 81/5/W; 82/2, 3, 5, 6/W)

Taketani, Mituo: Philosophische und methodologische Probleme der Physik
(WTB, Reihe Texte u. Studien)

Tammer, Klaus: Non-Linear Parametric Optimization
(Math. Lehrbücher u. Monographien, II. Abt./58)
–, –: Multiobjective and Stochastic Optimization Based on Parametric Optimization
(Mathematische Forschung, 26)

Tanneberger, Stephan (H): Experimentelle und klinische Tumorchemotherapie
Band 1: Allgemeine Tumorchemotherapie
V 3 1980. 341 S., 46 Abb., 51 Tab., gr. 8°, Leinen
Band 2: Spezielle Tumorchemotherapie
V 3 1980. 355 S., 19 Abb., 133 Tab., gr. 8°, Leinen
Beide Bände im Schuber 1570 g, ›6441/1 – 2‹ [2725] 762 469 7 120,—
–, – (H): The Control of Tumour Growth and its Biological Bases
– (Fortschritte d. Onkologie, 10)
–, –: Reale Fortschritte, ungelöste Probleme und Perspektiven der antineoplastischen Chemotherapie beim Mammakarzinom
(Sitzungsber. d. AdW, Jg 82/5/N)

Taschenbuch Geschichte

ISSN 0082-1950

5 Geschichte der Araber. Von den Anfängen bis zur Gegenwart
Teil III: Der Zusammenbruch des imperialistischen Kolonialsystems und der Kampf der arabischen Befreiungsbewegung um sozialen Fortschritt (1945 bis zur Gegenwart)
Bd 5: Der Zusammenbruch des imperialistischen Kolonialsystems und die Bildung souveräner arabischer Nationalstaaten
1981. IX, 269 S., 34 Abb., 5 farb. Karten, 1 synchronopt. Zeittaf., 8°, 410 g, ›2151/5‹ [0235] 753 310 3 (9,80)

Nr.	Titel		Best.-Nr.	Preis
6	**Bd 6 + 7:** Der Kampf um den Entwicklungsweg in der arabischen Welt 1983. 585 S., 46 z. T. farb. Abb., 12 farb. Karten, 1 synchronopt. Zeittaf., 8°, 825 g, >2151/6a+b<	[0235]	753 880 1	**19,60** **A 24,80**
12	Willibald Gutsche / Fritz Klein / Joachim Petzold: Von Sarajevo nach Versailles. Deutschland im ersten Weltkrieg 2., bearbeitete Auflage 1985. 323 S., 52 Abb., 8 Karten, 8°, 440 g, >2151/12<	[0265]	754 505 9	(11,80) (A 14,80)
13	Wolfgang Seyfarth: Römische Geschichte. Die Kaiserzeit 1 u. 2 3., berichtigte Auflage 1980. I: 330 S., II: X, 252 S., 37 Abb., 4 Falttaf., 2 farb. Titelbilder, 8 Karten, 8°, 810 g, >2151/13<	[0224]	752 402 0	(19,60)
	Geschichte Afrikas. Von den Anfängen bis zur Gegenwart			
14/III	Teil III: Afrika vom zweiten Weltkrieg bis zum Zusammenbruch des imperialistischen Kolonialsystems Verfaßt von einem Autorenkollektiv unter Leitung v. Christian Mährdel			
V 4	1983. 309 S., 42 Abb., 2 Karten, 1 Zeittaf., 8°, 500 g, >2151/14/III<	[0235]	753 311 1	**11,80** **A 14,80**
14/IV	Teil IV: Afrika vom Zusammenbruch des imperialistischen Kolonialsystems bis zur Gegenwart Verfaßt von einem Autorenkollektiv unter Leitung v. Thea Büttner			
V 4	1984. XII, 402 S., 54 Abb., 7 Karten, 1 Zeittaf., 8°, 540 g, >2151/14/IV<	[0235]	753 829 7	**11,80** **A 14,80**
16	J. R. Grigulevič: Ketzer – Hexen – Inquisitoren. Geschichte der Inquisition (13. – 20. Jahrhundert). (Übersetzung aus dem Russischen) Mit einem Vorwort v. Hubert Mohr 2., bearbeitete Auflage 1980. I: XVI, 288 S., 15 Abb.; II: VII, 263 S., 8°, 870 g beide Bände, >2151/16/I – II<	[0235]	752 442 6	(19,60)
17	Ludmila Thomas: Geschichte Sibiriens von den Anfängen bis zur Gegenwart 1982. VIII, 232 S., 32 Abb., 3 Karten, 8°, 350 g, >2151/17<	[0239]	752 636 8	**11,80** **A 14,80**
20	Ursula Schlenther: Lateinamerika und seine Ureinwohner. Kultur und Lebensweise der Indianer Lateinamerikas von den Anfängen bis zur Gegenwart 2., berichtigte Auflage 1980. 180 S., 22 Abb., dav. 1 farb., 3 Karten, 11 Tab., 8°, 290 g, >2151/20<	[2035]	752 396 8	(11,80)
21	Heinz Kathe: Der „Soldatenkönig". Friedrich Wilhelm I. 1688 bis 1740. König in Preußen. Eine Biographie 3., durchgesehene u. verbesserte Auflage 1981. IX, 170 S., 38 Abb., 2 Karten, 8°, 320 g, >2151/21<	[0268]	752 983 3	(9,80)
26	Heinz Kreißig: Geschichte des Hellenismus 2., durchgesehene Auflage 1984. 257 S., 27 Textillustrationen, 32 Abb., 1 Zeittaf., 1 Register, 8°, 395 g, >2151/26<	[0225]	753 040 4	(11,80)
30	Hans-Dieter Kubitscheck / Ingrid Wessel: Geschichte Indonesiens. Vom Altertum bis zur Gegenwart 1981. XIII, 266 S., 47 Abb. auf 24 Taf., 1 Tab., 8°, 430 g, >2151/30<	[0235]	753 104 4	(11,80)

Nr.	Titel		Best.-Nr.	Preis
32	Heinz Kathe: Der „Sonnenkönig" Ludwig XIV., König von Frankreich, und seine Zeit 1638 – 1715 1981. 235 S., 40 Abb., 24 Taf., 8°, 360 g, >2151/32<	[0235]	753 878 0	(11,80)
33	Klaus Mammach: Der Volkssturm. Bestandteil des totalen Kriegseinsatzes der deutschen Bevölkerung 1944/45 1981. 215 S., 24 Abb. auf 39 Taf., 24 Dokumente, 8°, 320 g, >2151/33<	[0265]	753 879 9	(9,80)
34	Karl-Heinz Börner: Wilhelm I. Deutscher Kaiser und König von Preußen. Eine Biographie 1984. 300 S., 48 Abb., 1 Ausschlagtaf. als Beilage, 8°, 430 g, >2151/34<	[0258]	754 150 9	(11,80) (A 14,80)
36	Klaus Mammach: Widerstand 1933 – 1939. Geschichte der deutschen antifaschistischen Widerstandsbewegung im Inland und in der Emigration 1984. VII, 331 S., 84 Abb., 8°, 430 g, >2151/36/1<	[0265]	754 151 7	(11,80)
37	Dietmar Stübler: Italien 1789 bis zur Gegenwart. Mit einem Prolog von Walter Markov V 4 1986. >2151/37<	[0238]	754 298 2	11,80 A 14,80
38	Hans-Dieter Kubitscheck: Südostasien. Völker und Kulturen 1984. 320 S., 90 Abb., dav. 30 farbige, 40 Figuren i. Text, 1 Beilage, 8°, 470 g, >2151/38<	[0705]	754 177 9	(11,80)
39	Heinz Kathe: Oliver Cromwell 1984. 192 S., 33 Abb., 8°, 330 g, >2151/39<	[0238]	754 339 5	(11,80) (A 14,80)
40	Jürgen Kuczynski: Abraham Lincoln 1985. 184 S., 285 Taf., 1 Karte, 8°, 310 g, >2151/40<	[0238]	754 419 5	11,80 A 14,80
41	Die Islamische Republik Iran. Historische Herkunft – Ökonomische Grundlagen – Ideologische Ausrichtung. Von einem Autorenkollektiv unter Leitung v. Günter Barthel V 4 1986. >2151/41<	[0235]	754 502 4	19,60

Taube, Manfred: Die Tibetica der Berliner Turfansammlung
(Berliner Turfantexte, X)

Technikphilosophie in Vergangenheit und Gegenwart
(s. Kovács)

Technologie, Probleme der modernen chemischen –
(Grundlagen d. Verfahrenstechnik u. chem. Technologie, 9)

Techtmeier, Bärbel: Das Gespräch
(Sprache u. Gesellschaft, 19)

Tekin, Şinasi: Maitrisimit nom bitig
(Berliner Turfantexte, IX)

Telegdi, Zsigmond: Ein Beitrag zur Lehre vom sprachlichen Zeichen
(Sitzungsber. d. SAW, phil.-hist. Kl., Bd 122/3)

Telle, Walter: Modelle der Plankoordinierung verschiedener Ebenen und Einheiten der sozialistischen Volkswirtschaft
(Forschungsber. d. Zentralinst. f. Wirtschaftswiss., 34)

Tembrock, Günter: Verhaltenswissenschaften in Theorie und Praxis
(Sitzungsber. d. AdW, Jg 83/7/N)

–, –: Bioindikatorische Valenzen chronobiologischer Verhaltensanalysen
(Sitzungsber. d. AdW, Jg 84/1/N)

Best.-Nr. Preis

Textausgaben zur frühen sozialistischen Literatur in Deutschland

ISSN 0081-3257

Hrsg. v. Zentralinstitut für Literaturgeschichte der AdW der DDR

XXII Norbert Rothe (H): Frühe sozialistische satirische Prosa
1981. XXVIII, 203 S., 8°, 220 g, >2119/XXII< [7105] 753 655 8 (18,—)

XXIII Norbert Rothe (H): Josef Schiller. Auswahl aus seinem Werk
1982. XXX, 179 S., 8°, 245 g, >2119/XXIII< [7105] 753 913 4 16,—

XXV Norbert Rothe (H): Naturalismus-Debatte 1891–1896. Dokumente zur Literaturtheorie und Literaturkritik der revolutionären deutschen Sozialdemokratie
1986. LXII, 306 S., 8°, 450 g, >2119/25< [8020] 754 509 1 (25,—)
(A 28,—)

Texte und Untersuchungen zur Geschichte der altchristlichen Literatur [6300]

ISSN 0082-3589

Von einem internationalen Herausgebergremium mit Unterstützung des Zentralinstituts für Alte Geschichte und Archäologie der AdW der DDR

Georg Strecker: Das Judenchristentum in den Pseudoklementinen
2., bearbeitete u. erweiterte Auflage
1981. XIII, 326 S., gr. 8°, 555 g, >2030/14< [Bd 70] 753 628 4 48,—

Emmanuel Amand de Mendieta /Stig. Y. Rudberg: Basile de Césarée. La tradition manuscrite directe des neuf homélies sur l'Hexaéméron
1980. VI, 280 S., gr. 8°, 480 g, >2030/66< [Bd 123] 752 634 1 (58,—)

Franz Paschke (H) in Zusammenarbeit mit Jürgen Dummer, Johannes Irmscher, Kurt Treu: Überlieferungsgeschichtliche Untersuchungen
1981. X, 645 S., 4 Taf., gr. 8°, 1160 g, >2030/70< [Bd 125] 753 183 7 (125,—)

Studia Evangelica

Elizabeth A. Livingstone (H): Papers presented to the Fifth International Congress in Biblical Studies held at Oxford, 1973
Vol. VII. With a Cumulative Index of Contributors to Studia Evangelica, Vols. I–VII
1982. XI, 570 S., gr. 8°, 950 g, >2030/71< [Bd 126] 753 631 2 (110,—)
(A 120,—)

Studia Patristica

Elizabeth A. Livingstone (H): Papers presented to the Seventh International Conference on Patristic Studies held in Oxford, 1975
Vol. XV, Part I: Inaugural Lecture, Editiones, Critica, Biblica, Historica, Theologica, Philosophica, Liturgica
1983. XIV, 585 S., 5 Abb., 3 Taf., gr. 8°, 980 g, >2030/73< [Bd 128] 754 084 8 107,—
A 120,—

Vol. XVI, Part II: Monastica et Ascetica, Orientalia, E Saeculo Secundo, Origen, Athanasius, Cappadocian Fathers, Chrysostom, Augustine. With a Cumulative Index of Contributors to Studia Patristica, Vols I–XVI
1985. XII, 614 S., gr. 8°, 1040 g, >2030/74< [Bd 129] 754 127 7 120,—
A 130,—

	Best.-Nr.	Preis
Hans-Martin Schenke (H): Das Matthäus-Evangelium im mittelägyptischen Dialekt des Koptischen (Codex Scheide) 1981. XII, 202 S., 17 Abb., dav. 3 farb., gr. 8°, 340 g, >2030/72< [Bd 127]	753 709 1	42,—
Joseph Reuss (H): Lukas-Kommentare aus der griechischen Kirche (Aus Katenenhandschriften gesammelt) 1984. 372 S., gr. 8°, 680 g, >2030/75< [Bd 130]	754 128 5	68,—
A. F. J. Klijn (H): Der lateinische Text der Apokalypse des Esra 1983. 108 S., gr. 8°, 180 g, >2030/76< [Bd 131]	754 131 4	(25,—) (A 48,—)
Gesine Schenke (H): Die dreigestaltige Protennoia (Nag. Hammadi-Codex XIII) 1984. XVII, 177 S., gr. 8°, 350 g, >2030/77< [Bd 132]	754 336 0	38,—
Jürgen Dummer (H) in Zusammenarbeit mit Johannes Irmscher, Franz Paschke, Kurt Treu: Texte und Textkritik. Eine Aufsatzsammlung 1987. >2030/78< [Bd 133]	754 337 9	
Jean-Louis Maier (H): Le Dossier du Donatisme Tome I: Des origines á la mort de Constance II (303 – 306) 1987. >2030/79< [Bd 134]	754 479 3	
Tome II: De Julien l'Apostat à saint Jean Damascène (361 – 750) 1988. >2030/80< [Bd 135]	754 480 6	

Theorie und Praxis der ökonomischen Strategie in der Landwirtschaft der DDR
(Abhandlg. d. AdW, Jg 84/3/W)

Thiele, Wolfgang: Die semantisch-syntaktische Beschreibung von Ursache-Wirkung-Beziehungen in englichen Texten
(Abhandlg. d. SAW, phil.-hist. Kl., Bd 70/2)

Thieme, Volker: Biovitrokeram-Implantatwerkstoffe
(Sitzungsber. d. AdW, Jg 85/1/N)

Thiessen, Peter A. – zum 85. Geburtstag
(Sitzungsber. d. AdW, Jg 85/2/N)

Thilo, Thomas: Katalog chinesischer buddhistischer Textfragmente, Bd. 2
(Berliner Turfantexte, XIV)

Thomas, Ludmila: Geschichte Sibiriens
(Taschenbuch Geschichte, 17)

Thomas, Manfred (H): Systems Analysis and Simulation 1985
(Mathematische Forschung, 27, 28)

Thomasius, Harald: Produktivität und Stabilität von Weltökosystemen
(Sitzungsber. d. AdW, Jg 80/9/N)

	Best.-Nr.	Preis
Thüringisches Wörterbuch [0817]		
V. Band		
8. u. 9. Lieferung: Schnuppe[2] – Seichtgang 1980. 128 S., 7 Abb., 6 Karten, 4°, 370 g, >3051/V/8 – 9<	753 707 5	36,—
10. u. 11. Lieferung: Seichtier – spritzen 1981. 128 S., 15 Abb., 4°, 350 g, >3051/V/10 – 11<	753 853 7	36,—
12. – 14. Lieferung: Spritzenhaus – Syringenstrauch 1982. 189 S., 16 Abb., 4°, 550 g, >3051/V/12 – 14<	753 912 6	54,—
Einbanddecke zum Band IV 3051/IV/E	754 442 7	4,—
Einbanddecke zum Band V 3051/V/E	754 443 5	4,—

		Best.-Nr.	Preis
VI. Band			
1. u. 2. Lieferung: t – Tröckelhadich			
1983. 128 S., 4°, 360 g, >3051/VI/1 –2<		754 149 6	36,—
3. Lieferung: Tröckelhudel – umschlagen			
1984. 64 S., 4°, 195 g, >3051/VI/3<		754 289 4	18,—
4. u. 5. Lieferung: Umschlagetuch – vorkommen			
1985. 128 S., 4°, 350 g, >3051/VI/4 –5<		754 511 2	36,—

Thurow, Teil II
(Wiss. Abhandlg. d. AdLW, 60)

Tibull-Gedichte
(Schriften u. Quellen d. Alten Welt, 2)

Till, Rudolf (H): Tacitus – Das Leben des Julius Agricola
(Schriften u. Quellen d. Alten Welt, 8)

Timofeev, E. N.: Technologie der Magnetbandherstellung
(s. Braginskij)

TNM-Klassifikation maligner Tumoren
(s. Harmer)

Tobiska, Lutz: Finite-Element-Methode
(WTB, Reihe Mathematik/Physik)
–, –: Singularly Perturbed Differential Equations
(Mathematische Forschung, 13)

Töpfer, Bernhard (H): Städte und Ständestaat
(Forschungen z. mittelalterl. Geschichte, 26)

Tolstow, G. P.: Maß und Integral
(Math. Lehrbücher u. Monographien, Abt. I/34)

Tomaszewski, Jerzy: Wirtschaftsgeschichte Polens im 19. und 20. Jahrhundert
(Forschungen z. Wirtschaftsgesch., 19)

Tomberg, Friedrich: Begreifendes Denken. Studien zur Entwicklung von Materialismus und Dialektik

V 4 1985. 258 S., 8°, 230 g, >6886<	[0115]	754 467 0	22,—

Tondl, Aleš: Non-Linear Vibrations
(Math. Lehrbücher u. Monographien, II. Abt./66)

Topics in Current Chemistry

V 2 Lizenzausgaben des Springer Verlages, Berlin-Heidelberg-New York-Tokyo

Volume 93			
Autorenkollektiv: Van der Waals Systems			
1981. 125 S., 27 Abb., 24 Tab., gr. 8°, 260 g, >6618<	[1215]	762 939 1	68,—
Volume 94			
Autorenkollektiv: Plasma Chemistry III			
1981. 125 S., 68 Abb., 12 Tab., gr 8°, 260 g, >6619<	[1215]	762 940 4	72,—
Volume 95			
Autorenkollektiv: Analytical Problems			
1981. 177 S., 83 Abb., 16 Tab., gr. 8°, 360 g, >6643<	[1215]	763 005 0	96,—

		Best.-Nr.	Preis
Volume 96			
Autorenkollektiv: Inorganic Chemistry			
1981. 147 S., 52 Abb., 24 Tab., gr. 8°, 300 g, >6642<	[1215, 1255]	763 004 2	84,—
Volume 97			
Autorenkollektiv: Organic Chemistry			
1982. 158 S., 12 Abb., 59 Tab., gr. 8°, 325 g, >6682<	[1215]	763 072 0	92,—
Volume 98			
Autorenkollektiv: Host Guest Complex Chemistry I			
1982. 189 S., 80 Abb., 25 Tab., gr. 8°, 325 g, >6685<	[1215]	763 075 5	76,—
Volume 99			
Autorenkollektiv: Cosmo- and Geochemistry			
1982. 126 S., 39 Abb., 18 Tab., gr. 8°,270 g, >6684<	[1215]	763 074 7	68,—
Volume 100			
Autorenkollektiv: New Trends in Chemistry			
1982. VIII, 206 S., 95 Abb., 22 Tab., gr. 8°, 400 g, >6710<	[1205]	763 120 5	(98,—)
Volume 101			
Autorenkollektiv: Host Guest Complex Chemistry II			
1982. 201 S., 140 Abb., 40 Tab., gr. 8°, 405 g, >6683<	[1215]	763 073 9	88,—
Volume 102			
Autorenkollektiv: Inorganic Ring Systems			
1982. 236 S., 111 Abb., 39 Tab., gr. 8°, 460 g, >6726<	[1255]	763 155 5	96,—
Volume 103			
P. Margaretha: Preparative Organic Photochemistry			
1982. X, 88 S., 9 Abb., gr. 8°, 210 g, >6728<	[1275]	763 157 1	48,—
Volume 104			
Autorenkollektiv: Organotin Compounds			
1983. 136 S., 34 Abb., 22 Tab., gr. 8°, 280 g, >6741<	[1275]	763 186 2	76,—
Volume 105			
Autorenkollektiv: Organic Chemistry			
1982. 155 S., 99 Abb., 22 Tab., gr. 8°, 320 g, >6729<	[1275]	763 159 8	86,—
Volume 106			
Autorenkollektiv: Synthetic and Structural Problems			
1983. 175 S., 3 Abb., 13 Tab., gr. 8°, 350 g, >6758<	[1275]	763 222 4	86,—
Volume 107			
Autorenkollektiv: Plasma Chemistry IV			
1983. 183 S., 122 Abb., 26 Tab., gr. 8°, 385 g, >6768<	[1205]	763 240 0	76,—
Volume 108			
Autorenkollektiv: Radicals in Biochemistry			
1983. 138 S., 13 Abb., 13 Tab., gr. 8°, 290 g, >6769<	[1275]	763 241 9	68,—
Volume 109			
Autorenkollektiv: Wittig Chemistry			
1983. X, 233 S., 34 Abb., 22 Tab., gr. 8°, 450 g, >6774<	[1275]	763 252 3	(108,—)
Volume 110			
M. Shibata: Modern Syntheses of Cobalt (III) Complexes			
1983. XI, 116 S., 44 Abb., 31 Tab., gr. 8°, 250 g, >6772<	[1255]	763 250 7	68,—
Volume 111			
Autorenkollektiv: Physical and Inorganic Chemistry			
1983. 192 S., 89 Abb., 26 Tab., gr. 8°, 380 g, >6773<	[1215, 1255]	763 251 5	92,—
Volume 112			
Autorenkollektiv: Preparative Organic Chemistry			
1983. 230 S., 41 Abb., 21 Tab., gr. 8°, 440 g, >6794<	[1275]	763 287 3	(92,—)
Volume 113			
Autorenkollektiv: Cyclophanes I			
1983. X, 182 S., 22 Abb., 19 Tab., gr. 8°, 350 g, >6795<	[1275]	763 288 1	(86,—)

		Best.-Nr.	Preis
Volume 114 Autorenkollektiv: Steric Effects in Drug Design 1983. 157 S., 40 Abb., 19 Tab., gr. 8°, 300 g, >6796<	[1275]	763 300 8	(76,—)
Volume 115 Autorenkollektiv: Cyclophanes II 1983. X, 159 S.,71 Abb., 39 Tab., gr. 8°, 390 g, >6806<	[1275]	763 313 9	74,—
Volume 116/117 Contemporary Problems in Carbonium Ion Chemistry I/II Nonclassical Carbocations by V. A. Barkhash Rearrangements of Carbocations by 1,2-Shifts by V. G. Shubin 1984. 345 S., 13 Abb., 21 Tab., gr. 8°, 675 g, >6808<	[1275]	763 317 1	118,—
Volume 118 O. Gurel / D. Gurel: Types of Oscillations in Chemical Reactions D. Gurel / O. Gurel: Recent Developments in Chemical Oscillations 1984. 118 S., 66 Abb., 11 Tab., gr. 8°, 260 g, >6810<	[1275]	763 320 0	62,—
Volume 119 Leo A. Paquette: Recent Synthetic Development in Polyquinane Chemistry 1984. 163 S., gr. 8°, 330 g, >6816<	[1275]	763 338 2	68,—
Volume 120 Autorenkollektiv: Hydrogen Bonds 1984. 117 S., 33 Abb., 35 Tab., gr. 8°, 250 g, >6817<	[1255]	763 339 0	60,—
Volume 121 Autorenkollektiv: Host Guest Complex Chemistry III 1984. XIV, 224 S., 72 Abb., 29 Tab., gr. 8°, 440 g, >6818<	[1215]	763 340 3	98,—
Volume 122 Contemporary Problems in Carbonium Ion Chemistry III V. A. Koptyug: Arenium Ions – Structure and Reactivity 1986. VI, 205 S., 21 Abb., 58 Tab., gr. 8°, 500 g, >6835<	[1275]	763 372 9	116,—
Volume 123 Autorenkollektiv: Structural Chemistry 1984. VI, 186 S., 72 Abb., 11 Tab., gr. 8°, 380 g, >6846<	[1215, 1275]	763 395 4	(88,—)
Volume 124 Autorenkollektiv: Inorganic Chemistry 1984. 138 S., 24 Abb., 35 Tab., gr. 8°, 600 g, >6880<	[1255]	763 439 3	68,—
Volume 125 Autorenkollektiv: Stereochemistry 1985. 250 S., 61 Abb., 37 Tab., gr. 8°, 500 g, >6875<	[1215]	763 437 7	(118,—)
Volume 126 Autorenkollektiv: Analytical Chemistry Progress 1985. 122 S., 74 Abb., 18 Tab., gr. 8°, 470 g, >6874<	[1235]	763 436 9	(68,—)
Volume 127 Autorenkollektiv: Organic Chemistry 1985. 221 S., 138 Abb., 64 Tab., gr. 8°, 450 g, >3072/127<	[1275]	763 479 9	124,—
Volume 128 Autorenkollektiv: Biomimetic and Bioorganic Chemistry 1985. 265 S., 111 Abb., 45 Tab., gr. 8°, 530 g, >3072/128<	[1275]	763 491 6	138,—
Volume 129 Autorenkollektiv: Photochemistry and Organic Synthesis 1985. 265 S., 91 Abb., 50 Tab., gr. 8°, 510 g, >3072/129<	[1275]	763 492 4	138,—

Träger, Claus: Lessing – Kritik und Historizität
(Sitzungsber. d. SAW, phil.-hist. Kl., Bd 121/5)

Best.-Nr. Preis

–, –: Geschichte und Romantik
(Zur Kritik d. bürgerl. Ideologie, 103)

Transport Properties of Dense Plasmas
(Ergebnisse d. Plasmaphysik u. Gaselektronik, 6)

Treder, Hans-Jürgen: Große Physiker und ihre Probleme. Studien zur Geschichte der Physik
1982. 284 S., 24 Abb., gr. 8°, 670 g, Leinen >6666< [1104] 763 037 6 (48,—)
(A 68,—)

–, –: Grundfragen der Physik
(WTB, Reihe Mathematik/Physik)
–, –: Über die Einheit der exakten Wissenschaften
(WTB, Reihe Mathematik/Physik)
–, –: Zählen und Messen
(WTB, Reihe Mathematik/Physik)
–, –: Friedrich Engels und die wegweisende Bedeutung der Philosophie für die Naturwissenschaft
(Sitzungsber. d. AdW, Jg 81/6/G)
–, –: Max Planck – Selbstdarstellung (1942)
(Sitzungsber. d. AdW, Jg 82/9/G)
–, –: Zum Gedenken an Kurt Schwabe
(Sitzungsber. d. AdW, Jg 85/8/N)
–, –: Große kosmische Systeme
(Veröffentl. d. Forschungsbereichs Geo- u. Kosmoswiss., 10)
–, –: Möglichkeiten der experimentellen Schwerkraftforschung
(Veröffentl. d. Forschungsbereichs Geo- u. Kosmoswiss., 11)
–, – (H): Zur Grundlegung der theoretischen Physik
(WTB, Reihe Texte u. Studien)

Trigg, George L.: Experimente der modernen Physik
(WTB, Reihe Texte u. Studien)

Tröger, Karl-Armin (H) unter Mitwirkung von H. Kozur, K. Ruchholz, A. Watznauer, H.-D. Kahlke: Abriß der Historischen Geologie
1984. 718 S., 132 Abb., 48 Taf., 28 Tab., 27 Schemata, gr. 8°, 1520 g, Leinen >6664< [1415] 763 036 8 85,—
A 95,—

Tschechische Volksmärchen
(Volksmärchen, 15)

Tschesnow, Jan W.: Historische Ethnographie der Länder Indochinas
(Übersetzung aus dem Russischen; bearbeitet v. Ursula Willenberg)
1985. 353 S., 44 Abb., 2 Karten, gr. 8°, 765 g, Halbleinen >6609<
[0705] 753 921 4 38,—

Tschistowa, Bella (H): Majakowski in Deutschland
(s. Loew)

Tumorchemotherapie, Experimentelle und klinische –
(s. Tanneberger)

Tumour Growth, The Control of – – and its Biological Bases
(Fortschritte d. Onkologie, 10)

Turgot, Anne Robert Jacques: Betrachtungen über die Bildung und Verteilung der Reichtümer
(Ökonomische Studientexte, 7)

Tuschik, Hans-Peter: Decidability and Generalized Quantifiers
(Mathematische Forschung, 3)

Best.-Nr. Preis

Tutschke, Wolfgang (H): Complex Analysis
(Math. Lehrbücher u. Monographien, II. Abt. /61)

Uhlig, Egon: Metallcluster
(Sitzungsber. d. AdW, Jg 82/12/N)

Uhlmann, Dietrich: Künstliche Ökosysteme
(Abhandlg. d. SAW, math.-nat. Kl., Bd 54/3)
–, –: Ökologische Probleme der Trinkwassergewinnung aus Talsperren
(Abhandlg. d. SAW, math.-nat. Kl., Bd 55/4)
–, –: Die anthropogene Eutrophierung der Gewässer – ein umkehrbarer Prozeß?
(Sitzungsber. d. SAW, math.-nat. Kl., Bd 118/5)

Ukrainische Volksmärchen
(Volksmärchen, 7)

Ulbrich, Hans-Joachim: Lebensweise im Lichte bürgerlicher Soziologie
(s. Lehmann)

Ulbricht, Heinz: Mechanik der Kontinua
(WTB, Reihe Mathematik/Physik)

Ullmann, Ernst: Von der Macht der Bilder
(Sitzungsber. d. SAW, phil.-hist. Kl., Bd 126/2)

Ullrich, Herbert (H): Menschwerdung
(Schriften z. Ur- u. Frühgeschichte, 41)

Umweltschutz, Einige Aspekte von – und Umweltgestaltung in Industrie und Landwirtschaft
(Sitzungsber. d. AdW, Jg 80/7/N)

Umwelttoxikologische Bewertung chemischer Produkte und ihrer Abprodukte
(Sitzungsber. d. AdW, Jg 80/15/N)

Unbehauen, Rolf: Systemtheorie. Eine Darstellung für Ingenieure
Lizenzausgabe des Oldenbourg-Verlages, München
3., völlig überarbeitete u. wesentlich erweiterte Auflage
1980. 382 S., 149 Abb., gr. 8°, 820 g, Lederin >5722< [1034] 762 655 3 (58,—)

Ungarische Volksmärchen
(Volksmärchen, 2)

Unger, Kurt / Gerhard Stöcker (H): Biophysikalische Ökologie und Ökosystemforschung
1981. XI, 389 S., 181 Abb., 37 Tab., 3 Taf., gr. 8°, 780 g, Leinen
>6563< [1315] 762 789 8 52,—

Unger, Siegfried: Lernfähige Klassifizierungssysteme
(Informatik – Kybernetik – Rechentechnik, 2)

Urkunden des ägyptischen Altertums [0226]
Hrsg. v. Georg Steindorff
IV. Abt. – Urkunden der 18. Dynastie
Übersetzung zu den Heften 1 – 4. Bearbeitet u. übersetzt v. Kurt Sethe. Neudruck der Ausgabe von 1914
1984. 142 S., 8°, 180 g, >2064/1< 754 179 5 40,—
Text der Hefte 5 – 8/9 – 12/13 – 16. Bearbeitet v. Kurt Sethe. Neudruck der Ausgaben von 1906, 1907, 1909 (in drei Teilbänden)
1984. 915 S., 4°, 2300 g, >2064/2< 754 185 9 300,—

		Best.-Nr.	Preis
Übersetzung zu den Heften 5 – 16. Hrsg. v. Elke Blumenthal, Ingeborg Mulla, Walter F. Reineke unter Leitung v. Adelheid Burkhardt 1984. 509 S., 8°, 350 g, >2064/3<		754 186 7	**140,—**
Text der Hefte 17 – 19/20 – 21/22. Bearbeitet v. Wolfgang Helck. Neudruck der Ausgaben von 1955, 1956, 1957, 1958 (in drei Teilbänden) 1984. 990 S., 4°, 2390 g, >2064/4<		754 187 5	**300,—**
Übersetzung zu den Heften 17 – 22. Bearbeitet u. übersetzt v. Wolfgang Helck. Neudruck der Ausgabe von 1961 1984. 433 S., 8°, 520 g, >2064/5<		754 188 3	**120,—**
Vanadiumoxide. Darstellung, Eigenschaften, Anwendung Von einem Autorenkollektiv unter Leitung v. Heinrich Opperman 1983. XII, 252 S., 159 Abb., 39 Tab., gr. 8°, 645 g, Leinen >6633<	[1185]	762 983 4	**40,—** A 58,—
Varga, E. S.: Ausgewählte Schriften 1918 – 1964 Hrsg. v. Institut f. Internationale Politik u. Wirtschaft d. DDR **Erster Band:** Der Beginn der allgemeinen Krise des Kapitalismus **Zweiter Band:** Die Wirtschaftskrisen **Dritter Band:** Der Kapitalismus nach dem zweiten Weltkrieg 2., durchgesehene Auflage mit erweiterter Bibliographie 1981. I: XLI, 459 S., 107 Tab.; II: XIV, 515 S., 199 Tab.; III: XIV, 443 S., 132 Tab., gr. 8°, 2850 g, Leinen >6486/I-III<	[0306]	753 470 4	**(58,—)** (A 85,—)
Vasquez, Francisco Guerra: Multiobjective and Stochastic Optimization Based on Parametric Optimization (Mathematische Forschung, 26)			
Verhaltensforschung, Biologische – am Menschen (s. Johst)			
Verkehrs- und Nationalsprachen in Afrika Von einem Autorenkollektiv unter Leitung v. Siegmund Brauner 1985. 216 S., 2 Karten, 8°, 290 g, >6766<	[0875]	754 256 0	**19,50** A 28,—

Veröffentlichungen des Forschungsbereichs Geo- und Kosmoswissenschaften der AdW der DDR

ISSN 0138-4600

		Best.-Nr.	Preis
10 Hans-Jürgen Treder / Jan Peter Mücket: Große kosmische Systeme (Zu den teleskopischen Aspekten der Gravitation in der trägheitsfreien Gravodynamik) 1981. 91 S., gr. 8°, 140 g, >2156/10<	[1435]	762 850 8	**15,—**
11 Max Steenbeck / Hans-Jürgen Treder: Möglichkeiten der experimentellen Schwerkraftforschung 1984. 46 S., gr. 8°, 100 g, >2156/11<	[1435]	763 343 8	**10,—**
12 Heino Eelsalu / Dieter B. Herrmann: Johann Heinrich Mädler – Eine dokumentarische Biographie 1985. 149 S., 40 Abb., gr. 8°, 280 g, >2156/12<	[1495]	763 405 1	**25,—**

Veröffentlichungen des Meteorologischen Dienstes der Deutschen Demokratischen Republik

ISSN 0138-1105

Best.-Nr. Preis

24 Thomas Foken / Heinz Kaiser / Wolfgang Rettig: Propelleranemometer. Überblick und spezielle Entwicklungen am Meteorologischen Hauptobservatorium Potsdam
1983. 48 S., 24 Abb., 15 Tab., 8°, 65 g, >2022/24< [1465] 763 195 0 **10,—**

25 Günter Mücket: Aufbau einer analogen Verarbeitungseinheit zur Erfassung des turbulenten Energieaustausches
1984. 31 S., 16 Abb., 8°, 50 g, >2022/25< [1465] 763 272 6 **6,—**

26 Uwe Feister: Zum Stand der Erforschung des atmosphärischen Ozons
1985. 54 S., 13 Abb., 8°, 75 g, >2022/26< [1465] 763 376 1 **12,—**

Veröffentlichungen des Museums für Völkerkunde zu Leipzig

ISSN 0075-8671

33 Die Nomaden in Geschichte und Gegenwart. Beiträge zu einem internationalen Nomadismus-Symposium am 11. und 12. Dezember 1975 im Museum für Völkerkunde Leipzig
1981. 240 S., 8 Abb., 2 Taf., dav. 1 farb., 2 Tab., gr. 8°, 510 g, >2085/I/33< [0705] 753 673 4 **(22,—)**

34 Torild Löfwander: Die sozialökonomischen Verhältnisse der bäuerlichen Bevölkerung in der Republik Mali
1983. 191 S., 32 Abb. auf 17 Taf., 2 Karten, gr. 8°, 370 g, >2085/I/34< [0705] 754 033 8 **(22,—)**

Veröffentlichungen des Zentralinstituts für Alte Geschichte und Archäologie der AdW der DDR

ISSN 0138-3914

3 Die Römer an Rhein und Donau. Zur politischen, wirtschaftlichen und sozialen Entwicklung in den römischen Provinzen an Rhein, Mosel und oberer Donau im 3. und 4. Jahrhundert. Von einem Autorenkollektiv unter Leitung v. Rigobert Günther u. Helga Köpstein
3., unveränderte Auflage

V 1 1985. 517 S., 30 Abb., 72 Taf., gr. 8°, 1190 g, Leinen >2153/3< [0225] 752 549 6 **68,—**

4/I Die Germanen. Geschichte und Kultur der germanischen Stämme in Mitteleuropa.
Ein Handbuch in zwei Bänden. Ausgearbeitet von einem Autorenkollektiv unter Leitung v. Bruno Krüger
Band I: Von den Anfängen bis zum 2. Jahrhundert unserer Zeitrechnung
5., durchgesehene Auflage
1987. 568 S., 133 Abb., dav. 8 farb., 62 Taf., dav. 7 farb., 5 Tab., 3 Faltkarten, gr. 8°, 1250 g, Leinen >2153/4/I< [0225] 752 390 9 **38,—**
A 48,—

4/II **Band II:** Die Stämme und Stammesverbände in der Zeit vom 3. Jahrhundert bis zur Herausbildung der politischen Vorherrschaft der Franken
2., unveränderte Auflage
1986. 714 S., 192 Abb., 68 Taf., gr. 8°, 1470 g, Leinen >2153/4/II< 754 117 0 **48,—**
A 58,—

6/1 Kulturgeschichte der Antike. Von einem Autorenkollektiv unter Leitung v. Reimar Müller

Best.-Nr. Preis

Band I: Griechenland
3., unveränderete Auflage
1980. 536 S., 82 Textillustrationen, 144 einf. Abb. u 25 mehrfarb. Abb. auf 112 Taf., gr. 8°, 1450 g, Leinen ⟩2153/6/1⟨ [0705] 752 765 1 (28,—) (A 48,—)

6/2 **Band 2:** Rom
2., durchgesehene Auflage
1982. 688 S., 96 Textillustrationen u. 207 Abb., dav. 27 mehrfarb. auf 104 Taf., gr. 8°, 1350 g, Leinen ⟩2153/6/2⟨ 753 521 3 (35,—) (A 48,—)

9 Joachim Herrmann (H): Archäologische Denkmale und Umweltgestaltung
2., unveränderte Auflage
1981. 378 S., 37 Textillustrationen u. 59 Tafelabb., 1 Faltkarte, 1 Tab., gr. 8°, 1100 g, Leinen ⟩2153/9⟨ [0225] 753 420 2 (42,—)

10 Dimitar Angelov: Die Entstehung des Bulgarischen Volkes (Übersetzung aus dem Bulgarischen; Redaktion: Gottfried Janke u. Dankwart Rahnenführer)
1980. 153 S., 31 Abb. auf 16 Taf., 3 Karten, gr. 8°, 440 g, Leinen ⟩2153/10⟨ [0225] 753 545 9 (20,—)

11 Heinrich Kuch (H): Die griechische Tragödie in ihrer gesellschaftlichen Funktion
1983. 253 S., 36 Abb. auf 20 Taf., 92 Zeichnungen, gr. 8°, 640 g, Leinen ⟩2153/11⟨ [8051] 753 546 7 28,— A 38,—

12 Joachim Herrmann / Irmgard Sellnow (H): Produktivkräfte und Gesellschaftsformationen in vorkapitalistischer Zeit
1982. 637 S., 53 Abb., 40 Taf., gr. 8°, 1250 g, Leinen ⟩2153/12⟨ [0305] 753 890 8 (58,—) (A 68,—)

13 Geschichte des wissenschaftlichen Denkens im Altertum. Von einem Autorenkollektiv unter Leitung v. Fritz Jürß
1982. 672 S., 137 Textillustrationen, 50 Tab. auf 28 Kunstdrucktaf., gr. 8°, 1250 g, Leinen ⟩2153/13⟨ [0115] 753 944 1 (48,—)

14 Die Slawen in Deutschland. Geschichte und Kultur der slawischen Stämme westlich von Oder und Neiße vom 6. bis 12. Jahrhundert. Von einem Autorenkollektiv unter Leitung v. Joachim Herrmann
Neubearbeitung
1986. 629 S., 96 Taf., 172 Abb., gr. 8°, 1140 g, Leinen ⟩2153/14⟨ [0225] 754 380 3 48,— A 58,—

Veröffentlichungen zur Volkskunde und Kulturgeschichte

ISSN 0138-3167

Hrsg. v. Zentralinstitut für Geschichte der AdW der DDR, Wissenschaftsbereich Kulturgeschichte/Volkskunde

63 Karl Baumgarten: Das deutsche Bauernhaus. Eine Einführung in seine Geschichte vom 9. bis zum 19. Jahrhundert
2., bearbeitete u. erweiterte Auflage
1985. 156 S., 131 Abb., dav. 16 Farbfotos u. 32 s-w Fotos auf 32 Kunstdrucktaf., 8°, 490 g, ⟩2034/63⟨ [0705] 754 510 4 (32,—)

66/3 Bauer und Landarbeiter im Kapitalismus in der Magdeburger Börde. Zur Geschichte des dörflichen Alltags vom Ausgang des 18. bis zum Beginn des 20. Jahrhunderts. Hrsg. v. Hans-Jürgen Rach u. Bernhard Weißel

		Best.-Nr.	Preis
	(Untersuchungen zur Lebensweise und Kultur der werktätigen Dorfbevölkerung in der Magdeburger Börde, Teil II) 1982. X, 470 S., 55 Abb. auf 32 Taf., 11 Tab., 6 Karten, gr. 8°, 900 g, Halbleinen >2034/66/3< [0705]	753 465 9	(38,—)
67	Ulrich Bentzien: Bauernarbeit im Feudalismus. Landwirtschaftliche Arbeitsgeräte und -verfahren in Deutschland von der Mitte des ersten Jahrtausends u. Z. bis um 1800 1980. 271 S., 110 Abb. i. Text u. 26 Abb. auf 16 Taf., gr. 8°, 635 g, Halbleinen >2034/67< [0705]	753 512 5	(28,—)
68	Bernhard Weißel (H): Kultur und Ethnos. Zur Kritik der bürgerlichen Auffassungen über die Rolle der Kultur in Geschichte und Gesellschaft 1980. 300 S., gr. 8°, 450 g, >2034/68< [0705]	753 733 1	(28,—)
69	Rudolf Weinhold (H): Volksleben zwischen Zunft und Fabrik. Studien zur Kultur und Lebensweise werktätiger Klassen und Schichten während des Übergangs vom Feudalismus zum Kapitalismus 1982. 539 S., 36 Abb., dav. 30 auf 16 Taf., 3 Figuren, 1 Titelbild, gr. 8°, 1250 g, Halbleinen >2034/69< [0705]	753 815 8	(48,—)
71	Hans-Jürgen Rach (H) unter Mitarbeit v. Lothar Balke, Karl Baumgarten u. Hermann Wirth: Vom Bauen und Wohnen. 20 Jahre Arbeitskreis für Haus- und Siedlungsforschung in der DDR 1982. 379 S., 147 Abb., 4 Tab., 65 Bilder auf 32 Kunstdrucktaf., gr. 8°, 850 g, Halbleinen >2034/71< [0705]	753 883 6	(42,—) (A 48,—)

Vichnevetsky, Robert (H): Systems Analysis and Simulation 1985
(Mathematische Forschung, 27, 28)

Viehweger, Dieter (H): Richtungen der modernen Semantikforschung
(Sammlung AV, Sprache)
–, – (H): Grundfragen einer Theorie der sprachlichen Tätigkeit
(Sprache u. Gesellschaft, 13)

Viidalepp, Richard (H): Estnische Volksmärchen
(Volksmärchen, 8)

Virchow, Rudolf (H): Die medicinische Reform
(Dokumente d. Wissenschaftsgesch., 2)

	Best.-Nr.	Preis
Völz, Horst: Elektronik. Grundlagen, Prinzipien, Zusammenhänge 4., bearbeitete u. wesentlich erweiterte Auflage 1986. XXIV, 1043 S., 672 Abb., 161 Tab., gr. 8°, 1850 g, Lederin >6118< [1154]	763 249 4	95,—

–, –: Information I und II
(Informatik – Kybernetik – Rechentechnik, 3,4)

Vogl, Michael (H): Physiologie der Obstgehölze
(s. Friedrich)

	Best.-Nr.	Preis
Vogler, Günter (H) in Zusammenarbeit mit Siegfried Hoyer und Adolf Laube: Martin Luther. Leben – Werk – Wirkung 2., durchgesehene Auflage 1986. 540 S., 60 Abb. auf 55 Taf., gr. 8°, 1270 g, Leinen >6627< [0265]	753 966 0	48,— A 58,—
Voigt, Gerhard / Siegfried Cramer: Diskontinuierliche technologische Prozesse. Grundlagen – Analyse – Modellierung – Steuerung 1986. X, 264 S., 113 Abb., 39 Tab., gr. 8°, 590 g, Lederin >6670< [3045]	763 042 1	(48,—)

Best.-Nr. Preis

Voigt, Heidelore: Technische Massenkristallisation
(s. Baumann)

Voigt, Wolfgang: Zur Chemie geschmolzener Salze
(Sitzungsber. d. AdW, Jg 81/15/N)

Voigtländer, Klaus: Die Stiftskirche zu Gernrode und ihre Restaurierung 1858 – 1872. Mit Beiträgen v. Hans Bergner u. Edgar Lehmann
2., durchgesehene Auflage
1982. 178 S., 168 Abb. auf 126 Taf., dav. 2 farbige i. Anhang, 4°, 1180 g, Leinen >6397< [8124] 753 213 5 (98,—)

Volfson, Stanislav A.: Principles of Polymer Composites
(s. Berlin)

Volksdichtung, Geschichte der deutschen –
(s. Strobach)

Volksleben zwischen Zunft und Fabrik
(Veröffentl. z. Volkskunde u. Kulturgeschichte, 69)

Volksmärchen. Eine internationale Reihe

ISSN 0232-3702

Hrsg. v. Zentralinstitut für Geschichte der AdW der DDR, Wissenschaftsbereich Kulturgeschichte/Volkskunde

2 Ungarische Volksmärchen. Hrsg. v. Gyula Ortutay
(Übersetzung aus dem Ungarischen v. Mirza Schüching u. Geza Engl)
Lizenzausgabe des Corvina-Verlages, Budapest
6., berichtigte Auflage
1980. 549 S., 8°, 665 g, Leinen >2121/2< [7268] 751 329 2 (9,50)

3 Belorussische Volksmärchen. Hrsg. v. L. G. Barag
(Übersetzung der Märchentexte aus dem Belorussischen v. Hans-Joachim Grimm; Übersetzung des Anhangs aus dem Russischen v. Gisela Griepentrog)
10. Auflage
1980. 583 S., 8°, 655 g, Leinen >2121/3< [7208] 751 327 6 (12,—)

7 Ukrainische Volksmärchen. Hrsg. v. P. V. Lintur
(Übersetzung v. Hans-Joachim Grimm). Bearbeitet v. Wilfried Fiedler
2. Auflage
1981. 800 S., 8°, 850 g, Leinen >2121/7< [7208] 751 934 4 (14,50)

8 Estnische Volksmärchen. Hrsg. v. Richard Viidalepp
1980. 456 S., 1 Karte, 8°, 560 g, Leinen >2121/8< [7208] 752 015 0 (10,50)

11 Lettische Volksmärchen. Hrsg. v. Ojars Ambainis
3. Auflage
1982. 446 S., 8°, 450 g, Leinen >2121/11< [7208] 753 025 2 (9,50)

12 Litauische Volksmärchen. Hrsg. v. Bronislav Kerbelyte
2., berichtigte Auflage
1982. 480 S., 59 Abb., 1 Karte, 8°, 590 g, Leinen >2121/12< [7208] 753 026 0 (10,50)

15 Tschechische Volksmärchen. Hrsg. v. Jaromir Jech
2., bearbeitete u. erweiterte Auflage
1984. 527 S., 8°, 640 g, Leinen >2121/15< [7238] 753 686 5 (12,50)

Vorderasiatische Schriftdenkmäler der Staatlichen Museen zu Berlin

ISSN 0138-4449 [0876]

Hrsg. v. Vorderasiatischen Museum

Best.-Nr. Preis

Neue Folge
Heft V (Heft XXI)
Helmut Freydank: Mittelassyrische Rechtsurkunden und Verwaltungstexte II
1982. 14 S., 50 Taf., 4°, 350 g, >2142/V< 754 093 6 48,—

Heft VI (Heft XXII)
Horst Klengel: Altbabylonische Texte aus Babylon
1983. 20 S., 92 Abb. auf 50 Taf., 4°, 365 g, >2142/VI< 754 210 6 48,— A 54,—

Heft VII (Heft XXIII)
Liane Jakob-Rost / Joachim Marzahn: Assyrische Königsinschriften auf Ziegeln aus Assur
1985. 14 S., 172 Abb. auf 50 Taf., 4°, 330 g, >2142/VII< 754 486 5 48,—

Wängler, Hans Heinrich: Atlas deutscher Sprachlaute. Aus dem Phonetischen Laboratorium der Universität Hamburg
7., unveränderte Auflage
1981. 55 S., 4 Abb., 29 Taf. mit Strichzeichnungen auf Cellophandeckblättern, 3 Tab., gr. 8°, 530 g, Leinen >5316< [0817] 750 863 7 29,— A 38,—

Wagner, Günther: Pharmazeutische Chemie
(WTB, Reihe Chemie)

Wagner, Wolfgang: Chemische Thermodynamik
(WTB, Reihe Chemie)

Wahse, Jürgen: Disponibilität – Mobilität – Fluktuation
(Forschungsber. d. Zentralinst. f. Wirtschaftswiss., 38)

Wahsner, Renate: Das Aktive und das Passive
(Schriften z. Philosophie u. ihrer Geschichte, 25)
–, –: Newton und Voltaire
(WTB, Reihe Texte u. Studien)

Walther, Hans: Untersuchungen zur Ortsnamenkunde, Sprach- und Siedlungsgeschichte des Gebietes zwischen mittlerer Saale und Weißer Elster
(Deutsch-Slawische Forschungen z. Namenkunde u. Siedlungsgesch., 35)
–, – (H): Onomastica Slavogermanica XIII
(Abhandlg. d. SAW, phil.-hist. Kl., Bd 69/4)

Walther, Hans-Joachim / Friedrich Winkler: Wasserbehandlung durch Flockungsprozesse. Ergebnisse neuerer Grundlagenuntersuchungen
1981. 250 S., 58 Abb., 47 Tab., 8°, 320 g, >6392< [1235] 762 363 5 (32,—)

Wangermann, Gert: Der Problemlösungsprozeß in der naturwissenschaftlich-experimentellen Forschung
(Abhandlg. d. AdW, Jg 84/1/G)

Watznauer, Adolf: Die Rolle des Radons (Isotop ^{222}Rn) als Umweltfaktor
(Sitzungsber. d. SAW, math.-nat. Kl., Bd 116/7)

Weber, Franz (H): Angewandte Geophysik
(s. Militzer)

Weber, Herbert: Zellbiologie und Genetik der Hefen. Methoden und Arbeitstechniken
1982. 168 S., 30 Abb., 8°, 230 g, >6629< [1345] 762 970 3 (22,—) (A 28,—)

Best.-Nr. Preis

Weber, Peter (H): Kunstperiode
(Literatur u. Gesellschaft, 75)

Weber, Volker: Die Kolonen in Italien und den westlichen Provinzen des Römischen Reiches
(Schriften z. Geschichte u. Kultur d. Antike, 21)

Wechsung, Gerd (H): Frege-Conference 1984
(Mathematische Forschung, 20)

Weese, Martin: Decidability and Generalized Quantifiers
(Mathematische Forschung, 3)

Wegbereiter der deutsch-slawischen Wechselseitigkeit
(Quellen u. Studien z. Geschichte Osteuropas, 26)

Wegener, Alfred: Die Entstehung der Kontinente und Ozeane
Nachdruck d. 1. Auflage 1915 u. 4. Auflage 1929
Hrsg. u. mit einer Einleitung u. einem Nachwort versehen v. Andreas Vogel
Lizenzausgabe des Vieweg-Verlages, Braunschweig
1981. 381 S., 83 Abb., 8°, 530 g, Lederin >6612< [1405] 762 920 1 (58,—)

Weichelt, Wolfgang: Sozialistisches Recht und Demokratie
(Sitzungsber. d. AdW, Jg 81/3/G)
–, –: Politische Macht und Demokratie im Sozialismus
(Sitzungsber. d. AdW, Jg 81/8/G)
–, –: Arthur Baumgarten zum 100. Geburtstag
(Sitzungsber. d. AdW, Jg 84/15/G)

Weimar, Evelyn: Mathematik für Physiker I/II
(s. Berendt)

Weinhold, Rudolf (H): Volksleben zwischen Zunft und Fabrik
(Veröffentl. z. Volkskunde u. Kulturgeschichte, 69)

Weise, Magdalene: Untersuchungen zur Synthese und Anwendung bipolarer Ionenaustauscherharze
(Sitzungsber. d. SAW, math.-nat. Kl., Bd 114/5)
–, –: Der Sirotherm-Prozeß
(Sitzungsber. d. SAW., math.-nat. Kl., Bd 118/6)

Weiss, Alarich / Helmut Witte: Kristallstruktur und chemische Bindung
Lizenzausgabe des Verlages Chemie, Weinheim
1982. XI, 396 S., 188 Abb., 47 Tab., gr. 8°, 900 g, Leinen >6428< [1215] 762 444 3 (98,—)

Weißel, Bernhard (H): Bauer und Landarbeiter im Kapitalismus in der Magdeburger Börde
(Veröffentl. z. Volkskunde u. Kulturgeschichte, 66/3)
–, – (H): Kultur und Ethnos
(Veröffentl. z. Volkskunde u. Kulturgeschichte, 68)

Weller, Friedrich: Untersuchungen über die textgeschichtliche Entwicklung des tibetischen Buddhacarita
(Abhandlg. d. SAW, phil.-hist. Kl., Bd 69/3)

Welskopf, Elisabeth Charlotte (H): Soziale Typenbegriffe im alten Griechenland und ihr Fortleben in den Sprachen der Welt
Band 1—2: Belegstellenverzeichnis altgriechischer sozialer Typenbegriffe von Homer bis Aristoteles
1985. XL, 994 S., gr. 8°, 2000 g, Leinen >6557/1 – 2< [0887] 753 723 5 **150,—**

		Best.-Nr.	Preis
Band 3—4: Untersuchungen ausgewählter altgriechischer sozialer Typenbegriffe und ihr Fortleben in Antike und Mittelalter 1981. 828 S., 8 S. Vorbemerkung als Beilage, 1 Falttab., gr. 8°, 1670 g, Leinen ›6557/3-4‹	[0885]	753 724 3	150,—
Band 5: Das Fortleben altgriechischer sozialer Typenbegriffe in der deutschen Sprache 1981. 335 S., 1 Falttab., gr. 8°, 720 g, Leinen ›6557/5‹	[0815]	753 866 8	50,—
Band 6—7: Das Fortleben altgriechischer sozialer Typenbegriffe in den Sprachen der Welt 1982. 1170 S., gr. 8°, 2040 g, Leinen ›6557/6-7‹	[0805]	753 867 6	220,—

Weltbevölkerung, Die – in Zahlen
(s. Khalatbari)

Wendel, Michael (H): Die mittelalterlichen Siedlungen
(Schriften z. Geschichte u. Kultur d. Antike, 17/III)

Wendler, Klaus: Multiobjective and Stochastic Optimization Based on Parametric Optimization
(Mathematische Forschung, 26)

Wendling, Ulrich: Messung der Bodenfeuchte mitNeutronensonden im Stationsnetz des MD der DDR
(Abhandlg. d. MD, 126)

Wentzel, E. S.: Aufgabensammlung zur Wahrscheinlichkeitsrechnung
(Math. Lehrbücher u. Monographien, I. Abt./22)

Werner, Ernst: Sultan Mehmed der Eroberer und die Epochenwende im 15. Jahrhundert
(Sitzungsber. d. SAW, phil.-hist. Kl., Bd 123/2)
–, –: Mustafa Kemal Atatürk
(Sitzungsber. d. AdW, Jg 82/7/G)

Werner, Peter: Bildinterpretation in der Hochauflösungs-Elektronenmikroskopie
(Beiträge z. Forschungstechnologie, 11)

Werte unserer Heimat [5235]

ISSN 0138-3213

Hrsg. v. Institut für Geographie und Geoökologie der AdW der DDR, Arbeitsgruppe Heimatforschung

		Best.-Nr.	Preis
1	Gebiet Königstein/Sächsische Schweiz. Ergebnisse der heimatkundlichen Bestandsaufnahme im Gebiet von Königstein und Hohnstein 2., bearbeitete Auflage 1985. XII, 201 S., 31 Abb., 12 Taf., 1 Karte, 8°, 400 g, Leinen ›2084/1‹	754 405 6	(12,50) (A 18,—)
31	Zwischen Zwickauer Mulde und Geyerschem Wald. Ergebnisse der heimatkundlichen Bestandsaufnahme in den Gebieten von Wildenfels, Lößnitz und Geyer 2., berichtigte Auflage 1980. XIV, 247 S., 39 Abb., 20 Taf., 1 Karte, 8°, 460 g, Leinen ›2084/31‹	753 337 3	(12,50)
32	Elbtal und Lößhügelland bei Meißen. Ergebnisse der heimatkundlichen Bestandsaufnahme in den Gebieten von Hirschstein und Meißen		

	Best.-Nr.	Preis
2., berichtigte Auflage 1982. XII, 244 S., 38 Abb., 16 Kunstdrucktaf., 1 Karte, 8°, 490 g, Leinen ›2084/32‹	753 338 1	12,50 A 18,—
34 Um Eberswalde, Chorin und den Werbellin-See. Ergebnisse der heimatkundlichen Bestandsaufnahme in den Gebieten von Joachimsthal, Groß Ziethen, Eberswalde und Hohenfinow 1981. XII, 225 S., 35 Abb. i. Text u. 27 auf 20 Kunstdrucktaf., 1 Tab., 1 Karte, 8°, 450 g, Leinen ›2084/34‹	753 624 0	(12,50)
35 Zwischen Mülsengrund, Stollberg und Zwönitztal. Ergebnisse der heimatkundlichen Bestandsaufnahme in den Gebieten von Lichtenstein, Oelsnitz, Stollberg und Thalheim 1981. XII, 219 S., 35 Abb., 16 Kunstdrucktaf., 1 Karte, 8°, 420 g, Leinen ›2084/35‹	753 676 9	(12,50)
36 Burger und Lübbenauer Spreewald. Ergebnisse der heimatkundlichen Bestandsaufnahme in den Gebieten von Burg und Lübbenau 1981. XII, 212 S., 38 Abb. i. Text u. 34 auf 16 Taf., 1 Falttaf., 8°, 440 g, Leinen ›2084/36‹	753 766 5	(12,50)
37 Ruppiner Land. Ergebnisse der heimatkundlichen Bestandsaufnahme in den Gebieten von Zühlen, Dierberg, Neuruppin und Lindow 1981. XII, 202 S., 35 Abb., 16 Taf., 1 Karte, 8°, 420 g, Leinen ›2084/37‹	753 801 9	(12,50)
38 Mansfelder Land. Ergebnisse der heimatkundlichen Bestandsaufnahme im Gebiet um Leimbach, Hettstedt, Friedeburg, Mansfeld, Lutherstadt Eisleben, Dederstedt, Holdenstedt, Hornburg und Seeburg 1982. XII, 212 S., 81 Abb., dav. 31 auf 16 Taf., 1 Karte, 8°, 425 g, Leinen ›2084/38‹	753 802 7	(12,50) (A 18,—)
39 Zwischen Rennsteig und Sonneberg. Ergebnisse der heimatkundlichen Bestandsaufnahme in den Gebieten von Steinach, Spechtsbrunn, Schalkau und Sonneberg 2., berichtigte Auflage 1986. XII, 210 S., 39 Abb., 16 Taf., 1 Karte, 8°, 450 g, Leinen ›2084/39‹	753 954 8	(12,50) (A 18,—)
40 Lausitzer Bergland um Pulsnitz und Bischofswerda. Ergebnisse der heimatkundlichen Bestandsaufnahme in den Gebieten von Pulsnitz und Bischofswerda 1983. XII, 218 S., 38 Abb., 16 Kunstdrucktaf., 1 Karte, 8°, 420 g, Leinen ›2084/40‹	753 955 6	(12,50) (A 18,—)
41 Zwischen Wolkenstein, Marienberg und Jöhstadt. Ergebnisse der heimatkundlichen Bestandsaufnahme in den Gebieten von Marienberg, Jöhstadt und Reitzenhain 1985. XII, 228 S., 20 Taf., 40 Abb., 1 Karte, 8°, 450 g, Leinen ›2084/41‹	754 047 7	(12,50) (A 18,—)
42 Dresden. Ergebnisse der heimatkundlichen Bestandsaufnahme 2., berichtigte Auflage 1985. XII, 270 S., 51 Abb., 32 Taf., 1 Karte, 8°, 540 g, Leinen ›2084/42‹	754 050 6	(12,50) (A 18,—)
43 Um Olbernhau und Seiffen. Ergebnisse der heimatkundlichen Bestandsaufnahme in den Gebieten von Zöblitz, Olbernhau, Neuwernsdorf und Rübenau		

Best.-Nr. Preis

1985. XII, 212 S., 39 Abb., 20 Taf., 1 Karte, 8°, 440 g, Leinen
>2084/43< 754 272 0 (12,50)
(A 18,—)

44 Plauen und das mittlere Vogtland. Ergebnisse der heimatkundlichen Bestandsaufnahme in den Gebieten Plauen-Nord, Treuen, Plauen-Süd und Oelsnitz
1986. 231 S., 37 Abb., 20 Taf., 1 Karte, 8°, 460 g, Leinen >2084/44< 754 433 9 12,50
A 18,—

45 Eisenhüttenstadt und seine Umgebung. Ergebnisse der heimatkundlichen Bestandsaufnahme im Gebiet zwischen Oder, Neiße und Schlaubetal um Eisenhüttenstadt und Neuzelle
1986. XII, 239 S., 41 Abb., 16 Taf., 1 Karte, 8°, 510 g, Leinen
>2084/45< 754 453 1 (12,50)
(A 18,—)

Wessel, Ingrid: Geschichte Indonesiens
(Taschenbuch Geschichte, 30)

Westerink, L. G. (H): Stephanus of Athens, Commentary on Hippocrates' Aphorisms
(Corpus Medicorum Graecorum, 26)

Weyrauch, Joachim: Seismological Bulletin Station Moxa
(Zentralinst. f. Physik d. Erde)

Wicht, Wolfgang: Virginia Woolf, James Joyce, T. S. Eliot
(Literatur u. Gesellschaft, 71)

Wielands Briefwechsel
Hrsg. v. Zentralinstitut für Literaturgeschichte der AdW der DDR

5 Briefe der Weimarer Zeit (21.9. 1772 – 31. 12. 1777)
1983. VII, 714 S., gr. 8°, 1320 g, Leinen >3045/5< [7100] 753 800 0 98,—

Wiesener, Klaus / Jürgen Garche / Wolfgang Schneider: Elektrochemische Stromquellen
1981. 386 S., 157 Abb., 36 Tab., 8°, 590 g, Leinen >6519< [1215] 762 085 6 (48,—)
–, –: Elektrochemische Technologie und Verfahrenstechnik
(Grundlagen d. Verfahrenstechnik u. chem. Technologie, 14)

Wieting, J.: Sekundärrohstoffeinsatz
(Sitzungsber. d. AdW, Jg 82/8/N)

Wihsmann, Fred G.: Biovitrokeram-Implantatwerkstoffe
(Sitzungsber. d. AdW, Jg 85/1/N)

Wildenhain, Günther: Darstellung von Lösungen linearer elliptischer Differentialgleichungen
(Mathematische Forschung, 8)

Wilhelmi, Bernd: Laser für ultrakurze Lichtimpulse
(s. Herrmann)

Will-Shahab, Liane (H): Cellular and Molecular Aspects of the Regulation of the Heart
(Abhandlg. d. AdW, Jg 84/1/N)

Winkelmann, Friedhelm (H): Studien zum 8. und 9. Jahrhundert in Byzanz
(Berliner Byzantinistische Arbeiten, 51)
–, –: Byzantinische Rang- und Ämterstruktur im 8. und 9. Jahrhundert
(Berliner Byzantinistische Arbeiten, 53)

Winkler, Friedrich: Wasserbehandlung durch Flockungsprozesse
(s. Walther)

Best.-Nr. Preis

Winter, Eduard: Mein Leben im Dienst des Völkerverständnisses
(Beiträge z. Geschichte d. religiös. u. wiss. Denkens, 10)

–, –: Deutsch-slawische Wechselseitigkeit, besonders in der Geschichte der Wissenschaft
(Sitzungsber. d. AdW, Jg 81/4/G)

–, – (H): Bernard Bolzano 1781–1848
(s. Bolzano)

–, – (H): Johann Severin Vater
(Quellen u. Studien z. Gesch. Osteuropas, 25)

Wirtschaftliches Wachstum europäischer RGW-Länder
Ziele – Bedingungen – Aufgaben. Von einem Autorenkollektiv unter Leitung v. Peter Sydow
Internationale Reihe „Sozialismus – Erfahrungen, Probleme und Perspektiven"
1981. 240 S., 8 Abb., 39 Tab., gr. 8°, 310 g, >6586< [0335] 753 804 3 (18,—)
(A 28,—)

Wirtschaftsmaßnahmen, Probleme und Methoden zur Einschätzung komplexer ökologischer Wirkung von –
(Sitzungsber. d. AdW, Jg 80/5/G)

Wissenschaft und Frieden
(s. Meißner)

Wissenschaft und Gesellschaft

ISSN 0138-5755

Hrsg. v. Institut für Theorie, Geschichte und Organisation der Wissenschaft der AdW der DDR

20 Günter Kröber / Lothar Läsker / Hubert Laitko (H): Intensivierung der Forschung. Bedingungen – Faktoren – Probleme
1984. 354 S., 3 Abb., 19 Tab., 8°, 450 g, >2162/20< [0105] 753 637 1 (24,—)

21 Lothar Kannengießer / Werner Meske (H): Das Kaderpotential der Wissenschaft im Sozialismus. Prozesse und Probleme der Entwicklung des wissenschaftlichen Kaderpotentials in der DDR, der UdSSR und der ČSSR
1982. 176 S., 47 Tab., 8°, 235 g, >2162/21< [0305] 754 070 9 (12,—)

22 Heinrich Parthey / Klaus Schreiber (H): Interdisziplinarität in der Forschung. Analysen und Fallstudien
1983. 319 S., 15 Abb., 8 Tab., 8°, 400 g, >2162/22< [0105] 754 071 7 (22,—)

23 Günter Kröber/Harry Maier (H): Innovation und Wissenschaft. Ein Beitrag zur Theorie und Praxis der intensiv erweiterten Reproduktion
1985. 328 S., 47 Abb., 49 Tab., 8°, 410 g, >2162/23< [0305] 754 072 5 (22,—)

Wissenschaftliche Abhandlungen der Akademie der Landwirtschaftswissenschaften der DDR

60 Natur, Entwicklung und Wirtschaft einer jungpleistozänen Landschaft, dargestellt am Gebiet des Meßtischblattes Thurow (Kreis Neustrelitz). Teil II: Klimatologische Grundlagen, Vegetation der Ackerflächen
1982. 176 S., 46 Abb., 2 farb. Taf., 7 Falttab., 39 Tab., 43 Karten, gr. 8°, 515 g, >2068/60< [1375] 762 440 0 45,—

Wissenschaftliche Taschenbücher

Reihe Biologie

ISSN 0084-0963

			Best.-Nr.	Preis
	Hans Bergner: Tierernährung 4., bearbeitete Auflage 1984. 161 S., 5 Abb., 12 Tab., kl. 8°, 170 g, ›7045‹	[4414]	763 401 9	12,50
V 2	Richard Campbell: Mikrobielle Ökologie (Übersetzung aus dem Englischen) Lizenzausgabe des Verlages Chemie, Weinheim 1981. 243 S., 55 Abb., 24 Tab., kl. 8°, 240 g, ›7272‹	[1344, 1374]	762 848 7	12,50
V 2	J. G. Collee: Angewandte medizinische Mikrobiologie (Übersetzung aus dem Englischen) Lizenzausgabe des Verlages Chemie, Weinheim 1980. 224 S., 55 Abb., 21 Tab., kl. 8°, 170 g, ›7265‹	[1344]	762 705 4	12,50
	Helmut Friemel / Josef Brock: Grundlagen der Immunologie 5., bearbeitete Auflage 1983. 280 S., 104 Abb., 46 Tab., kl. 8°, 180 g, ›7109‹	[1314]	762 617 4	12,50
	Wolfgang Fritsche: Umwelt-Mikrobiologie. Mikrobiologie des Umweltschutzes und der Umweltgestaltung 1985. 195 S., 70 Abb., 4 Tab., kl. 8°, 210 g, ›7290‹	[1344]	763 212 8	12,50
	Roland Glaser: Grundriß der Biomechanik 1983. 135 S., 65 Abb., 7 Tab., kl. 8°, 140 g, ›7286‹	[1314]	763 154 7	(12,50)
	Detlef Gröger / Siegfried Johne: Mikrobielle Gewinnung von Arzneistoffen. Pharmazeutische Mikrobiologie 1982. 266 S., 51 Abb., dav. 4 auf 4 Taf., 10 Tab., kl. 8°, 210 g, ›7274‹	[1344]	762 874 3	12,50
	Eberhard Hofmann: Die stofflichen Grundlagen des Lebens (Dynamische Biochemie, Teil I) 5., bearbeitete Auflage 1984. 222 S., 54 Abb., 11 Tab., kl. 8°, 230 g, ›7033‹	[1315]	761 353 3	8,—
	–, –: Enzyme und Bioenergetik (Dynamische Biochemie, Teil II) 5., bearbeitete Auflage 1984. 189 S., 47 Abb., 12 Tab., kl. 8°, 220 g, ›7037‹	[1314]	761 396 3	8,—
	–, –: Der Stoffwechsel (Dynamische Biochemie, Teil III) 5., bearbeitete Auflage 1984. 247 S., 85 Abb., 10 Tab., kl. 8°, 350 g, ›7091‹	[1314]	761 397 1	8,—
	–, –: Zellbiochemie (Dynamische Biochemie, Teil IV) 5., bearbeitete Auflage 1986. 279 S., 71 Abb., 6 Tab., kl. 8°, 280 g, ›7110‹	[1314]	761 609 9	8,—
	–, –: Funktionelle Biochemie des Menschen **Band 1:** 3., bearbeitete Auflage 1985. 305 S., 70 Abb., 24 Tab., kl. 8°, 320 g, ›7128‹	[1314]	762 514 7	12,50
	Band 2: 3., bearbeitete Auflage 1985. 358 S., 79 Abb., 14 Tab., kl. 8°, 360 g, ›7129‹	[1314]	762 515 5	12,50
V 4	Klaus-Dieter Jentzsch: Regulation des Wachstums und der Zellvermehrung 1983. 143 S., 38 Abb., 9 Tab., kl. 8°, 160 g, ›7283‹	[2014]	763 079 8	12,50
V 3	Manfred Knoke / Hannelore Bernhardt: Mikroökologie des Menschen. Mikroflora bei Gesunden und Kranken 1985. 135 S., 11 Abb., 14 Tab., kl. 8°, 160 g, ›7220‹	[1334, 1344]	763 417 4	12,50

			Best.-Nr.	Preis
	Wolfgang A. Knorre: Pharmakokinetik. Theoretische Grundlagen und praktische Anwendungen			
V 4	1981. 206 S., 69 Abb., 12 Tab., kl. 8°, 160 g, >7167<	[2064]	762 804 9	12,50
	Gerhard Lerch: Pflanzenökologie 4., berichtigte Auflage Teil I: Das Pflanzenleben in seiner natürlichen Umwelt			
	1985. 205 S., 48 Abb., 13 Tab., kl. 8°, >7262<	[1374]		
	Teil II: Zur Ökologie von Stoffproduktion und Ertragsbildung 1985. 216 S., 68 Abb., 19 Tab., kl. 8°, zus. 300 g, >7263<		762 664 1 zus.	16,—
	Joachim Nitschmann: Entwicklung bei Mensch und Tier (Embryologie) 3., bearbeitete u. erweiterte Auflage			
	1986. 188 S., 58 Abb., 16 Taf., kl. 8°, 235 g, >7111<	[1364]	761 615 2	8,—
	Peter Nuhn / Hans-Jörg Hofmann: Molekulare Wirkungsmechanismen von Pharmaka. Eine Einführung in die Molekularpharmakologie			
	1984. 188 S., 30 Abb., 17 Tab., kl. 8°, 170 g, >7294<	[1314]	763 312 0	16,—
	Rudolf Schubert: Pflanzengeographie 2., bearbeitete Auflage			
	1980. 300 S., 78 Abb., kl. 8°, 230 g, >7035<	[1354]	760 028 1	(12,50)
	Ulrich Sedlag: Biologische Schädlingsbekämpfung 2., bearbeitete Auflage			
	1981. 199 S., 19 Abb., 7 Tab., kl. 8°, 155 g, >7124<	[4274]	762 872 7	(12,50)
	Rainer Sinz: Chronopsychophysiologie. Chronobiologie und Chronomedizin			
	1980. 360 S., 87 Abb., 5 Tab., kl. 8°, 270 g, >7217<	[1394]	762 404 8	(16,—)
	Regine Witkowski / Falko H. Herrmann: Einführung in die klinische Genetik 3., bearbeitete Auflage			
	1982. 281 S., 40 Abb., 5 Tab., kl. 8°, 225 g, >7171<	[1324]	762 079 2	12,50
	Reihe Chemie			
	ISSN 0084-0971			
	Rolf Borsdorf / Manfred Scholz: Spektroskopische Methoden in der organischen Chemie 4., bearbeitete Auflage 1981. 212 S., 62 Abb., 34 Tab., dav. 1 als Falttaf., kl. 8°, 160 g,			
	>7021<	[1274]	760 016 9	(8,—)
	Klaus Budde / Helmut Bulle / Helmut Rückauf: Stöchiometrie chemisch-technologischer Prozesse			
	1981. 147 S., 15 Abb., 2 Tab., kl. 8°, 120 g, >7223<	[1204]	762 457 4	8,—
	Klaus Dittrich: Atomabsorptionsspektrometrie			
	1982. 225 S., 24 Abb., 6 Tab., kl. 8°, 180 g, >7276<	[1214, 1234]	762 949 8	(12,50)
	Peter Hallpap / Dietmar Stadermann: Stereochemie organisch-chemischer Reaktionen			
V 4	1984. 167 S., 117 Schemata, kl. 8°, 170 g, >7293<	[1274]	763 305 9	12,50
	Peter Hellmold: Hochtemperaturreaktionen. Eine Einführung			
	1983. 238 S., 60 Abb., 20 Tab., kl. 8°, 220 g, >7250<	[1214]	762 556 9	16,—

			Best.-Nr.	Preis
	Hans-Werner Kammer / Kurt Schwabe: Einführung in die Thermodynamik irreversibler Prozesse			
V 3	1984. 114 S., 20 Abb., kl. 8°, 120 g, >7295<	[1214]	763 362 2	8,—
	Horst Kehlen / Frank Kuschel / Horst Sackmann: Grundlagen der chemischen Kinetik 3., bearbeitete Auflage			
	1986. 178 S., 361 Abb., 8 Tab., kl. 8°, 195 g, >7148<	[1214]	761 899 1	8,—
	Reinhard Kirmse / Joachim Stach: ESR-Spektroskopie. Anwendungen in der Chemie			
	1985. 188 S., 77 Abb., 24 Tab., kl. 8°, 200 g, >7202<	[1234, 1214]	763 397 2	12,50
	Erich Kleinpeter / Rolf Borsdorf: ^{13}C-NMR-Spektroskopie in der organischen Chemie			
	1981. 175 S., 23 Abb., 58 Tab., kl. 8°, 140 g, >7258<	[1234]	762 527 8	(12,50)
	Hasso Meinert: Fluorchemie. Zur Chemie und Anwendung			
	1980. 215 S., 15 Abb., 21 Tab., kl. 8°, 180 g, >7126<		762 730 2	12,50
	Evgeni E. Nikitin / Lutz Zülicke: Theorie chemischer Elemantarprozesse			
V 4	1985. 236 S., 67 Abb., 10 Tab., kl. 8°, 250 g, >7204<	[1214, 1254]	763 434 2	16,—
	Dieter Onken: Antibiotika. Chemie und Anwendung 2., bearbeitete Auflage			
	1985. 128 S., 62 Abb., 3 Tab., kl. 8°, 145 g, >7205<	[1274, 2064]	762 365 1	8,—
	Reaktive Zwischenstufen in der organischen Chemie			
	1981. 156 S., 17 Abb., 14 Tab., 6 Schemata, kl. 8°, 130 g, >7249<	[1274]	762 555 0	8,—
	Ernst Schmitz: Organische Zwischenprodukte			
	1982. 179 S., 1 Tab., 2 Schemata, kl. 8°, 140 g, >7277<	[1274, 3634]	762 959 4	(8,—)
	Joachim Schuppan: Anwendungen der Konduktometrie			
	1980. 154 S., 70 Abb., 1 Tab., kl. 8°, 140 g, >7261<	[1234]	762 619 0	8,—
	–, –: Theorie und Meßmethoden der Konduktometrie			
	1980. 148 S., 45 Abb., 15 Tab., kl. 8°, 120 g, >7246<	[1234]	762 552 6	8,—
	Kurt Schwabe: pH-Messung			
	1980. 192 S., 51 Abb., 17 Tab., kl. 8°, 200 g, >7247<	[1214, 1234]	762 553 4	(12,50)
	Wolfgang Wagner: Chemische Thermodynamik 4., bearbeitete Auflage			
	1982. 201 S., 18 Abb., kl. 8°, 160 g, >7006<	[1214]	760 043 3	8,—
	Günther Wagner / Hans Kühmstedt: Pharmazeutische Chemie 5., bearbeitete u. erweiterte Auflage			
	1984. 251 S., kl. 8°, 250 g, >7007<	[1274, 2064]	762 490 2	12,50

Reihe Mathematik/Physik

ISSN 0084-098X

	Dietrich Bender / Ernst-Egon Pippig: Einheiten – Maßsysteme – SI 5., bearbeitete Auflage			
	1986. 227 S., 15 Abb., 5 Tab., kl 8°, 170 g, >7097<	[1107]	761 512 5	(12,50)

			Best.-Nr.	Preis
	Jörg Donecker: Experimentelle Technik der Festkörperspektroskopie 1985. 162 S., 58 Abb., kl. 8°, 175 g, >7287<	[1164]	763 391 3	12,50
	Ernst-Joachim Donth: Glasübergang 1981. 202 S., 49 Abb., 6 Tab., kl. 8°, 160 g, >7271<	[1184]	762 836 4	(12,50)
	Christian Edelmann: Druckmessung und Druckerzeugung 1982. 181 S., 87 Abb., 10 Tab., kl. 8°, 140 g, >7281<	[1124]	763 040 5	8,—
	Gottfried Fritzsche: Entwurf aktiver Analogsysteme, Netzwerke III 1980. 223 S., 58 Abb., 28 Taf., kl. 8°, 190 g, >7210<	[3534]	762 370 7	(12,50)
	–, –: Zeitdiskrete und digitale Systeme, Netzwerke IV 1981. 158 S., 22 Abb., 25 Taf., kl. 8°, 100 g, >7268<	[3534]	762 822 5	(8,—)
	Herbert Goering / Hans-Görg Roos / Lutz Tobiska: Finite-Element-Methode. Eine Einführung 1985. 193 S., 51 Abb., 13 Tab., kl. 8°, 200 g, >7285<	[1084]	763 3948	(16,—)
	Nina Hager: Modelle in der Physik. Erkenntnistheoretisch-methodologisch betrachtet 1982. 176 S., kl. 8°, 140 g, >7278<	[0104]	762 978 9	(12,50)
V 4	Claus Hamann / Joachim Heim / Hubert Burghardt: Organische Leiter, Halbleiter und Photoleiter 1980. 195 S., 68 Abb., 18 Tab., kl. 8°, 150 g, >7252<	[1214]	762 571 0	12,50
	Martin Heinrich / Heinz Ulbricht: Mechanik der Kontinua 1981. 164 S., 57 Abb., 1 Tab., kl. 8°, 130 g, >7182<	[1114]	762 7978	8,—
	Eberhard Jäger / Rolf Perthel: Magnetische Eigenschaften von Festkörpern 1983. 139 S., 53 Abb., 9 Tab., kl. 8°, 130 g, >7282<	[1184]	763 046 4	12,50
	Konrad Kreher: Elektronen und Photonen in Halbleitern und Isolatoren 1986. 176 S., 105 Abb., kl. 8°, 190 g, >7291<	[1184]	763 390 5	12,50
V 4	Karl Lanius: Physik der Elementarteilchen 1981. 188 S., 37 Abb., 16 Tab., kl. 8°, 150 g, >7269<	[1174]	762 823 3	12,50
	Artur Lösche: Molekülphysik 1984. 240 S., 138 Abb., 21 Tab., kl. 8°, 240 g, >7066<	[1174]	763 263 8	16,—
	Dieter Michel: Grundlagen und Methoden der Kernmagnetischen Resonanz 1981. 271 S., 64 Abb., 14 Tab., kl. 8°, 210 g, >7266<	[1174]	762 766 0	12,50
V 4	Gernot Neugebauer: Relativistische Thermodynamik 1980. 240 S., 16 Abb., kl. 8°, 200 g, >7142<	[1114]	762 775 9	12,50
	Hans Neumann / Klaus Schäfer: Elektrische und elektronische Meßtechnik 2., unveränderte Auflage 1984. 193 S., 98 Abb., 4 Tab., kl. 8°, 150 g, >7280<	[1154]	763 007 7	12,50
	–, – / Kurt Stecker unter Mitwirkung v. Raimund Horch: Temperaturmessung 1983. 162 S., 62 Abb., 13 Tab., kl. 8°, 150 g, >7288<	[1144]	763 170 7	(12,50)

		Best.-Nr.	Preis
Volker Nollau: Semi-Markovsche Prozesse			
V 4 1980. 160 S., 10 Abb., kl. 8°, 100 g, >7260<	[1074]	762 613 1	8,—
Peter Paufler: Phasendiagramme			
V 4 1981. 177 S., 75 Abb., 18 Tab., kl. 8°, 150 g, >7267<	[1184]	762 234 1	8,—
Robert Rompe / Hans-Jürgen Treder: Grundfragen der Physik. Geschichte, Gegenwart und Zukunft der physikalischen Grundlagenforschung			
1980. 102 S., kl. 8°, 90 g, >7216<	[1104]	762 798 6	(8,—)
—, — / —, —: Über die Einheit der exakten Wissenschaften			
1982. 110 S., kl. 8°, 90 g, >7279<	[1104]	762 984 2	8,—
—, — / —, —: Zählen und Messen			
1985. 84 S., kl. 8°, 80 g, >7230<	[1104]	763 410 7	(8,—)
Werner Schoenborn / Klaus Fritzsch / Gerd Stanke: Lernverfahren für technische Systeme			
1983. 143 S., 63 Abb., 5 Tab., kl. 8°, 150 g, >7138<	[1084]	763 129 9	12,50
Volkmar Schuricht: Fusionsreaktoren und Umwelt			
1980. 179 S., 39 Abb., 36 Tab., kl. 8°, 150 g, >7134<	[3274]	762 768 7	(8,—)
Werner Stolz: Messung ionisierender Strahlung. Grundlagen und Methoden			
V 3 1985. 157 S., 53 Abb., 17 Tab., kl. 8°, 160 g, >7297<	[1174]	763 384 1	12,50
—, — / Reinhold Bernhardt: Dosimetrie ionisierender Strahlung			
1981. 153 S., 32 Abb., 12 Tab., kl. 8°, 120 g, >7273<	[1174]	762 866 3	8,—
Dietrich Stoyan / Joseph Mecke: Stochastische Geometrie. Eine Einführung			
1983. 132 S., 12 Abb., 4 Tab., kl. 8°, 140 g, >7275<	[1074]	763 137 9	(12,50)

Reihe Texte und Studien

ISSN 0138-127X

Wolfgang Blei: Erkenntniswege zur Erd- und Lebensgeschichte. Ein Abriß			
1981. 433 S., kl. 8°, 380 g, >7219<	[1405]	762 409 9	25,—
Horst-Heino v. Borzeszkowski / Renate Wahsner: Newton und Voltaire. Zur Begründung und Interpretation der klassischen Mechanik			
1980. 292 S., 5 Abb., kl. 8°, 250 g, >7123<	[1104]	762 715 0	(16,—)
I. T. Frolow / S. A. Pastušny: Der Mendelismus und die philosophischen Probleme der modernen Genetik (Autorisierte Übersetzung aus dem Russischen; in dt. Spr. hrsg. v. Rolf Löther)			
1981. 340 S., 3 Abb., kl. 8°, 260 g, >7228<	[1324]	761 968 7	12,50
Harry Paul: Photonen. Experimente und ihre Deutung			
V 4 1985. 187 S., 19 Abb., 1 Tab., kl. 8°, 220 g, >7298<	[1164]	763 386 8	16,—
Robert Rompe / Hans-Jürgen Treder(H): Zur Grundlegung der theoretischen Physik Beiträge v. Hermann von Helmholtz u. Heinrich Hertz			
1984. 139 S., 6 Abb., kl. 8°, 150 g, >7284<	[1104]	763 089 4	12,50

			Best.-Nr.	Preis
	Shoichi Sakata / Mituo Taketani: Philosophische und methodologische Probleme der Physik (Übersetzung aus dem Englischen; in dt. Spr. hrsg. v. Dieter Müller u. Roland Reif) 1982. 204 S., 1 Tab., kl. 8°, 160 g, ›7221‹	[0154]	762 424 0	(12,50)
V 1	George L. Trigg: Experimente der modernen Physik. Schritte zur Quantenphysik (Übersetzung aus dem Englischen; hrsg. v. Hans-Rainer Kissener u. Ludwig Münchow) 1984. XII, 128 S., 40 Abb., 3 Tab., kl. 8°, 170 g, ›7292‹	[1104]	763 284 9	12,50
	Gerhard Wunsch: Geschichte der Systemtheorie. Dynamische Systeme und Prozesse 1985. 205 S., 68 Abb., 1 Tab., kl. 8°, 210 g, ›7296‹	[1074]	763 371 0	(16,—)
	Wissenschaftliches Denken, Geschichte des – – im Altertum (Veröffentl. d. Zentralinst. f. Alte Geschichte u. Archäologie, 13)			
	Wissenschaftlichkeit – Objektivität – Parteilichkeit (Schriften z. Philosophie u. ihrer Geschichte, 29)			
	Witkowski, Regine: Einführung in die klinische Genetik (WTB, Reihe Biologie)			
V 3	–, – / Otto Prokop: Genetik erblicher Syndrome und Mißbildungen. Wörterbuch für die Familienberatung, Teil I und II 3., bearbeitete u. erweiterte Auflage 1983. 1502 S., 5 Abb., 20 Tab., 8°, 950 g, Leinen ›5967‹	[2057]	762 971 1	95,—
	Witte, Helmut: Kristallstruktur und chemische Bindung (s. Weiss)			
	Wobus, Ulrich: Springende DNA-Elemente in Eukaryoten (Sitzungsber. d. AdW, Jg 85/14/N)			
	–, – (H): Isolierung, Fraktionierung und Hybridisierung von Nukleinsäuren (Moderne Biowissenschaften, 12)			
	Wörterbuch der ägyptischen Sprache Im Auftrage der Deutschen Akademien hrsg. v. Adolf Erman u. Hermann Grapow (VII Bände und V Belegstellenbände) **Bd VII:** Rückläufiges Wörterverzeichnis; bearbeitet v. W. F. Reinecke 4. Auflage 1982. LIV, 4774 S., 4°, 14300 g, ›3002/kompl.‹	[0815]	751 969 4	1080,— A 1280,—
	Wörterbuch der deutschen Gegenwartssprache Hrsg. v. Ruth Klappenbach u. Wolfgang Steinitz	[0817]		
	Band I: A – deutsch 10., bearbeitete Auflage 1980. 838 S., gr. 8°, 1580 g, Leinen ›3035/1 – 10‹		750 925 0	(48,—)
	Band II: Deutsch – Glauben 7. Auflage 1981. 800 S., gr. 8°, 1430 g, Leinen ›3035/11 – 20‹		750 968 0	48,—
	Band III: glauben – Lyzeum 6. Auflage 1984. IV, 812 S., gr. 8°, 1430 g, Leinen ›3035/21 – 30‹		751 702 3	48,—

	Best.-Nr.	Preis
Band IV: M – Schinken 5. Auflage 1985. X, 800 S., gr. 8°, 1460 g, Leinen >3035/31 –40<	752 410 0	**48,—**
Band V: Schinken – Vater 4. Auflage 1980. 800 S., gr. 8°, 1450 g, Leinen >3035/41 –50<	752 947 0	**48,—**
Band VI: väterlich – Zytologie 4. Auflage 1985. 574 S., gr. 8°, 1125 g, Leinen >3035/51 –57<	753 145 8	**36,—**

Wolf, Friedrich. Zur Sorption an Tetracalciumaluminathydroxysalzen
(Sitzungsber. d. SAW, math.-nat. Kl., Bd 113/7)

–, –: Untersuchungen zur Synthese und Anwendung bipolarer Ionenaustauscherharze
(Sitzungsber. d. SAW, math.-nat. Kl., Bd 114/5)

–, –: Der Sirotherm-Prozeß
(Sitzungsber. d. SAW, math.-nat. Kl., Bd 118/6)

–, –: Zur Synthese und Anwendung von Molekularsieben
(Sitzungsber. d. AdW, Jg 81/16/N)

Wolf, Friedrich August: Darstellung der Altertumswissenschaft nach Begriff, Umfang, Zweck und Wert
(Dokumente d. Wissenschaftsgesch., 4)

Wolf, Gottfried (H): Parcella' 84
(Mathematische Forschung, 25)

Wolkenstein, Zwischen – Marienberg und Jöhstadt
(Werte unserer Heimat, 41)

Wollenberg, Manfred: Mathematical Scattering Theory
(Math. Lehrbücher u. Monographien, II. Abt./59)

Wollenberger, Albert: Die nervale und hormonelle Regulation des Herzens
(Sitzungsber. d. AdW, Jg 81/18/N)

Wollgast, Siegfried: Zur Philosophie in Deutschland von der Reformation bis zur Aufklärung
(Sitzungsber. d. SAW, phil.-hist. Kl., Bd 122/6)

–, –: Die Stellung des Gelehrten in Deutschland im 17. Jahrhundert
(Sitzungsber. d. SAW, phil.-hist. Kl., Bd 125/2)

–, –: Philosophie in Deutschland zwischen Reformation und Aufklärung 1550 – 1650
1987. >6226< [0115] 752 650 1

–, – (H): Technikphilosophie in Vergangenheit und Gegenwart
(s. Kovács)

Wolter, Heinz: Bismarcks Außenpolitik
(Schriften d. Zentralinst. f. Geschichte, 71)

Worch, Hartmut: Einheitliche modelltheoretische Betrachtungen von Vorgängen bei der Metallkorrosion
(Sitzungsber. d. AdW, Jg 82/24/N)

Woschni, Eugen-Georg: Funktionaltransformationen der Informationstechnik
(s. Posthoff)

Best.-Nr. Preis

Wossidlo, Richard / Hermann Teuchert: Mecklenburgisches Wörterbuch
(s. dort)

Wüstenhagen, Heinz: Krisenbewußtsein und Kunstanspruch. Roman und Essay in den USA seit 1945
1981. 222 S., 8°, 390 g, >6588< [8051] 753 836 9 19,50
A 28,—

Wunsch, Gerhard: Geschichte der Systemtheorie
(WTB, Reihe Texte u. Studien)
–, – (H): Handbuch der Systemtheorie
(Informatik – Kybernetik – Rechentechnik, 9)

Wurzel, Wolfgang Ullrich: Flexionsmorphologie und Natürlichkeit
(studia grammatica, 21)

Wygodski, M. J.: Elementarmathematik griffbereit
(Übersetzung aus dem Russischen; in dt. Spr. hrsg. v. Ferdinand Cap)
3. Auflage
1982. 335 S., 275 Abb., 15 Tab., 8°, 340 g, Lederin >5928< [1017] 761 580 3 (12,50)
–, –: Höhere Mathematik griffbereit
(Übersetzung aus dem Russischen; in dt. Spr. hrsg. v. Ferdinand Cap)
4. Auflage
1982. 832 S., 486 Abb., 15 Tab., 8°, 840 g, Lederin >5929< [1037] 761 581 1 (24,80)

Wysotzki, Fritz: Lernfähige Klassifizierungssysteme
(Informatik – Kybernetik – Rechentechnik, 2)

Zahn, Lola: Utopischer Sozialismus und Ökonomiekritik. Eine ökonomiegeschichtliche Untersuchung zu den theoretischen Quellen des Marxismus
1984. 236 S., 8°, 310 g, >6487< [0305] 753 471 2 (18,—)

Zeisler, Kurt (H): Dokumente der Wissenschaftsgeschichte
(s. dort)

Zeitlin, G. J.: Algebra, Sprachen, Programmierung
(s. Gluschkow)

Zelený, Jindřich: Dialektik der Rationalität. Zur Entwicklung des Rationalitätstypus der materialistischen Dialektik
V 4 1986. 178 S., 8°, 160 g, >6887< [0145] 754 468 9 15,—
A 19,50

Zentralinstitut für Physik der Erde [1437]
Seismologischer Dienst Jena
Reihe B: Seismologische Bulletins
Johannes Stelzner / Dorothea Güth / Joachim Weyrauch: Seismological Bulletin Station Moxa (MOX)
1975: 1981. 317 S., 1 Abb., gr. 8°, 510 g, >2004/B/1975< 762 885 8 42,—
1976: 1981. 354 S., 1 Abb., gr. 8°, 590 g, >2004/B/1976< 763 045 6 45,—
1977: 1982. 343 S., 3 Abb., gr. 8°, 490 g, >2004/B/1977< 763 108 8 48,—
Reihe erscheint nicht weiter

Zeolithen, Adsorption an –
(Sitzungsber. d. AdW, Jg 81/1/N)

Best.-Nr. Preis

Zeolithen, Theorie der Adsorption an –
(Sitzungsber. d. AdW, Jg 82/17/N)

Ziegenbein, Renate: Tumor-Marker
(Fortschritte d. Onkologie, 8)

Ziegengeist, Gerhard (H): Slawische Kulturen in der Geschichte der europäischen Kulturen vom 18. bis zum 20. Jahrhundert. Internationaler Studienband
1982. 598 S., gr. 8°, 1010 g, Halbleinen ›6661‹ [8096] 754 023 1 (75,—)

Ziegler, Konrat (H): Cicero – Staatstheoretische Schriften
(Schriften u. Quellen d. Alten Welt, 31)

Zieliński, Ryszard: Stochastische Verfahren zur Suche nach dem Minimum einer Funktion
(Mathematische Forschung, 16)

Zieme, Peter: Buddhistische Stabreimdichtungen der Uiguren
(Berliner Turfantexte, XIII)

Ziesche, Paul: Elektronische Eigenschaften von Metallen
(s. Lehmann)

–, – (H): Ergebnisse in der Elektronentheorie der Metalle
(s. dort)

Zimm, Alfred: Zur strukturellen und funktionellen Dynamik in den typologischen Subräumen des Wirtschafts- und Lebensgebietes der Hauptstadt der DDR, Berlin
(Sitzungsber. d. AdW, Jg 82/9/N)

–, –: Territoriale Strategien im realen Sozialismus
(Sitzungsber. d. AdW, Jg 85/9/N)

Zimmermann, Gerhard: Zerfall und Bildung cyclischer Kohlenwasserstoffe
(Sitzungsber. d. AdW, Jg 84/5/N)

Zimmermann, Konrad / I. I. Saverkina (H): Römische Sarkophage
Band I: Römische Sarkophage in der Ermitage
(Übersetzung aus dem Russischen; wiss. Redaktion: Konrad Zimmermann)
1982. 65 S., 122 Abb. auf 64 Taf., 4°, 1205 g, Halbleinenmappe ›5957/I‹ [8108] 752 087 1 98,—

Zimmermann, Peter: Auf der Suche nach Indien und Südostasien. Englische Belletristik im Zeitalter des Kolonialimperialismus
1981. 258 S., 9 Abb. auf 8 Taf., 8°, 440 g, ›6473‹ [8051] 753 453 6 (18,—) (A 28,—)

Zirlin, A. M.: Dynamische Grundoperationen der Verfahrenstechnik
(Grundlagen d. Verfahrenstechnik u. chem. Technologie, 13)

Zivilgesetzbuch, Erfahrungen bei der Anwendung des – in der Praxis
(Abhandlg. d. AdW, Jg 85/2/W)

Zouhar, Gustav: Technologien zur gezielten Erzeugung von Werkstoffstrukturen durch Kombination mechanischer und thermischer Behandlung
(Sitzungsber. d. AdW, Jg 80/10/N)

Best.-Nr. Preis

Zülicke, Lutz: Theorie chemischer Elementarprozesse
(WTB, Reihe Chemie)

Žukov, V. N.: Bürgerliche und kleinbürgerliche ökonomische Theorien über den Sozialismus
(Schriften d. Zentralinst. f. Wirtschaftswiss., 17)

Zumpe, Günter: Angewandte Mechanik

Bd 1: Bildung und Beschreibung von Modellen
2., erweiterte Auflage
1983. 180 S., 52 Abb., 42 Taf., gr. 8°, 450 g, Leinen
>5557/1< [1124, 3784] 763 235 5 (24,—)

Bd 2: Beschreibung und Zuordnung von Vektormengen
2., erweiterte Auflage
1984. XIV, 272 S., 80 Abb., 65 Taf., gr. 8°, 640 g, Leinen
>5557/2< [1124, 3784] 763 228 3 36,—

Bd 3: Umformung und Verknüpfung von Vektormengen
1987. >5557/3< 761 926 5

Zumpe, Lotte: Wirtschaft und Staat in Deutschland
(s. Nussbaum)

Zur Kritik der bürgerlichen Ideologie [0165]

ISSN 0138-3612

Hrsg. v. Manfred Buhr

98 Autorenkollektiv: „Demokratischer Sozialismus" – Ideologie des Sozialreformismus
1980. 180 S., 8°, 170 g, >2149/98< 753 770 2 (7,50)

99 Walter Schmidt: Nation und deutsche Geschichte in der bürgerlichen Ideologie der BRD
1980. 106 S., 8°, 150 g, >2149/99< 753 868 4 (4,80)

100 Manfred Buhr / Robert Steigerwald: Verzicht auf Fortschritt, Geschichte, Erkenntnis und Wahrheit.
Zu den Grundtendenzen der gegenwärtigen bürgerlichen Philosophie
1981. 130 S., 8°, 180 g, >2149/100< 753 869 2 (6,—)

101 Horst Holzer: Soziologie in der BRD. Theorienchaos und Ideologieproduktion
1982. 128 S., 8°, 140 g, >2149/101< 754 064 5 (6,—)

102 Wolf-Dieter Gudopp: Der junge Heidegger. Realität und Wahrheit in der Vorgeschichte von „Sein" und „Zeit"
1983. 236 S., 8°, 230 g, >2149/102< 754 065 3 (10,—)

103 Claus Träger: Geschichte und Romantik
1983. 100 S., 8°, 110 g, >2149/103< 754 203 4 (5,—)

104 Wolf-Dieter Hartmann / Walter Stock: Internationaler Technologieaustausch -- Kooperation oder Konfrontation? Mythos und Realität US-amerikanischer Konzeptionen des Technologietransfers in den Ost-West-Wirtschaftsbeziehungen
1984. 148 S., 10 Tab., 8°, 160 g, >2149/104< 754 367 8 (8,—)

105 W. W. Mschwenieradse: Spätbürgerliches politisches Denken und Politologie. Ein kritischer Abriß
V 4 1985. 197 S., 8°, 210 g, >2149/105< 754 377 4 10,—

		Best.-Nr.	Preis
106	Horst Holzer: Theorieprogramme und Kapitalismus. Zur Geschichte der bürgerlichen Soziologie		
V 4	1985. 171 S., 8°, 180 g, >2149/106<	754 379 0	8,—

Zustandsschätzung und adaptive Regelung mit mikroelektronischen Mitteln
(s. Schmelovsky)

Zwahr, Helmut (H): Die Konstituierung der deutschen Arbeiterklasse von den 30er bis zu den 70er Jahren des 19. Jahrhunderts
(Studienbibliothek DDR-Geschichtswissenschaft, 1)

Zwickauer Mulde, Zwischen – – und Geyerschem Wald
(Werte unserer Heimat, 31)

ZEITSCHRIFTEN

Acta Biotechnologica
Journal of microbial, biochemical and bioanalogous technology
Bestell-Nr. 1094 ISSN 0138-4988

Acta hydrochimica et hydrobiologica
Naturwissenschaftliche Grundlagen des Gewässerschutzes und der Wasserbehandlung / Scientific Fundamentals of Water Quality and Treatment
Bestell-Nr. 1090 ISSN 0323-4320

Acta Polymerica
Eine internationale Zeitschrift für Polymerforschung (vormals Faserforschung und Textiltechnik)
Bestell-Nr. 1014 ISSN 0323-7648

agroselekt
(vormals Landwirtschaftliches Zentralblatt der Akademie der Landwirtschaftswissenschaften der DDR)
Reihe I: agroselekt/landtechnik
Bestell-Nr. 1030/I ISSN 0233-2655

Reihe II: agroselekt/pflanzenproduktion
Bestell-Nr. 1030/II ISSN 0233-2701

Reihe III: agroselekt/tierproduktion
Bestell-Nr. 1030/III ISSN 0233-2752

Reihe IV: agroselekt/veterinärmedizin
Bestell-Nr. 1030/IV ISSN 0233-2809

Das Altertum
Bestell-Nr. 1036 ISSN 0002-6646

Altorientalische Forschungen
Bestell-Nr. 1098 ISSN 0232-8461

Archiv für Acker- und Pflanzenbau und Bodenkunde
Archives of Agronomy and Soil Sciences
Bestell-Nr. 1051 ISSN 0365-0340

Archiv für Gartenbau
Bestell-Nr. 1039 ISSN 0003-908X

Archiv für Naturschutz und Landschaftsforschung
Bestell-Nr. 1066 ISSN 0003-9306

Archiv für Phytopathology und Pflanzenschutz
Archives of Phytopathology and Plant Protection
Bestell-Nr. 1081 ISSN 0323-5408

Archiv für Tierernährung
Archives of Animal Nutrition
Bestell-Nr. 1010 ISSN 0003-942X

Archiv für Tierzucht
Archives of Animal Breeding
Bestell-Nr. 1058 ISSN 0003-9438

Archiv für Züchtungsforschung
Archives of Cultivation Research
Bestell-Nr. 1083 ISSN 0365-8406

asien, afrika, lateinamerika
Bestell-Nr. 1025 ISSN 0323-3790

Astronomische Nachrichten
A Journal on all Fields of Astronomy
Bestell-Nr. 1005 ISSN 0004-6337

Ausgrabungen und Funde
Archäologische Berichte und Informationen
Bestell-Nr. 1038 ISSN 0004-8127

Beiträge für die Forstwirtschaft
Überleitungsorgan wissenschaftlicher Ergebnisse in die Praxis
Bestell-Nr. 1088 ISSN 0323-4673

Beiträge zur Entomologie
Contributions to Entomology
Bestell-Nr. 1017 ISSN 0005-805X

bibliographia geodaetica
International Geodetic Documentation
Bestell-Nr. 1073 ISSN 0006-1239

Biomedica Biochimica Acta
(vormals Acta biologica et medica germanica)
Bestell-Nr. 1053 ISSN 0232-766X

Biometrical Journal*
Journal of Mathematical Methods in Biosciences
Zeitschrift für mathematische Methoden in den Biowissenschaften
(vormals Biometrische Zeitschrift)
Bestell-Nr. 1060 ISSN 0323-3847

Contributions to Plasma Physics
Beiträge aus der Plasmaphysik
Bestell-Nr. 1064 ISSN 0005-8025

Crystal Research and Technology*
Journal of Experimental and Industrial Crystallography
Zeitschrift für experimentelle und technische Kristallographie
(vormals Kristall und Technik)
Bestell-Nr. 1082 ISSN 0232-1300

Demos
Internationale ethnographische und folkloristische Informationen
Bestell-Nr. 1062 ISSN 0011-832X

Deutsche Entomologische Zeitschrift
Bestell-Nr. 1032 ISSN 0012-0073

Deutsche Literaturzeitung
für Kritik der internationalen Wissenschaft
Bestell-Nr. 1003 ISSN 0012-043X

Elektronische Informationsverarbeitung und Kybernetik
Journal of Information Processing and Cybernetics
Bestell-Nr. 1076 ISSN 0013-5712

Ernährungsforschung
Wissenschaft und Praxis
Bestell-Nr. 1091 ISSN 0071-1179

Feddes Repertorium
Zeitschrift für botanische Taxonomie und Geobotanik
Bestell-Nr. 1021 ISSN 0014-8962

Fortschritte der Physik
Progress of Physics
Bestell-Nr. 1027 ISSN 0015-8208

Gleditschia
Bestell-Nr. 1099 ISSN 0323-6862

Internationale Revue der gesamten Hydrobiologie
A journal covering all Aspects of Limnology and Marine Biology
Bestell-Nr. 1071 ISSN 0020-9309

Isotopenpraxis
Bestell-Nr. 1079 ISSN 0021-1915

Journal für Hirnforschung
International Journal of Brain Research and Neurobiology
Bestell-Nr. 1018 ISSN 0021-8359

Journal of Basic Microbiology
(vormals Zeitschrift für Allgemeine Mikrobiologie)
An international Journal on Morphology, Physiology, Genetics, and Ecology of Microorganisms
Bestell-Nr. 1070 ISSN 0233-111X

Journal of Information Recording Materials
Journal für Signalaufzeichnungsmaterialien
Bestell-Nr. 1089 ISSN 0323-598X

Kernenergie
Zeitschrift für Kernforschung und Kerntechnik
Bestell-Nr. 1078 ISSN 0023-0642

Klio
Beiträge zur Alten Geschichte
Bestell-Nr. 1046 ISSN 0075-6334

Mathematische Nachrichten
Bestell-Nr. 1019 ISSN 0025-584X

Mitteilungen aus dem Zoologischen Museum in Berlin
(einschließlich Supplementheft „Annalen für Ornithologie)
Bestell-Nr. 1029 ISSN 0373-8493
Bestell-Nr. 1029/S ISSN 0232-5519

Die Nahrung
Food
Chemistry, Biochemistry, Microbiology, Technology, Nutrition
Bestell-Nr. 1054 ISSN 0027-769X

optimization
A journal of mathematical programming and operations research
(vormals Mathematische Operationsforschung und Statistik, series optimization)
Bestell-Nr. 1093 ISSN 0233-1934

Orientalistische Literaturzeitung
Zeitschrift für die Wissenschaft vom ganzen Orient und seinen Beziehungen zu den angrenzenden Kulturkreisen
Bestell-Nr. 1024 ISSN 0030-5383

Pädiatrie und Grenzgebiete
Pediatrics and Related Topics
A Journal covering all Aspects of Pediatrics and Childrens Care
Bestell-Nr. 1072 ISSN 0030-932X

Philologus
Zeitschrift für klassische Philologie
Bestell-Nr. 1031 ISSN 0031-7985

physica status solidi(a) *
applied research
Bestell-Nr. 1085 ISSN 0031-8965

physica status solidi(b) *
basic research
Bestell-Nr. 1068 ISSN 0370-1972

statistics
A journal of theoretical and applied statistics
(vormals Mathematische Operationsforschung und Statistik, series statistics)
Bestell-Nr. 1092 ISSN 0323-3944

studia biophysica
International Journal for Selected Fields of Biophysics
Bestell-Nr. 1086 ISSN 0081-6337

Systems Analysis-Modelling Simulation
Journal of Mathematical Modelling and Simulation in Systems Analysis
Bestell-Nr. 1097 ISSN 0232-9298

Wissenschaft und Fortschritt
Populärwissenschaftliche Monatszeitschrift für Naturwissenschaften und Mathematik
Bestell-Nr. 1087 ISSN 0510-6966

Zeitschrift für Ägyptische Sprache und Altertumskunde
Bestell-Nr. 1028 ISSN 0044-216X

Zeitschrift für angewandte Geologie
Bestell-Nr. 1047 ISSN 0044-2259

Zeitschrift für Angewandte Mathematik und Mechanik ZAMM
Applied Mathematics and Mechanics
Bestell-Nr. 1009 ISSN 0044-2267

Zeitschrift für Geologische Wissenschaften
Bestell-Nr. 1022 ISSN 0303-4534

Zeitschrift für Meteorologie
Bestell-Nr. 1013 ISSN 0084-5361

Zeitschrift für Phonetik, Sprachwissenschaft und Kommunikationsforschung
Bestell-Nr. 1006 ISSN 0044-331X

Zeitschrift für Slawistik
Bestell-Nr. 1044 ISSN 0044-3506

Interessenten im Ausland erfahren den Bezugspreis in ihrer Landeswährung durch ihren Buch- bzw. Zeitschriftenhändler.
Die gültigen Preise für die Bezieher in der DDR bitten wir der Postzeitungsliste (PZL) zu entnehmen.

BEZUGSMÖGLICHKEITEN

Länder des nichtsozialistischen Wirtschaftsgebietes (außer Japan):

KUNST UND WISSEN, Erich Bieber GmbH
CH-8002 Zürich
General Wille-Str. 4

BRD und Berlin(West):

KUNST UND WISSEN, Erich Bieber OHG
D-7000 Stuttgart 1
Wilhelmstr. 4

Für die mit einem * versehenen Zeitschriften erfolgt die Auslieferung für die USA und Kanada durch
VCH Publishers, Inc.
303 N.W. 12th Avenue
Florida 33 442-1705
USA

Für alle übrigen Länder erfolgt die Auslieferung durch das Zeitungsvertriebsamt der Deutschen Post, Abt. Export

Straße der Pariser Kommune 3/4
Berlin-DDR, 1012

VERZEICHNIS DER SCHRIFTENREIHEN

2001 Abhandlungen der Akademie der Wissenschaften der DDR
Abhandlungen der Sächsischen Akademie der Wissenschaften zu Leipzig,
2025 – mathematisch-naturwissenschaftliche Klasse
2024 – philologisch-historische Klasse
2023 Abhandlungen des Meteorologischen Dienstes der Deutschen Demokratischen Republik
2108 Abhandlungen und Berichte des Staatlichen Museums für Völkerkunde Dresden
2050 Acta Hydrophysica
2171 Altorientalische Forschungen (innerhalb der „Schriften zur Geschichte und Kultur des Alten Orients")
2181 Antifaschistische Literatur in der Bewährung
2127 Archivalische Forschungen zur Geschichte der deutschen Arbeiterbewegung
2054 Bausteine zur Sprachgeschichte des Neuhochdeutschen
2137 Beiträge zur Alexander-von-Humboldt-Forschung
2180 Beiträge zur Demographie
2167 Beiträge zur Forschungstechnologie
2154 Beiträge zur Geographie
2124 Beiträge zur Geschichte des religiösen und wissenschaftlichen Denkens
2179 Beiträge zur Kritik der bürgerlichen Ideologie und des Revisionismus
2105 Beiträge zur Meereskunde
2065 Berliner Byzantinistische Arbeiten
2172 Berliner Turfantexte (innerhalb der „Schriften zur Geschichte und Kultur des Alten Orients")
2114 Bestimmungsbücher zur Bodenfauna Europas
2188 Charité-Annalen
2028 Corpus Medicorum Graecorum
2118 Corpus Medicorum Latinorum
2157 Corpus Vitrearum Medii Aevi
2139 Deutsche Bibliothek
2012 Deutsche Texte des Mittelalters
2100 Deutsch-Slawische Forschungen zur Namenkunde und Siedlungsgeschichte
2187 Dokumente der Wissenschaftsgeschichte
2136 Erkrankungen der Zootiere
2090 Forschungen zur mittelalterlichen Geschichte
2140 Forschungen zur Wirtschaftsgeschichte
2163 Forschungsberichte des Zentralinstituts für Wirtschaftswissenschaften der AdW der DDR
2165 Fortschritte der Onkologie
2018 Geophysik und Geologie
2031 Die Griechischen Christlichen Schriftsteller der ersten Jahrhunderte
2144 Grundlagen der Verfahrenstechnik und chemischen Technologie
2169 Internationale Reihe des Zentralinstituts für Geschichte der AdW der DDR
1002 Jahrbuch der Akademie der Wissenschaften der DDR
1011 Jahrbuch der Sächsischen Akademie der Wissenschaften zu Leipzig
2085 Jahrbuch des Museums für Völkerkunde zu Leipzig
2081 Jahrbuch „Forschungen und Berichte der Staatlichen Museen zu Berlin"
2130 Jahrbuch für Geschichte
3066 Jahrbuch für Geschichte des Feudalismus
2183 Jahrbuch für Soziologie und Sozialpolitik
2166 Jahrbuch für Volkskunde und Kulturgeschichte
2103 Jahrbuch für Wirtschaftsgeschichte
2060 Jahresberichte für deutsche Geschichte
2046 Keilschrifturkunden aus Boghazköi

2052 Die Kulturpflanze
2111 Limnologica
2150 Literatur und Gesellschaft
2182 Mathematical Research – Mathematische Forschung
2155 Meroitica
2148 Moderne Biowissenschaften
2093 Ökonomiehistorische Texte (vormals Ökonomische Studientexte)
4000 Philosophiehistorische Texte (vormals Philosophische Studientexte)
2164 Quartärpaläontologie
2087 Quellen und Studien zur Geschichte Osteuropas
7500 Sammlung Akademie-Verlag
2083 Schriften des Zentralinstituts für Geschichte der AdW der DDR
2158 Schriften des Zentralinstituts für Wirtschaftswissenschaften der AdW der DDR
2066 Schriften und Quellen der Alten Welt
2143 Schriften zur Geschichte und Kultur der Antike
2146 Schriften zur Geschichte und Kultur des Alten Orients
2178 Schriften zur Philosophie und ihrer Geschichte
2102 Schriften zur Phonetik, Sprachwissenschaft und Kommunikationsforschung
2044 Schriften zur Ur- und Frühgeschichte
2170 Schriftenreihe für Geologische Wissenschaften
2010 Sitzungsberichte der Akademie der Wissenschaften der DDR
Sitzungsberichte der Sächsischen Akademie der Wissenschaften zu Leipzig,
2026 – philologisch-historische Klasse
2027 – mathematisch-naturwissenschaftliche Klasse
2161 Sprache und Gesellschaft
2173 Staats- und rechtstheoretische Studien
2115 studia grammatica
2152 Studien über Asien, Afrika und Lateinamerika
2168 Studien zur Geschichte der Akademie der Wissenschaften der DDR
2185 Studienbibliothek DDR-Geschichtswissenschaft,
Forschungswege – Bilanz – Aufgaben
2151 Taschenbuch Geschichte
2119 Textausgaben zur frühen sozialistischen Literatur in Deutschland
2030 Texte und Untersuchungen zur Geschichte der altchristlichen Literatur
2064 Urkunden des ägyptischen Altertums
2156 Veröffentlichungen des Forschungsbereichs Geo- und Kosmoswissenschaften der AdW der DDR
2022 Veröffentlichungen des Meteorologischen Dienstes der Deutschen Demokratischen Republik
2085 Veröffentlichungen des Museums für Völkerkunde zu Leipzig
2153 Veröffentlichungen des Zentralinstituts für Alte Geschichte und Archäologie der AdW der DDR
2034 Veröffentlichungen zur Volkskunde und Kulturgeschichte
2121 Volksmärchen
2142 Vorderasiatische Schriftdenkmäler der Staatlichen Museen zu Berlin
2084 Werte unserer Heimat
2162 Wissenschaft und Gesellschaft
2068 Wissenschaftliche Abhandlungen der Akademie der Landwirtschaftswissenschaften der DDR
7000 Wissenschaftliche Taschenbücher
Reihe Biologie
Reihe Chemie
Reihe Mathematik/Physik
Reihe Texte und Studien
2004 Zentralinstitut für Physik der Erde/Seismologischer Dienst Jena
2149 Zur Kritik der bürgerlichen Ideologie

Berichtigter Nachdruck
Erschienen im Akademie-Verlag Berlin
Leipziger Straße 3 – 4
Berlin-DDR, 1086
Fernruf 22360; Telex 114420 averl dd
Postfach 1233
Redaktionsschluß: 30. 8. 1985
Satz und Druck: VEB Druckerei „Thomas Müntzer"
Bad Langensalza-DDR, 5820
Printed in GDR. Druckgenehmigung Ag 451/59/87

Bezugsmöglichkeiten

Unsere Veröffentlichungen sind über die Buchhandlungen des In- und Auslandes erhältlich

Bitte wenden Sie sich

im sozialistischen Ausland
an die Buchhandlungen für fremdsprachige Literatur
bzw. an den zuständigen Postzeitungsvertrieb

in der BRD und Berlin(West)
an Kunst und Wissen, Erich Bieber, OHG
Wilhelmstraße 4, D-7000 Stuttgart 1

bei Wohnsitz im übrigen Ausland
an eine internationale Buchhandlung oder an den
BUCHEXPORT, Volkseigener Außenhandelsbetrieb der DDR
Leninstraße 16, DDR-7010 Leipzig

Für Endbezieher in den Ländern des Rates für Gegenseitige Wirtschaftshilfe sind die Ladenpreise in der Währung des jeweiligen Landes bei den internationalen Buchhandlungen zu erfragen.
Für die anderen Länder verstehen sich die angegebenen A-Preise (DM) als empfohlene Ladenverkaufspreise ausschließlich Mehrwertsteuer, Verpackungs- und Versandkosten.

Der AKADEMIE-VERLAG BERLIN

veröffentlicht Literatur aller Wissenschaftsgebiete
aus den Zentralinstituten und Forschungseinrichtungen
der Akademie der Wissenschaften der DDR,
der Sächsischen Akademie der Wissenschaften zu Leipzig,
der Akademie der Landwirtschaftswissenschaften der DDR,
der wissenschaftlichen Gesellschaften der DDR,
anderer Forschungseinrichtungen der DDR
sowie Arbeiten bedeutender Wissenschaftler des In- und Auslandes.
Ferner erscheinen zur Zeit
60 wissenschaftliche Zeitschriften für Theorie und Praxis.

Für Interessenten stehen neben Einzelprospekten und Reihenverzeichnissen folgende Jahreskataloge zur Verfügung:

Philosophie/Ökonomie
Literaturwissenschaft/Sprachwissenschaft
Geschichte/Ethnographie
Alte Geschichte und Archäologie
Mathematik
Physik
Chemie
Medizin/Biowissenschaften
Geowissenschaften

AKADEMIE VERLAG BERLIN
Deutsche Demokratische Republik
DDR-1086 Berlin, Leipziger Strasse 3-4 Postfach 1233

FSC
www.fsc.org
MIX
Papier | Fördert gute Waldnutzung
FSC® C083411

Kolibri 360 GmbH
Ferdinand-Jühlke-Straße 7
99095 Erfurt, Deutschland
produktsicherheit@kolibri360.de